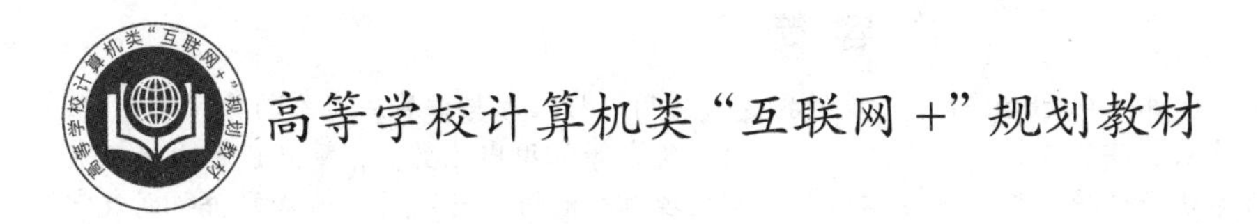

Python 程序设计实用教程

董付国　编　著

本书资源操作说明

北京邮电大学出版社
·北京·

内容简介

全书共10章。第1章讲解Python开发环境的搭建与使用，标准库与扩展库对象的导入与使用。第2章简单介绍整数、实数、字符串、列表、元组、字典、集合等常用内置类型，重点讲解内置函数与运算符的使用。第3章讲解选择结构、循环结构与异常处理结构的语法与应用。第4章讲解列表常用方法、列表推导式、元组与生成器表达式、切片、序列解包的语法与应用。第5章讲解字典创建以及字典元素访问、元素修改、元素删除等操作。第6章讲解集合创建、集合常用方法以及集合运算。第7章讲解字符串常用方法，标准库string、zlib、json、textwrap的常用函数，正则表达式与标准库re的常用函数，以及中英文分词、中文拼音处理、简体中文与繁体中文的转换。第8章讲解函数定义与调用的语法，位置参数、默认值参数、关键参数和可变长度参数的使用，变量作用域的分类与搜索顺序，lambda表达式、生成器函数、修饰器函数等语法与应用。第9章讲解文本文件操作、二进制文件操作、文件夹操作以及Word、Excel、PowerPoint文件和PDF文件的操作。第10章讲解图像处理、音频处理以及视频采集与处理方面的实用案例。除了130个完整例题之外，本书还提供了9个实验项目，根据涉及的知识点不同放在了相应的章节后面。

本书适合非计算机专业的理工科学生作为程序设计课程的教材，文科、商科专业可以选讲其中部分内容，也可以作为办公自动化和数字媒体技术相关从业人员的自学用书。全书代码支持Python 3.6以上的版本，个别例题用到了Python 3.8和Python 3.9的新特性。

图书在版编目（CIP）数据

Python程序设计实用教程 / 董付国编著. —北京：北京邮电大学出版社，2020.7（2021.1重印）
ISBN 978-7-5635-6065-3

Ⅰ. ①P… Ⅱ. ①董… Ⅲ. ①软件工具—程序设计—教材 Ⅳ. ① TP311.561

中国版本图书馆CIP数据核字（2020）第088067号

书　　名 Python程序设计实用教程
编 著 者 董付国
策划编辑 韩　霞
责任编辑 韩　霞
出版发行 北京邮电大学出版社
社　　址 北京市海淀区西土城路10号（100876）
电话传真 010-82333010　62282185（发行部）　010-82333009　62283578（传真）
网　　址 www.buptpress3.com
电子信箱 ctrd@buptpress.com
经　　销 各地新华书店
印　　刷 河北华商印刷有限公司
开　　本 787 mm×1 092 mm　1/16
印　　张 18.5
字　　数 460千字
版　　次 2020年7月第1版　2021年1月第2次印刷

ISBN 978-7-5635-6065-3　　定价：46.00元

前　言

自 1991 年发行第一个版本以来，Python 一直是信息安全领域人士必备编程语言之一，近几年迅速渗透到数据采集、数据分析、数据挖掘、数据可视化、科学计算、人工智能、网站开发、系统运维、游戏开发、图像处理、计算机图形学、虚拟现实、音频处理、视频处理、辅助设计与辅助制造、APP 开发、移动终端开发等众多领域，展现出了强大的生命力。截至 2020 年 2 月，各领域的 Python 扩展库已经超过 21.5 万个项目，Python 的应用几乎无处不在。

考虑到 Python 的迅猛发展和广阔的应用前景，国内外很多高校甚至中小学已经开设了 Python 程序设计相关的课程。对于教学而言，必须要做到因材施教，不同层次、不同专业、不同培养方向的教学内容应有所不同，必须做到课程内容差异化，有所区别，不能千篇一律。同样，一本教材也不能涵盖 Python 语言的全部内容和所有领域的应用，更不能适用于所有的专业。

本书的内容安排如下：首先讲解 Python 开发环境搭建，然后讲解内置函数、运算符、程序控制结构、自定义函数等基础语法，在讲解这些基础语法时通过大量演示性代码和实例演示了它们的用法；在学习完这些基础语法之后，本书的重点放在了 Word 文件、Excel 文件、PowerPoint 文件、PDF 文件的操作以及图像处理、音频处理和视频处理方面，趣味性和实用性都非常强，每个案例代码运行之后都可以立刻得到非常直观的结果，学习体验非常好。这些案例都来自于生活和工作的实际需要，代码本身或者稍加集成和扩展就可以解决很多问题。

本书适合作为本科、专科非计算机专业理工科学生的程序设计课程教材，文科、商科专业可以选讲其中部分内容，也可以作为办公自动化和数字媒体技术相关从业人员的自学用书。

本书提供教学大纲、课件、源代码等教学资源，部分难度较大的案例还提供了相应的讲解视频（共 57 个），以二维码的形式放在书中相应位置。本书为“互联网 +”立体化教材，通过“九斗”APP 扫描书中的二维码即可查看相应的讲解和操作微课视频以及进行部分代码运行操作查看结果。具体资源使用说明，请扫描扉页中的二维码查看。读者可以通过北京邮电大学出版社官方渠道获取本书的教学资源，也可以通过微信公众号“Python 小屋”直接联系作者反馈问题和交流。

编者

2020 年 2 月

山东烟台

目　　录 CONTENTES

第 1 章

Python 开发环境搭建与使用

本章学习目标

- 了解 Python 语言的应用领域；
- 了解 Python 语言的特点；
- 熟练安装 Python 和 Anaconda3；
- 熟练安装 Python 扩展库；
- 了解 IDLE、Jupyter Notebook 和 Spyder 的简单使用；
- 了解标准库对象和扩展库对象的导入和使用方法；
- 了解 Python 代码编写规范。

1.1 Python 语言的特点与应用领域

自 1991 年推出第一个发行版本之后，Python 语言迅速得到了信息安全领域相关人员的认可。经过近 30 年的发展，目前 Python 已经渗透到众多应用领域，包括但不限于：

- 计算机安全、网络安全、漏洞挖掘、逆向工程、软件测试与分析、电子取证、密码学；
- 数据采集、数据分析与处理、机器学习、深度学习、自然语言处理、推荐系统构建；
- 统计分析、科学计算、符号计算、可视化；
- 计算机图形、图像处理、音乐编程、语音识别、视频处理、游戏设计与策划；
- 网站开发、系统运维；
- 树莓派、无人机、移动终端应用开发、电子电路设计；
- 辅助教育、辅助设计、办公自动化。

Python 是一门跨平台、开源、免费的解释型高级动态编程语言，是一种通用编程语言。除了可以解释执行之外，Python 还支持把源代码伪编译为字节码来优化程序提高加载速度并对源代码进行一定程度的保密（其实可以很容易地把字节码还原为源码，字节码保密能力很弱），也支持使用 py2exe、pyinstaller、cx_Freeze、py2app 或其他类似工具将 Python 程序及其所有依赖库打包为特定平台上的可执行文件，从而可以脱离 Python 解释器环境和相关依赖库而在不同平台上独立运行，同时也可以对源码进行更好的保护。

与其他编程语言相比，Python 语言具有非常明显的特点和优势，主要有以下几个。

- 支持命令式编程和函数式编程两种方式，并且完全支持面向对象程序设计。
- 语法简洁清晰，代码布局优雅，可读性和可维护性强。在编写 Python 程序时，强制要求的缩进使得代码排版非常漂亮，适当的空行和空格使得代码不至于过于密集，大幅度提高了代码的可读性和可维护性。
- 内置数据类型、内置模块和标准库提供了大量功能强大的功能。很多在其他编程语言中需要十几行甚至几十行代码才能实现的功能在 Python 中被封装为一个函数，直接调用即可。
- 拥有大量的几乎支持所有领域应用开发的成熟扩展库和狂热支持者。2020 年 2 月的数据显示，pypi 已经收录了超过 21.5 万个扩展库项目。

1.2 Python 版本选择与 IDLE 简单使用

Python 官方技术团队同时发行和维护多个版本，Python 2.7 已经逐渐退出历史舞台，目前主要有 Python 3.4.x、3.5.x、3.6.x、3.7.x、3.8.x、3.9.x，每个版本又有小版本号，如 3.7.1、3.7.2、3.7.3、3.7.4、3.7.5。在安装和使用时，建议选择能够满足实际开发需要的较高版本。本书主要以 Windows 10 系统和 Python 3.8.1 为例进行演示。全部代码适用于 3.8 和 3.9 以及更高版本，大部分适用于 3.7 及更低版本。首先从 Python 官方网站下载 64 位安装包，如图 1-1 所示。

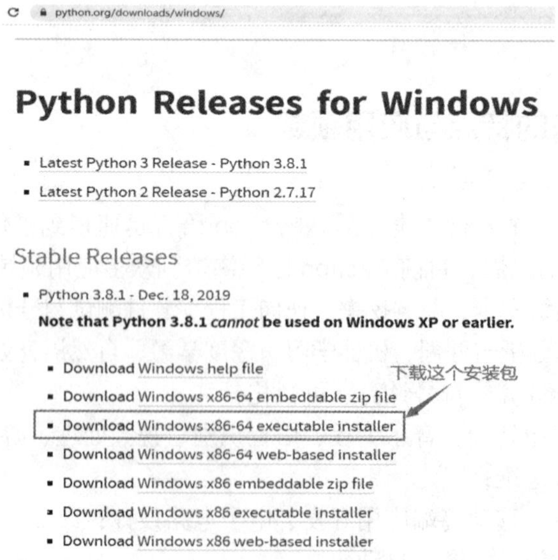

图 1-1　从官方网站下载 Python 3.8.1 64 位安装包

双击下载的安装包，开始安装 Python，建议在安装界面对话框中选择同时安装 pip、IDLE，如图 1-2 所示。

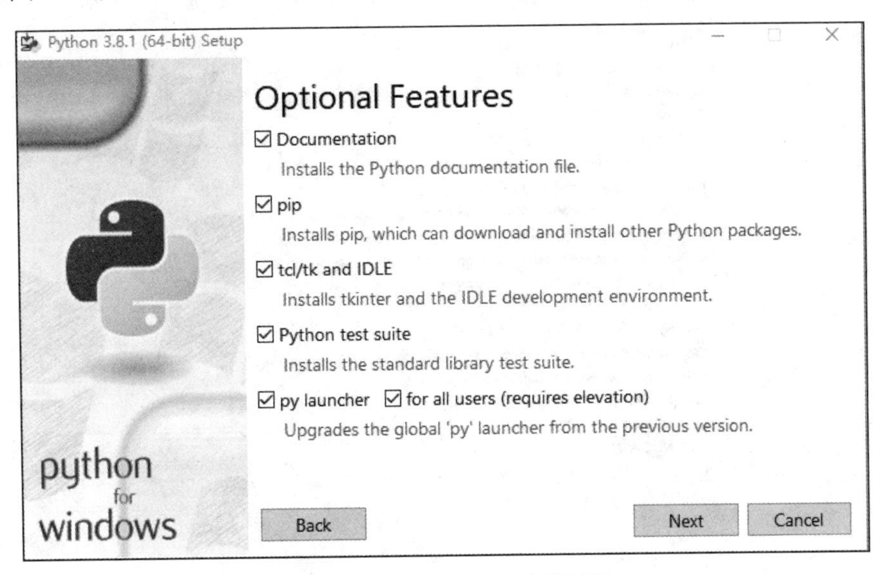

图 1-2　Python 3.8.1 安装过程

单击“Next”按钮，在接下来的界面中，勾选“Add Python to environment variables”复选框，把 Python 安装路径添加至系统环境变量，修改默认安装路径，一般不建议安装到太深的路径中。图 1-3 显示了作者计算机上 Python 安装路径为 C:\Python38。

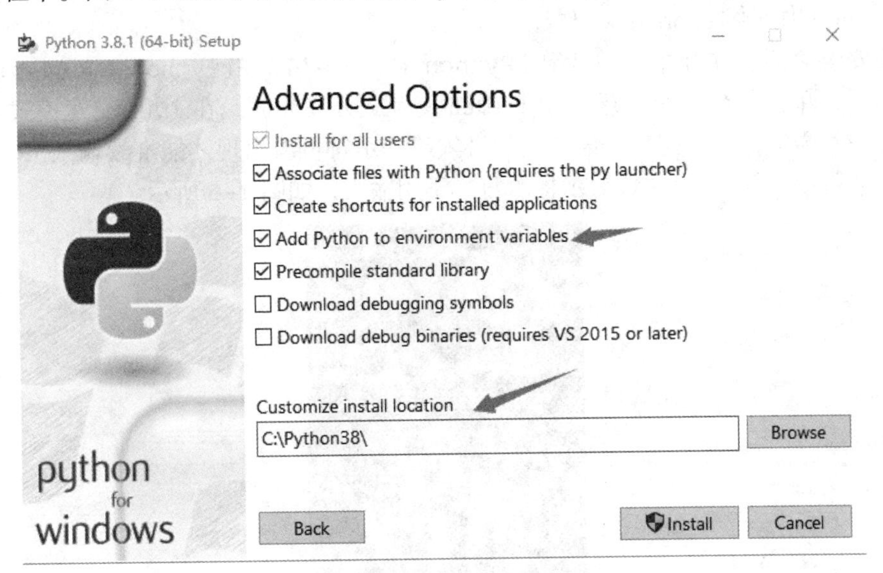

图 1-3　配置安装路径和环境变量

如果安装时没有勾选“Add Python to environment variables”复选框，可以在安装之后配置系统环境变量，确保 Path 变量中包含 Python 安装路径以及 scripts 子文件夹，如图 1-4 所示。

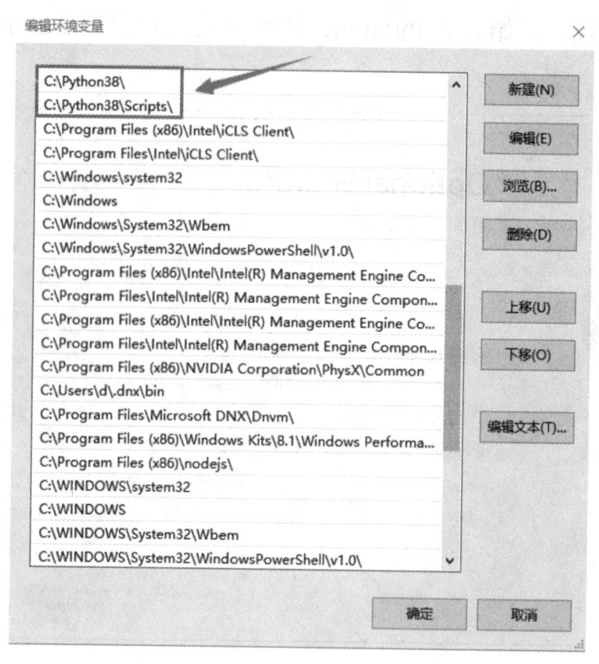

图 1-4　系统环境变量 Path

如果不清楚 Python 的安装路径，可以在“开始”菜单中找到“Python 3.8”→“IDLE (Python 3.8 64-bit)”，右击弹出菜单并选择“打开文件位置”，在弹出的资源管理器窗口中再次选择快捷方式“IDLE (Python 3.8 64-bit)”，右击弹出菜单并选择“打开文件所在的位置”，即可进入 Python 安装目录。

成功安装之后，在开始菜单找到“Python 3.8”→“IDLE(Python 3.8 64-bit)”，如图 1-5 所示，单击鼠标左键打开，打开 IDLE 交互式开发界面。在 IDLE 交互模式下，每次只能执行一条语句，执行完一条语句之后必须等提示符再次出现才能继续输入下一条语句，三个大于号和一个空格“>>> ”表示提示符，不用输入，如图 1-6 所示。

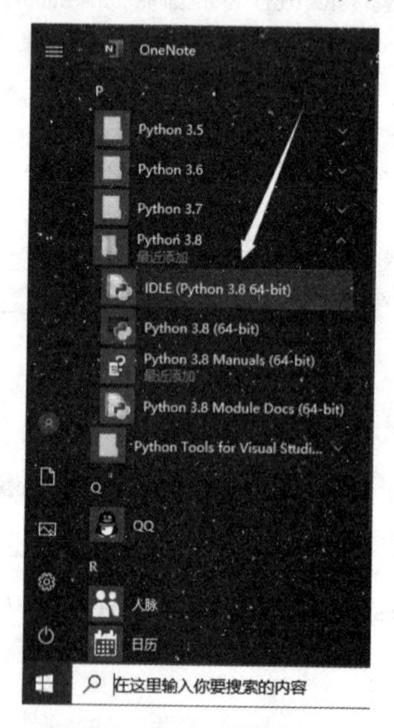

图 1-5　开始菜单

```
Python 3.8.1 Shell
File Edit Shell Debug Options Window Help
Python 3.8.1 (tags/v3.8.1:1b293b6, Dec 18 2019, 23:11:46) [MSC v.1916 64
bit (AMD64)] on win32
Type "help", "copyright", "credits" or "license()" for more information.
>>> from random import choices          ← 导入标准库中的函数
>>> data = choices(range(100), k=10)    ← 生成包含10个100以内随机整数的列表
>>> print(data)                         ← 输出列表
[42, 35, 56, 2, 83, 29, 24, 22, 59, 74]
>>> print(sorted(data))                 ← 输出排序后的列表
[2, 22, 24, 29, 35, 42, 56, 59, 74, 83]
>>>
```

图 1-6　IDLE 交互式开发界面

如果需要保存和反复修改代码，可以通过 IDLE 菜单“File”→“New File”创建文件并保存为.py或.pyw文件，后者一般用于带有菜单、按钮、单选按钮、复选框、组合框或其他元素的 GUI 程序。注意，自己编写的程序文件名不要和 Python 内置模块、标准库模块和已安装的扩展库模块一样，否则会影响运行。

按照上面描述的步骤，创建程序文件“排序数字.py”，输入以下代码：

```
from random import choices

data = choices(range(100), k=10)
print(data)
print(sorted(data))
```

按组合键 Ctrl+S 或单击菜单“File”→“Save”保存文件内容，然后通过菜单“Run”→“Run Module”或者按快捷键 F5 运行程序，输出结果显示在 IDLE 交互式界面，如图 1-7 所示。

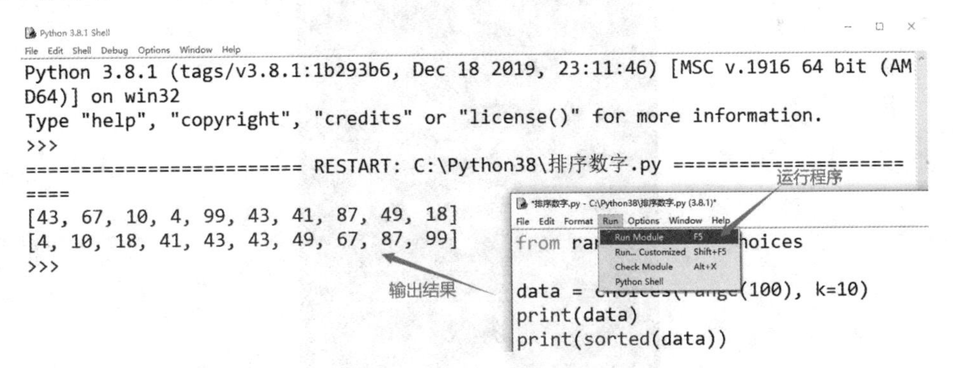

图 1-7　在 IDLE 中运行程序

1.3　Anaconda3 安装与 Jupyter Notebook、Spyder 简单使用

IDLE 是 Python 官方安装包自带的开发环境，虽然使用方便，但是缺乏大型软件开发所需要的项目管理功能，智能提示功能也较弱。Eclipse、PyCharm、wingIDE、Anaconda3 等软件提供了更加强大的 Python 开发环境，其中 Anaconda3 是非常优秀的数据科学平台，支持 Python 和 R 语言，集成安装了大量扩展库，PyCharm+Anaconda3 的组

合大幅度提高了开发效率，减少了环境搭建所需要的时间。本书主要以 Anaconda3 中的 Jupyter Notebook 和 Spyder 为例演示编写和运行 Python 程序的过程，但本书编写时 Anaconda3 还没有推出支持 Python 3.8 的版本，最新只支持到 Python 3.7（2020 年 7 月已推出 3.8 版本）。

从 Anaconda3 官方网站下载支持 Python 3.7 版本的 64 位安装包，如图 1-8 所示。

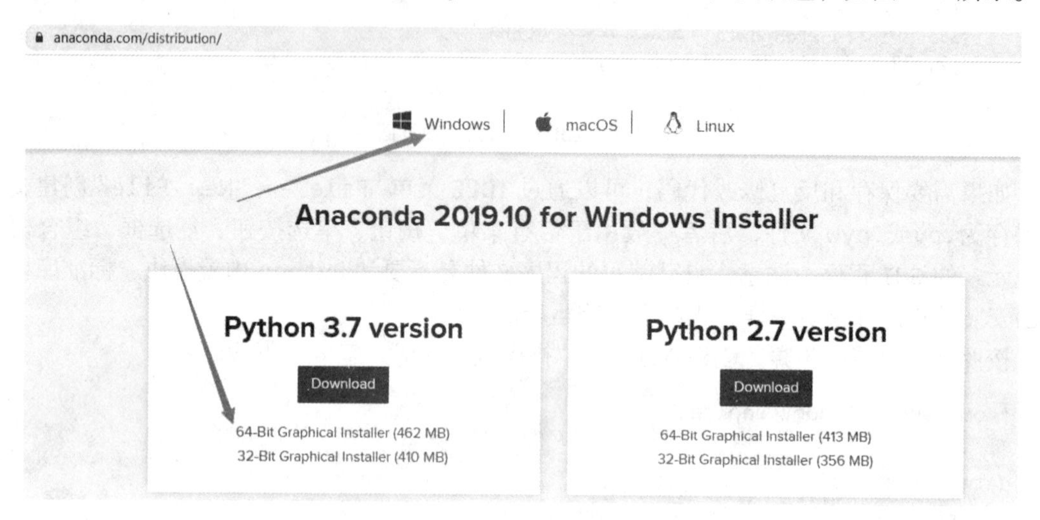

图 1-8　Anaconda3 官方网站下载安装包

安装成功之后从“开始”菜单中启动 Jupyter Notebook 或 Spyder 即可，如图 1-9 中箭头 1 和 2 所示。

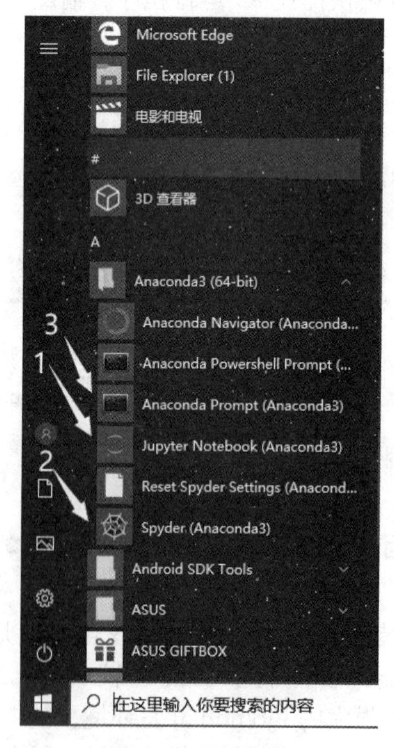

图 1-9　开始菜单

1. Jupyter Notebook

启动 Jupyter Notebook 会启动一个控制台服务窗口（见图 1-10）并自动启动浏览器打开一个网页，如果浏览器没有正常进入 Jupyter Notebook 的主页面，可以修改一下浏览器的默认配置或者更改默认浏览器并重启 Jupyter Notebook，或者复制图 1-10 中箭头所指任意一个链接地址在新的浏览器窗口中打开。将图 1-10 所示的控制台服务窗口最小化，在打开的网页右上角单击菜单“New”，然后选择“Python 3”打开一个新窗口，如图 1-11 所示。在该窗口中即可编写和运行 Python 代码，如图 1-12 所示。页面上每个单元格叫作一个 cell，每个 cell 中可以编写一段独立运行的代码，但是前面的 cell 运行结果会影响后面的 cell，也就是前面 cell 中定义的变量在后面的 cell 中仍可以访问，这一点要特别注意。另外，还可以通过菜单“File”→“Download as”把当前代码以及运行结果保存为.py、.ipynb 或其他形式的文件，方便日后学习和演示。

```
选择Jupyter Notebook (Anaconda3)
[I 10:09:39.098 NotebookApp] JupyterLab extension loaded from C:\ProgramData\Anaconda3\lib\site-packages\jupyterlab
[I 10:09:39.099 NotebookApp] JupyterLab application directory is C:\ProgramData\Anaconda3\share\jupyter\lab
[I 10:09:39.104 NotebookApp] Serving notebooks from local directory: C:\Users\d
[I 10:09:39.105 NotebookApp] The Jupyter Notebook is running at:
[I 10:09:39.105 NotebookApp] http://localhost:8888/?token=48d25250761d1e9a09f0236487e4a7bd5fe14eae71ac4d9b
[I 10:09:39.105 NotebookApp]  or http://127.0.0.1:8888/?token=48d25250761d1e9a09f0236487e4a7bd5fe14eae71ac4d9b
[I 10:09:39.105 NotebookApp] Use Control-C to stop this server and shut down all kernels (twice to skip confirmation).
[C 10:09:39.651 NotebookApp]

    To access the notebook, open this file in a browser:
        file:///C:/Users/d/AppData/Roaming/jupyter/runtime/nbserver-394276-open.html
    Or copy and paste one of these URLs:
        http://localhost:8888/?token=48d25250761d1e9a09f0236487e4a7bd5fe14eae71ac4d9b
     or http://127.0.0.1:8888/?token=48d25250761d1e9a09f0236487e4a7bd5fe14eae71ac4d9b
[I 10:10:39.788 NotebookApp] 302 GET /?token=48d25250761d1e9a09f0236487e4a7bd5fe14eae71ac4d9b (127.0.0.1) 1.00ms
```

图 1-10　Jupyter Notebook 控制台界面

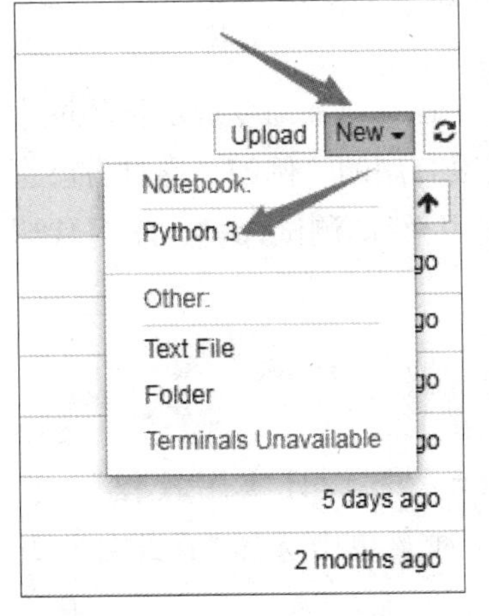

图 1-11　Jupyter Notebook 主页面右上角菜单

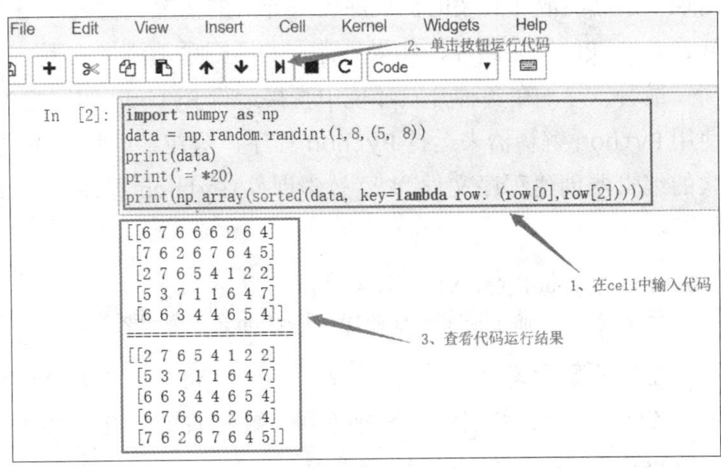

图 1-12　Jupyter Notebook 运行界面

2. Spyder

Anaconda3 自带的集成开发环境 Spyder 同时提供了交互式开发界面和程序编写与运行界面，以及程序调试和项目管理功能，使用更加方便。如图 1-13 所示，箭头 1 列出了项目文件，箭头 2 表示程序编写窗口，单击工具栏中绿色的“Run File”按钮运行程序并在交互式窗口中显示运行结果，如图中箭头 3 和箭头 4 所示。另外，在箭头 4 处的交互环境中，也可以执行单条语句，与 IDLE 交互模式类似，只是提示符的形式略有不同。

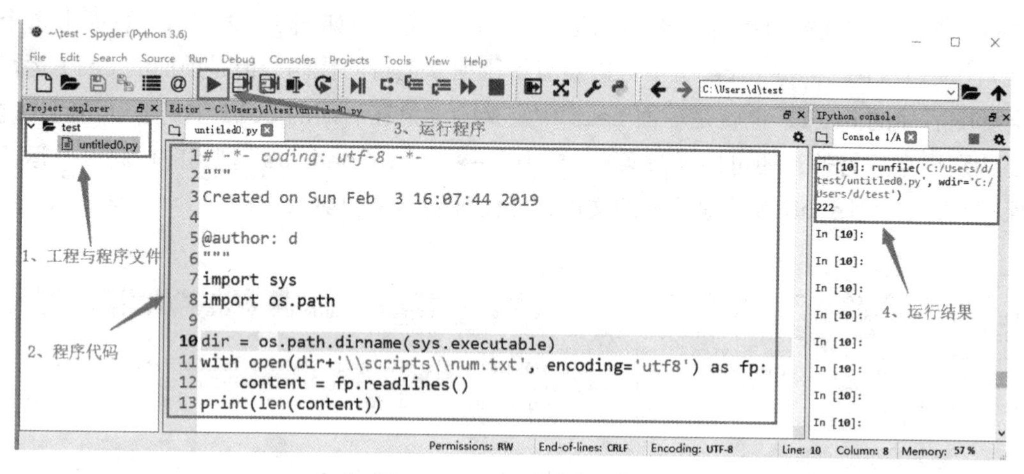

图 1-13　Spyder 运行界面

另外，在 Anaconda3 中也集成了 IDLE 开发环境，可以在开始菜单中进入 Anaconda Prompt(Anaconda3) 命令提示符环境，然后直接输入并执行命令“idle”即可打开 IDLE，使用方法和 Python 官方网站下载安装包时自带的 IDLE 一样。如果在 Anaconda3 的 IDLE 出现个别已经成功安装的扩展库无法导入的情况，检查一下系统环境变量 Path 中是否包含 Anaconda3 的安装路径，如果不存在的话则手动添加一下。

最后，除了在各种开发环境中直接运行 Python 程序之外，也可以在命令提示符环境中使用 Python 解释器来运行 Python 程序，这在某些场合中是很有用的。例如，通过自己喜欢的编辑器创建程序文件“F:\教学课件\Python 程序设计实用教程\测试.py”，编写代码如下：

```
name = input('输入你的名字：')
print(f'{name} 你好，欢迎加入 Python 的奇妙世界！ ')
```

在“资源管理器”中进入文件夹“F:\教学课件\Python 程序设计实用教程”，按下 Shift 键，然后在窗口空白处单击鼠标右键，在弹出的快捷菜单中选择“在此处打开 Powershell 窗口”，如图 1-14 所示。

然后在 Powershell 窗口中使用 Python 解释器来运行程序“测试.py”，如图 1-15 所示。

本地磁盘 (F:) › 教学课件 › Python程序设计实用教程

打印

名称	修改日期	类型	大小
Word2PDF.py	2020/2/8 16:40	Python File	4 KB
测试.py	2020/2/15 8:32	Python File	1 KB
电影推荐.py	2020/2/7 21:37	Python File	2 KB
录屏软件.py	2020/2/9 22:18	Python File	3 KB
蒙蒂霍尔悖论.py	2020/2/7 23:10	Python File	2 KB
批量生成人员身份信息.py	2020/2/9 9:33	Python File	2 KB
批量图片添加水印.py	2020/2/9 17:18	Python File	1 KB
人员身份信息.xlsx	2020/2/9 10:00	XLSX Worksheet	32 KB
搜索Office文档.py	2020/2/9 10:13	Python File	3 KB
抓狐狸.py	2020/2/7 18:23	Python File	2 KB

查看(V)
排序方式(O)
分组依据(P)
刷新(E)
自定义文件夹(F)...
粘贴(P)
粘贴快捷方式(S)
撤消 重命名(U)　Ctrl+Z
在此处打开 Powershell 窗口(S)
授予访问权限(G)
新建(W)
属性(R)

图 1-14　从资源管理器中进入 Powershell 窗口

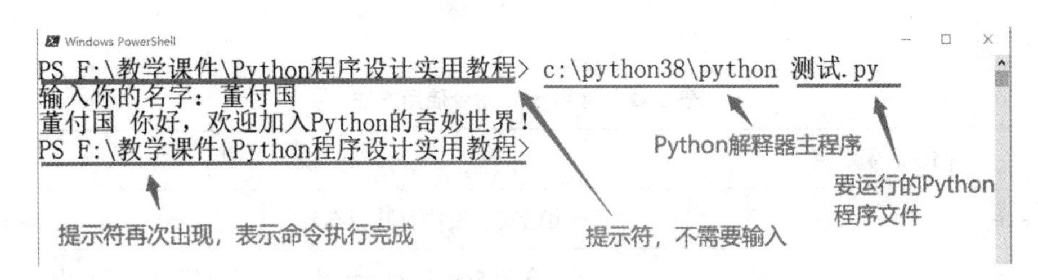

图 1-15　在 Powershell 窗口中执行 Python 程序

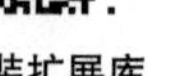

1.4　安装扩展库

库或包一般指包含若干模块的文件夹。模块指一个包含若干函数定义、类定义或常量的 Python 源程序文件。

Python 官方安装包虽然自带了 math（数学模块）、random（随机模块）、datetime（日期时间模块）、collections（包含更多扩展版本序列的模块）、functools（与函数以及函数式编程有关的模块）、urllib（与网页内容读取以及网页地址解析有关的模块）、

itertools（与序列迭代有关的模块）、string（字符串操作）、re（正则表达式模块）、os（系统编程模块）、os.path（与文件、文件夹有关的模块）、zlib（数据压缩模块）、hashlib（安全哈希与报文摘要模块）、socket（套接字编程模块）、tkinter（GUI 编程模块）、sqlite3（操作 SQLite 数据库的模块）、csv（读写 CSV 文件的模块）、json（读写 JSON 文件的模块）、pickle（数据序列化与反序列化的模块）、statistics（统计模块）、time（时间操作有关的模块）等大量内置模块和标准库（完整清单可以通过官方在线帮助文档 https://docs.python.org/3/library/index.html 进行查看），但没有集成任何扩展库，程序员可以根据实际需要再安装第三方扩展库。

目前，pypi 已经收录了超过 21.5 万个扩展库项目，常用的有 jieba（用于中文分词）、moviepy（用于编辑视频文件）、xlrd（用于读取 Excel 2003 之前版本文件）、xlwt（用于写入 Excel 2003 之前版本文件）、openpyxl（用于读写 Excel 2007 及更高版本文件）、python-docx（用于读写 Word 2007 及更新版本文件）、python-pptx（用于读写 PowerPoint 2007 及更新版本文件）、pymssql（用于操作 Microsoft SQLServer 数据库）、pypinyin（用于处理中文拼音）、pillow（用于数字图像处理）、pyopengl（用于计算机图形学编程）、numpy（用于数组计算与矩阵计算）、scipy（用于科学计算）、pandas（用于数据分析与处理）、matplotlib（用于数据可视化或科学计算可视化）、scrapy（爬虫框架）、sklearn（用于机器学习）、PyTorch 和 tensorflow（用于深度学习）、flask 和 django（用于网站开发）等几乎渗透到所有领域的扩展库或第三方库。

Python 自带的 pip 工具是管理扩展库的主要方式，支持 Python 扩展库的安装、升级和卸载等操作。需要在命令提示符环境中执行 pip 命令，如果在线安装扩展库需要计算机保持联网状态，该命令常用方法如表 1-1 所示，可以在命令提示符环境执行命令“pip -h”查看完整用法。

表 1-1　常用 pip 命令使用方法

pip 命令示例	说　明
pip freeze	列出已安装模块及其版本号
pip install SomePackage[==version]	在线安装 SomePackage 模块，可以使用方括号内的形式指定扩展库版本
pip install SomePackage.whl	通过 whl 文件离线安装扩展库
pip install --upgrade SomePackage	升级 SomePackage 模块
pip uninstall SomePackage	卸载 SomePackage 模块

在 Windows 平台上，如果在线安装扩展库失败，可以从 http://www.lfd.uci.edu/~gohlke/pythonlibs/ 下载扩展库编译好的.whl 文件（一定要选择正确版本，并且不要修改下载的文件名），如图 1-16 所示。

续表

← → ✕ lfd.uci.edu/~gohlke/pythonlibs/#pillow

Psutil provides information on running processes and system utilization.

psutil-5.6.7-cp38-cp38-win_amd64.whl ← 适用于64位Python 3.8
psutil-5.6.7-cp38-cp38-win32.whl ← 适用于32位Python
psutil-5.6.7-cp37-cp37m-win_amd64.whl
psutil-5.6.7-cp37-cp37m-win32.whl
psutil-5.6.7-cp36-cp36m-win_amd64.whl
psutil-5.6.7-cp36-cp36m-win32.whl
psutil-5.6.7-cp35-cp35m-win_amd64.whl
psutil-5.6.7-cp35-cp35m-win32.whl
psutil-5.6.7-cp27-cp27m-win_amd64.whl
psutil-5.6.7-cp27-cp27m-win32.whl
psutil-5.5.0-cp34-cp34m-win_amd64.whl
psutil-5.5.0-cp34-cp34m-win32.whl

图 1-16　下载合适版本的 whl 文件

然后在命令提示符环境中使用 pip 命令进行离线安装，指定文件的完整路径和扩展名，例如：

```
pip install psutil-5.6.7-cp38-cp38-win_amd64.whl
```

如果由于网速问题导致在线安装速度过慢，pip 命令支持指定国内的站点来提高速度。下面的命令用来从阿里云服务器下载安装扩展库 jieba，其他服务器地址可以自行查阅。

```
    pip install jieba -i http://mirrors.aliyun.com/pypi/simple --trusted-host
mirrors.aliyun.com
```

另外，也可以在本机配置 pip.ini 文件中指定国内服务器地址，再执行 pip 命令安装扩展库时就不用每次都指定服务器地址了，配置方法可以自行查阅微信公众号“Python 小屋”中的技术文章。

如果遇到类似于“拒绝访问”的出错提示，可以使用管理员权限启动命令提示符，或者在执行 pip 命令时增加选项 --user。

注意，如果计算机上安装了多个版本的 Python 开发环境，在一个版本下安装的扩展库无法在另一个版本中使用。在命令提示符环境切换至相应版本 Python 安装目录的 scripts 文件夹中，然后执行 pip 命令，如果要离线安装扩展库，最好也把.whl 文件下载到相应版本的 scripts 文件夹中。

如果使用 Anaconda3，除了 pip 之外，也可以使用 conda 命令安装、更新和卸载 Python 扩展库。命令 conda 支持 clean、config、create、info、install、list、uninstall、upgrade 等子命令，可以使用命令 conda -h 查看具体用法。在开始菜单中依次打开“Anaconda3(64bit)”→“Anaconda Prompt(Anaconda3)”，如图 1-9 中箭头 3 所示。进入 Anaconda 命令提示符环境，执行 conda 命令管理扩展库即可。

并不是每个扩展库都有相应的 conda 版本，如果遇到 conda 无法装的扩展库，进入 Anaconda Prompt(Anaconda3) 命令提示符环境使用 pip 安装之后一样可以在 Anaconda3 的 Jupyter Notebook 和 Spyder 环境中使用，如图 1-17 所示。

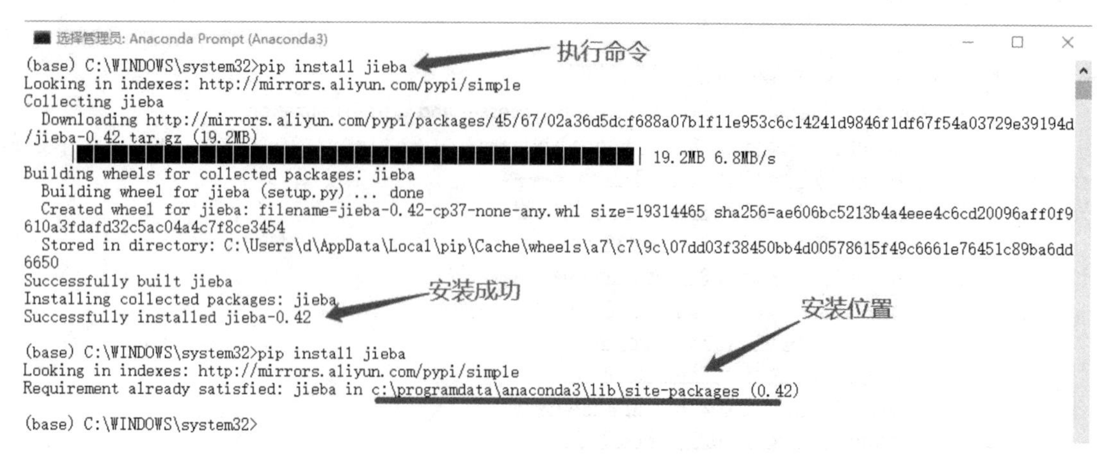

图 1-17　使用 pip 命令为 Anaconda3 安装扩展库

1.5　标准库、扩展库对象的导入与使用

Python 所有内置对象不需要做任何的导入操作就可以直接使用，但标准库对象必须先导入才能使用，扩展库则需要正确安装之后才能导入和使用其中的对象。在编写代码时，一般先导入标准库对象再导入扩展库对象。建议在程序中只导入确实需要使用的标准库和扩展库对象，确定用不到的没有必要导入，这样可以适当提高代码加载和运行速度，并能减小打包后的可执行文件体积。本节介绍和演示导入对象的三种方式，以及不同方式导入时对象使用形式的不同。

1.5.1　import 模块名 [as 别名]

使用“import 模块名 [as 别名]”的方式将模块导入以后，使用其中的对象时需要在对象之前加上模块名作为前缀，也就是必须以“模块名.对象名”的形式进行访问。如果模块名字很长，可以为导入的模块设置一个别名，然后使用“别名.对象名”的方式来使用其中的对象。在 Spyder 中创建程序文件（具体步骤可以参考第 3 章最后的实验项目），输入下面的代码：

```
import math
import random
import numpy as np

print(math.gcd(36, 24))                      # 计算两个整数的最大公约数
print(random.choice('abcdefg'))              # 从字符串中随机选择一个
print(np.random.randint(1, 5, size=(2,5)))   # 生成包含随机数的 2 行 5 列数组
```

运行结果为：

```
12
c
[[3 1 2 4 2]
 [3 3 4 3 1]]
```

1.5.2　from 模块名 import 对象名[as 别名]

使用“from 模块名 import 对象名[as 别名]”的方式仅导入明确指定的对象，使用对象时不需要使用模块名作为前缀，可以减少程序员需要输入的代码量。这种方式可以适当提高代码运行速度，打包时可以减小文件体积。

```
from math import pi as PI
from os.path import getsize
from random import choice

r = 3
print(round(PI*r*r, 2))                        # 计算半径为 3 的圆面积
print(getsize(r'C:\Windows\notepad.exe'))      # 计算文件大小，单位为字节
print(choice('Python'))                        # 从字符串中随机选择一个字符
```

运行结果为：

```
28.27
245760
t
```

1.5.3　from 模块名 import *

使用“from 模块名 import *”的方式可以一次导入模块中的所有对象，可以直接使用模块中的所有对象而不需要使用模块名作为前缀，例如下面程序中的 combinations() 和 permutations() 都是标准库 itertools 中的函数。但一般并不推荐这样使用，除非是用到了某个库中的大部分对象。

```
from itertools import *

characters = '1234'
print(list(combinations(characters, 3)))       # 从 4 个字符中任选 3 个的组合
print('='*20)                                  # 输出 20 个等于号
print(list(permutations(characters, 3)))       # 从 4 个字符中任选 3 个的排列
```

运行结果为：

```
[('1', '2', '3'), ('1', '2', '4'), ('1', '3', '4'), ('2', '3', '4')]
====================
[('1', '2', '3'), ('1', '2', '4'), ('1', '3', '2'), ('1', '3', '4'), ('1', '4', '2'), ('1', '4', '3'), ('2', '1', '3'), ('2', '1', '4'), ('2', '3', '1'), ('2', '3', '4'), ('2', '4', '1'), ('2', '4', '3'), ('3', '1', '2'), ('3', '1', '4'), ('3', '2', '1'), ('3', '2', '4'), ('3', '4', '1'), ('3', '4', '2'), ('4', '1', '2'), ('4', '1', '3'), ('4', '2', '1'), ('4', '2', '3'), ('4', '3', '1'), ('4', '3', '2')]
```

1.6　Python 语言编码规范

一个好的 Python 代码不仅应该是正确的，还应该是漂亮的、优雅的，应该具有非常强

的可读性和可维护性，让人读起来赏心悦目。代码布局和排版在很大程度上决定了可读性的好坏，变量名、函数名、类名等标识符名称也会对代码可读性和可维护性带来一定的影响，而编写优雅代码则需要遵守一定的规范并进行长期的练习才能具有相应的功底和能力。

1）缩进

Python 对代码缩进是硬性要求，严格使用缩进来体现代码的逻辑从属关系，错误的缩进将会导致代码无法运行或者可以运行但是给出错误结果。代码缩进不对是初学者常见的一种错误，另一个常见错误是拼写不对，在练习程序遇到问题时一定要仔细检查这两种情况。一般以 4 个空格为一个缩进单位，并且相同级别的代码块应具有相同的缩进量。

在函数定义、类定义、选择结构、循环结构、异常处理结构和 with 语句等结构中，对应的函数体或语句块都必须有相应的缩进。当某一行代码与上一行代码不在同样的缩进层次上，并且与之前某行代码的缩进层次相同时，表示上一个代码块结束。例如，在 Spyder 中输入并运行下面的代码：

```
def toTxtFile(fn):                          # 函数定义
    with open(fn, 'w') as fp:               # 相对于 def 缩进 4 个空格
        for i in range(10):                 # 相对于 with 缩进 4 个空格
            if i%3==0 or i%7==0:            # 相对于 for 缩进 4 个空格
                fp.write(str(i)+'\n')       # 相对于 if 缩进 4 个空格
            else:                           # 选择结构的 else 分支，与 if 对齐
                fp.write('ignored\n')       # 相对于 else 缩进 4 个空格
        fp.write('finished\n')              # for 循环结构结束，与 for 对齐
    print('all jobs done')                  # with 块结束，与 with 对齐

toTxtFile(r'D:\text.txt')                   # 函数定义结束，调用函数
```

运行该程序，会在 D 盘根目录中创建文件 text.txt，内容如图 1-18 所示。

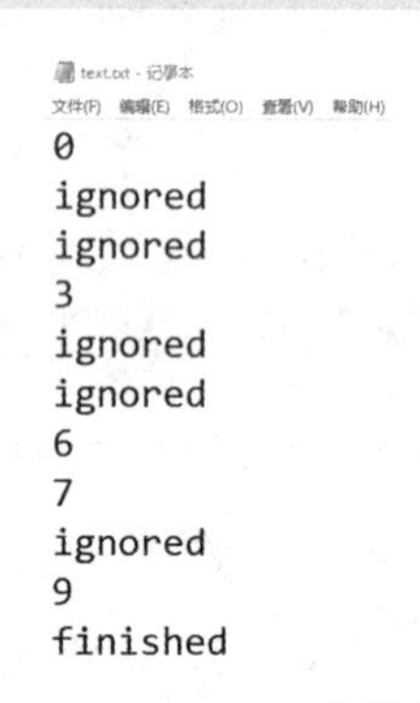

图 1-18　text.txt 文件内容

2）空格与空行

作为一般建议，最好在每个类和函数的定义或一段完整的功能代码之后增加一个空行，在运算符两侧各增加一个空格，逗号后面增加一个空格，让代码适当松散一点，不要过于密集。

在实际编写代码时，这个规范需要灵活运用。有些地方增加空行和空格会提高可读性，更加有利于阅读代码。但是如果生硬地在所有运算符两侧和逗号后面都增加空格，却会适得其反。如图 1-19 所示。

```
1 from random import sample
2
3 data = sample(range(100), k=10)
4 print(data)
5 print(sorted(data, key=str))
```

括号外，等号两侧一般会各加1个空格

括号内等号两侧一般不加空格

图 1-19　等号两侧加空格与不加空格的场合

3）标识符命名

变量名、函数名和类名统称为标识符。在为标识符起名字时，至少应该做到“见名知义”，

例如，使用 age 表示年龄、price 表示价格、area 表示面积，这也是保证代码可读性和可维护性的基本要求。除非是用来临时演示或测试个别知识点的代码片段，否则不建议使用 x、y、z 或者 a1、a2、a3 这样的变量名。除“见名知义”这个基本要求之外，在 Python 中定义标识符时，还应该遵守下面的规范。

- 必须以英文字母、汉字或下划线开头。
- 可以包含汉字、英文字母、数字和下划线，不能有空格或任何标点符号。
- 不能使用关键字，如 yield、lambda、def、else、for、break、if、while、try、return 都是不能用作标识符名称的。
- 对英文字母的大小写敏感，如 student 和 Student 是不同的标识符名称。
- 不建议使用系统内置的模块名、类型名或函数名以及已导入的模块名及其成员名作为变量名或者自定义函数名、类名，如 type、max、min、len、list 这样的变量名都是不建议作为变量名的，也不建议使用 math、random、datetime、re 或其他内置模块和标准库的名字作为变量名或者自定义函数名、类名。

4）续行

尽量不要写过长的语句，应尽量保证一行代码不超过屏幕宽度（并且一般建议一个函数不超过一个屏幕的高度）。如果语句确实太长而超过屏幕宽度，最好在行尾使用续行符“\”表示下一行代码仍属于本条语句，或者使用圆括号把多行代码括起来表示是一条语句。例如下面的代码：

```
expression1 = 1 + 2 + 3\                  # 使用\作为续行符
              + 4 + 5
expression2 = (1 + 2 + 3                  # 把多行表达式放在圆括号中表示是一条语句
              + 4 + 5)
```

5）注释

对关键代码和重要的业务逻辑代码进行必要的注释，方便代码的阅读和维护。在 Python 中有两种常用的注释形式：# 和三引号。井号 # 用于单行注释，表示本行中 # 符号之后的内容不作为代码运行；三引号常用于大段说明性文本的注释，也可以用于定界包含换行符的长字符串。

代码中加入注释应该是方便人类阅读和理解代码的，应该用来说明关键代码的作用和主要思路，应该源于代码并且高于代码。如果代码已经很好地描述了功能，不建议增加没有必要的注释进行重复说明。

6）圆括号

圆括号除了用来表示多行代码为一条语句，还常用来修改表达式计算顺序或者增加代码可读性避免歧义。建议在复杂表达式中适当的位置增加括号，明确说明运算顺序，尽最大可能减少人类阅读时可能的困扰。

7）定界符与分隔符

在编写 Python 程序时，所有定界符和分隔符都应使用英文半角字符，例如，元素之间的逗号、表示列表的方括号、表示元组的圆括号、表示字典和集合的大括号、表示字符串和字节串的引号、字典的“键”和“值”之间的冒号、定义函数和类以及类中方法时的冒号，这些都应该使用英文半角输入法，不能是全角字符。

本章知识要点

（1）Python 是一门跨平台、开源、免费的解释型高级动态编程语言，是一种通用编程语言。

（2）除了可以解释执行之外，Python 还支持把源代码伪编译为字节码来优化程序提高加载速度并对源代码进行一定程度的保密，也支持将 Python 程序及其所有依赖库打包为特定平台上的可执行文件。

（3）Python 官方技术团队同时发行和维护多个版本，目前主要有 Python 3.4.x、3.5.x、3.6.x、3.7.x、3.8.x、3.9.x。

（4）自己编写的程序文件名不要和 Python 内置模块、标准库模块和已安装的扩展库模块一样，否则会影响运行。

（5）Anaconda3 是非常优秀的数据科学平台，支持 Python 和 R 语言，集成安装大量扩展库，PyCharm+Anaconda3 的组合大幅度提高了开发效率，减少了环境搭建所需要的时间。

（6）库或包一般指包含若干模块的文件夹，模块指一个包含若干函数定义、类定义或常量的 Python 源程序文件。

（7）标准的 Python 安装包只包含了内置模块和标准库，没有包含任何扩展库。

（8）如果计算机上安装了多个版本的 Python 开发环境，在一个版本下安装的扩展库无法在另一个版本中使用。

（9）Python 所有内置对象不需要做任何的导入操作就可以直接使用，但标准库对象必须先导入才能使用，扩展库则需要正确安装之后才能导入和使用其中的对象。

（10）一个好的 Python 代码不仅应该是正确的，还应该是漂亮的、优雅的，可读性和可维护性强，让人读起来赏心悦目。

（11）Python 对代码缩进是硬性要求，严格使用缩进来体现代码的逻辑从属关系，错误的缩进将会导致代码无法运行或者可以运行但是给出错误结果。

（12）在每个类、函数定义或一段完整的功能代码之后增加一个空行，在运算符两侧各增加一个空格，逗号后面增加一个空格，让代码适当松散一点，不要过于密集。

习　题

1. 简单描述 Python 语言的应用领域。
2. 简单描述 Python 语言的特点。
3. 从官方网站下载适合自己计算机操作系统的 Python 安装包，然后安装扩展库 jieba、python-docx、openpyxl、pypinyin。
4. 从官方网站下载 Anaconda3，然后安装扩展库 jieba，并更新扩展库 openpyxl。
5. 简单描述 Python 语言的编码规范。

第 2 章

内置类型、内置函数与运算符

本章学习目标

- 了解常用内置数据类型及其简单使用；
- 熟练掌握常用运算符的功能和用法；
- 熟练掌握常用内置函数的功能和用法；
- 了解自定义函数的基本语法；
- 了解 lambda 表达式的概念和语法含义；
- 了解函数式编程的形式和思路。

2.1 常用内置类型

数据类型是特定类型的值及其支持的操作组成的整体，每个类型的表现形式、取值范围以及支持的操作都不一样。例如，整型对象支持加、减、乘、除、幂运算、相反数和计算余数，列表、元组和字符串都支持与整数相乘、使用序号作为下标访问特定位置上的元素、切片操作，字典支持通过“键”作为下标获取相应的“值”，列表支持追加元素、插入元素、删除元素、查找元素、修改元素及排序等操作，集合只能包含可哈希对象并且其中的元素是无序的。

在 Python 中，所有的一切都可以称作对象，如整数、实数、复数、字符串、列表、元组、字典、集合和 zip 对象、map 对象、enumerate 对象、range 对象、filter 对象、生成器对象等内置对象，以及大量标准库对象和扩展库对象，自定义函数和类也可以称作对象。其中，内置对象在启动 Python 之后就可以直接使用，不需要导入任何标准库，也不需要安装和导入任何扩展库。常用的内置类型如表 2-1 所示。

表 2-1　Python 内置类型

对象类型	类型名称	示　　例	简要说明
数字	int float complex	666，0o111，0b1010，0x8463 9.8，3.14，6.626e-34 3+4j，5j	数字大小没有限制
字符串	str	'Beautiful is better than ugly.' "I'm a Python teacher." '''Tom sai, "let's go."''' r'C:\Windows\notepad.exe' f'My name is {name}' ''	使用单引号、双引号、三引号作为定界符，不同定界符之间可以互相嵌套；前面加字母 r 或 R 表示原始字符串，任何字符都不进行转义；前面加字母 f 表示对字符串中的占位符进行替换，对字符串进行格式化 一对空的引号表示空字符串
字节串	bytes	b'\xe8\x91\xa3\xe4\xbb\x98\xe5\x9b\xbd'	以字母 b 引导，可以使用单引号、双引号、三引号作为定界符
列表	list	[79, 89, 99] ['a', {3}, (1,2), ['c', 2], {65:'A'}] []	所有元素放在一对方括号中，元素之间使用逗号分隔，其中的元素可以是任意类型，一对空的方括号表示空列表
元组	tuple	(1, 0, 0) (0,) ()	所有元素放在一对圆括号中，元素之间使用逗号分隔，元组中只有一个元素时后面的逗号不能省略，一对空的圆括号表示空元组
字典	dict	{'red': (255,0,0), 'green':(0,255,0), 'blue':(0,0,255)} {}	所有元素放在一对大括号中，元素之间使用逗号分隔，元素形式为“键：值”，其中“键”不允许重复并且必须为不可变类型（或者说必须是可哈希类型，如整数、实数、字符串、元组），“值”可以是任意类型的数据。一对空的大括号表示空字典
集合	set	{'bread', 'beer', 'orange'} set()	所有元素放在一对大括号中，元素之间使用逗号分隔，元素不允许重复且必须为不可变类型。set() 表示空集合，不能使用一对空的大括号 {} 表示空集合
布尔型	bool	True, False	逻辑值，首字母必须大写
空类型	NoneType	None	空值，首字母必须大写
异常	NameError ValueError TypeError KeyError ...		Python 内置异常类

续表

对象类型	类型名称	示　例	简要说明
文件		f = open('data.txt', 'w', encoding='utf8')	Python 内置函数 open() 使用指定的模式打开文件，返回文件对象
迭代器		生成器对象、zip 对象、enumerate 对象、map 对象、filter 对象等	具有惰性求值的特点，空间占用小，适合大数据处理

在编写程序时，必然要使用到若干变量来保存初始数据、中间结果或最终计算结果。变量可以理解为表示某种类型数据及其操作的对象。Python 属于动态类型编程语言，变量的值和类型都是随时可以发生改变的。

Python 中的变量不直接存储值，而是存储值的内存地址或者引用，这样的内存管理方式与很多编程语言不同，也是变量类型随时可以改变的原因。虽然 Python 变量的类型是随时可以发生变化的，但每个变量在任意时刻的类型都是确定的。从这个角度来讲，Python 属于强类型编程语言。

在 Python 中，不需要事先声明变量名及其类型，使用赋值语句可以直接创建任意类型的变量，变量的类型取决于等号右侧表达式值的类型。赋值语句的执行过程是：首先把等号右侧表达式的值计算出来，然后在内存中寻找一个位置把值存放进去，最后创建变量并指向这个内存地址（可以理解为给存放值的内存贴上标签）。对于不再使用的变量，可以使用 del 语句将其删除。下面的代码演示了变量的创建、使用与删除操作。

```
values = [1, 2, 3, 4]               # 创建列表
print(values[3])                    # 输出列表中下标为 3 的元素
print(values*2)                     # 输出列表重复 2 次得到的新列表
del values                          # 删除列表，可以理解为撕掉标签
```

2.1.1　整数、实数、复数

Python 内置的数字类型有整数、实数和复数。其中，整数类型除了常见的十进制整数，还有以下几类。

● 二进制。以 0b 开头，每一位只能是 0 或 1，如 0b10011100。

● 八进制。以 0o 开头，每一位只能是 0、1、2、3、4、5、6、7 这八个数字之一，如 0o777。

● 十六进制。以 0x 开头，每一位只能是 0、1、2、3、4、5、6、7、8、9、a、b、c、d、e、f 之一，其中 a 表示 10，b 表示 11，以此类推，如 0xa8b9。

Python 支持任意大的数字，数字的大小仅受内存限制。另外，由于精度的问题，实数运算可能会有一定的误差，应尽量避免在实数之间直接进行相等性测试，而是应该使用标准库 math 中的函数 isclose() 测试两个实数是否足够接近。最后，Python 内置支持复数类型及其运算。下面的代码演示了部分用法：

```
import math
```

```
print(math.factorial(64))                    # 计算 64 的阶乘
print(0.4-0.3 == 0.1)                        # 实数之间尽量避免直接比较大小
print(math.isclose(0.4-0.3, 0.1))            # 测试两个实数是否足够接近
num = 7
squreRoot = num ** 0.5                       # 计算平方根
print(8**(1/3))                              # 计算立方根
print(squreRoot**2 == num)
print(math.isclose(squreRoot**2, num))
c = 3+4j                                     # Python 内置支持复数及其运算
print(c+c)                                   # 复数相加
print(c**2)                                  # 幂运算
print(c.real)                                # 查看复数的实部
print(c.imag)                                # 查看复数的虚部
print(3+4j.imag)                             # 相当于 3+(4j).imag
print(c.conjugate())                         # 查看共轭复数
print(abs(c))                                # 计算复数的模
print(math.comb(600, 237))                   # 计算组合数，Python 3.8 开始支持
print(math.perm(67, 31))                     # 计算排列数，Python 3.8 开始支持
```

运行结果为:

```
1268869321858841641034333893351614808028655161745451921988018943752147042304000
0000000000
False
True
2.0
False
True
(6+8j)
(-7+24j)
3.0
4.0
7.0
(3-4j)
5.0
2247778206433816490117882562024302679537538421779245959917435943647259327
7363047634845039233720823078472907450195565732143168000893032283958188849539
6760556194679474142688000
98042379504262639255988060810743819407835791360000000
```

2.1.2 列表、元组、字典、集合

列表、元组、字典、集合是 Python 内置的容器对象，其中可以包含多个元素。这几个类型具有很多相似的操作，但互相之间又有很大的不同。这里先介绍一下列表、元组、字典和集合的创建与简单使用，更详细的介绍请参考第 4、第 5、第 6 章。

```
# 创建列表对象
x_list = [1, 2, 3]
# 创建元组对象
x_tuple = (1, 2, 3)
# 创建字典对象，元素形式为“键：值”
x_dict = {'a':97, 'b':98, 'c':99}
# 创建集合对象
x_set = {1, 2, 3}
# 使用下标访问列表中指定位置的元素，元素下标从 0 开始
print(x_list[1])
# 元组也支持使用序号作为下标，1 表示第二个元素的下标
print(x_tuple[1])
# 访问字典中特定“键”对应的“值”，字典对象的下标是“键”
print(x_dict['a'])
# 查看列表长度，也就是其中元素的个数
print(len(x_list))
# 查看元素 2 在元组中首次出现的位置
print(x_tuple.index(2))
# 使用 for 循环遍历字典中的“键：值”元素
# 查看字典中哪些“键”对应的“值”为 98
for key, value in x_dict.items():
    if value == 98:
        print(key)
# 查看集合中元素的最大值
print(max(x_set))
```

运行结果为：

```
2
2
97
3
1
B
3
```

2.1.3　字符串

字符串是包含若干字符的容器对象，其中可以包含汉字、英文字母、数字和标点符号等任意字符。字符串使用单引号、双引号、三单引号或三双引号作为定界符，其中三引号里的字符串可以换行，并且不同的定界符之间可以互相嵌套。

如果字符串中含有反斜线“\”，和后面紧邻的字符可能会组合成转义字符而不再表示原来的字面意思，例如，'\n' 表示换行符，'\r' 表示回车键，'\b' 表示退格键，'\f' 表示换页符，'\t' 表示水平制表符，'\ooo' 表示 3 位八进制数对应 ASCII 码的字符，'\xhh' 表示 2 位十六进制数对应 ASCII 码的字符，'\uhhhh' 表示 4 位十六进制数对应 Unicode 编码的字符。如果不想反斜线和后面紧邻的字符组合成为转义字符，可以在字符串前面直

接加上字母 r 或 R 使用原始字符串，其中的每个字符都表示字面含义，不再进行转义。另外，在字符串前面加字母 f 表示对字符串进行格式化，把其中的占位符替换为具体的值。可以在字符串前面同时加字母 r 和 f。下面几种都是合法的 Python 字符串：

```
'Hello world'
'这个字符串是数字"123"和字母"abcd"的组合'
'''Tom said,"Let's go"'''
'''Beautiful is better than ugly.
Explicit is better than implicit.
Simple is better than complex.
Complex is better than complicated.
Flat is better than nested.
Sparse is better than dense.
Readability counts.'''
r'C:\Windows\notepad.exe'
```

Python 3.x 代码默认使用 UTF-8 编码格式，全面支持中文。在使用内置函数 len() 统计字符串长度时，中文和英文字母都作为一个字符对待。在使用 for 循环或类似技术遍历字符串时，每次遍历其中的一个字符，中文字符和英文字符也一样对待。

除了支持双向索引、比较大小、计算长度、切片、成员测试等序列对象常用操作之外，字符串类型自身还提供了大量方法，如字符串格式化、查找、替换、排版等。本节先简单介绍一下字符串对象的创建、连接、重复、长度以及子串测试的用法，更详细的内容请参考本书第 7 章。

```
text = '''Beautiful is better than ugly.
Explicit is better than implicit.
Simple is better than complex.
Complex is better than complicated.
Flat is better than nested.
Sparse is better than dense.
Readability counts.
Special cases aren't special enough to break the rules.
Although practicality beats purity.
Errors should never pass silently.
Unless explicitly silenced.
In the face of ambiguity, refuse the temptation to guess.
There should be one-- and preferably only one --obvious way to do it.
Although that way may not be obvious at first unless you're Dutch.
Now is better than never.
Although never is often better than *right* now.
If the implementation is hard to explain, it's a bad idea.
If the implementation is easy to explain, it may be a good idea.
Namespaces are one honking great idea -- let's do more of those!'''
print(len(text))                          # 字符串长度，即所有字符的数量
print(text.count('is'))                   # 字符串中单词 is 出现的次数
print('beautiful' in text)                # 测试字符串中是否包含单词 beautiful
```

```
print('='*20)                            # 字符串重复
print('Good '+'Morning')                 # 字符串连接
```

运行结果为：

```
822
10
False
====================
Good Morning
```

2.1.4　函数

函数也属于 Python 常用的类型之一，包括内置函数、标准库函数、扩展库函数和自定义函数。严格来说，标准库函数和扩展库函数也是自定义函数，只不过是别人已经写好的，直接调用即可。

在 Python 中，主要通过关键字 def 和 lambda 定义函数。详细内容请参考本书第 8 章，本节仅简单介绍相关的基本语法。下面的代码演示了定义和调用函数的用法。

```
# 不需要说明形参类型，如果有多个形参要用逗号分隔
def func(value):
    return value*3

# lambda 表达式常用来定义匿名函数，也可以定义具名函数
# 下面定义的 func 和上面的函数 func 在功能上是等价的
# value 相当于函数的形参
# 表达式 value*3 的值相当于函数的返回值
func = lambda value: value*3

print(func(5))
print(func([5]))
print(func((5,)))
print(func('5'))
```

运行结果为：

```
15
[5, 5, 5]
(5, 5, 5)
555
```

2.2　运算符与表达式

在 Python 中，单个常量或变量可以看作最简单的表达式，使用任意运算符连接的式子也是表达式，在表达式中还可以包含函数调用。

运算符用来表示对象支持的行为和对象之间的操作，运算符的功能与对象类型密切相关，例如，数字之间允许相加则支持运算符“+”，日期时间对象不支持相加但支持减法运算符“-”并得到时间差对象，整数与数字相乘表示算术乘法而与字符串相乘时表示对原字符串进行重复并得到新字符串。常用的 Python 运算符如表 2-2 所示。虽然 Python 运算符有一套严格的优先级规则，但并不建议花费太多精力记忆，而是应该在编写复杂表达式时尽量使用圆括号来明确说明其中的逻辑以提高代码可读性。

表 2-2　常用的 Python 运算符

运算符	功能说明
:=	赋值运算符，Python 3.8 新增
+	算术加法，列表、元组、字符串合并与连接，正号
-	算术减法，集合差集，相反数
*	算术乘法，序列重复
/	真除法
//	求整商，向下取整
%	求余数，字符串格式化
**	幂运算，指数可以为小数，如 0.5 表示计算平方根
<、<=、>、>=、==、!=	（值）大小比较，集合的包含关系比较
and、or、not	逻辑与、逻辑或、逻辑非
in、not in	成员测试
is、is not	测试两个对象是否为同一个对象的引用
|、^、&、<<、>>、~	位或、位异或、位与、左移位、右移位、位求反
&、|、^	集合交集、并集、对称差集
[]	下标，切片，列表推导式
.	属性访问，成员访问
()	函数定义和调用时限定参数，改变表达式计算顺序，定义元组，定义生成器表达式，声明多行代码为一条语句
{}	定义字典和集合，定义字典推导式和集合推导式

2.2.1　算术运算符

（1）“+”运算符除了用于算术加法以外，还可以用于列表、元组、字符串的连接，但一般不这样用，因为效率较低。

```
print(3+5)
print(3+5.0)                                # 表达式中有实数，最终结果为实数
```

```
print(3.14+9.8)                          # 实数计算可能会有误差
print((3+4j)+(5+6j))
print('abc'+'def')
print([1]+[3])
print((1,)+(3,))
```

运行结果为：

```
8
8.0
12.940000000000001
(8+10j)
abcdef
[1, 3]
(1, 3)
```

（2）“-”运算符除了用于整数、实数、复数之间的算术减法和相反数之外，还可以计算集合的差集。需要注意的是，在进行实数之间的运算时，实数精度问题有可能会导致误差。

```
print(7.9-4.5)                           # 注意，结果有误差
print(5-3)
num = 3
print(-num)
print(--num)                             # 注意，这里的 -- 是两个负号，负负得正
print(-(-num))                           # 与上一行代码含义相同
print({1,2,3}-{3,4,5})                   # 计算集合的差集
print({3,4,5}-{1,2,3})                   # 集合差集不满足交换律
```

运行结果为：

```
3.4000000000000004
2
-3
3
3
{1, 2}
{4, 5}
```

（3）“*”运算符除了表示整数、实数、复数之间的算术乘法，还支持列表、元组、字符串这几个类型的对象与整数的乘法，表示序列元素的重复，生成新的列表、元组或字符串。

```
print(33333*55555)
print((3+4j)*(5+6j))
print('重要的事情说三遍！ '*3)
print([0]*5)
print((0,)*3)
```

运行结果为：

```
1851814815
(-9+38j)
```

```
重要的事情说三遍！重要的事情说三遍！重要的事情说三遍！
[0, 0, 0, 0, 0]
(0, 0, 0)
```

（4）运算符“/”和“//”在 Python 中分别表示真除法和求整商，其中整除运算符“//”具有“向下取整”的特点。例如，-17/4 的结果是 -4.25，在数轴上小于 -4.25 的最大整数是 -5，所以 -17//4 的结果是 -5。

```
print(17/4)
print(17//4)
print((-17)/4)
print((-17)//4)
```

运行结果为：

```
4.25
4
-4.25
-5
```

（5）“%”运算符可以用于求余数运算，还可以用于字符串格式化，第二种用法现在已经不推荐使用了，详见本书第 7 章。在计算余数时，结果与“%”右侧的运算数符号一致。

```
print(365%7)
print((-365)%2)
print(365%(-2))
print('%c,%c,%c'%(65, 97, 48))              # 把 65、97、48 格式化为字符
```

运行结果为：

```
1
1
-1
A,a,0
```

（6）“**”运算符表示幂运算。使用时应注意，该运算符具有右结合性，也就是说，如果有两个连续的“**”运算符，那么先计算右边的再计算左边的，除非使用圆括号明确修改表达式的计算顺序。

```
print(2**4)
print(3**3**3)
print(3**(3**3))                            # 与上一行代码含义相同
print((3**3)**3)                            # 使用圆括号修改计算顺序
print(9**0.5)                               # 计算 9 的平方根
print(8**(1/3))                             # 计算 8 的立方根
print((-1)**0.5)                            # 对负数计算平方根得到复数
```

运行结果为：

```
16
7625597484987
```

```
7625597484987
19683
3.0
2.0
(6.123233995736766e-17+1j)
```

2.2.2　关系运算符

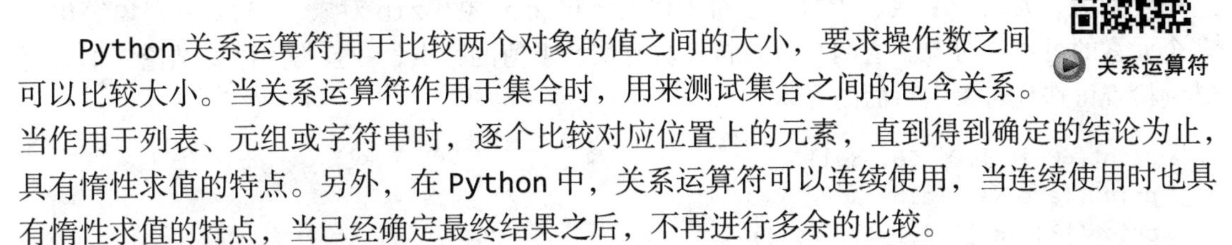

关系运算符

Python 关系运算符用于比较两个对象的值之间的大小，要求操作数之间可以比较大小。当关系运算符作用于集合时，用来测试集合之间的包含关系。当作用于列表、元组或字符串时，逐个比较对应位置上的元素，直到得到确定的结论为止，具有惰性求值的特点。另外，在 Python 中，关系运算符可以连续使用，当连续使用时也具有惰性求值的特点，当已经确定最终结果之后，不再进行多余的比较。

```
# 关系运算符优先级低于算术运算符
print(3+2<7+8)
# 等价于 3<5 and 5>2
print(3<5>2)
# 等价于 3==3 and 3<5
print(3==3<5)
# 表达式 3!=3 不成立，直接得出结论，不再计算表达式 3<5
print(3!=3<5)
# 第一个字符 '1'<'2'，直接得出结论
print('12345'>'23456')
# 第一个字符 'a'>'A'，直接得出结论
print('abcd'>'Abcd')
# 第一个数字 85<91，直接得出结论
print([85, 92, 73, 84]<[91, 82, 73])
# 前两个数字相等，第三个数字 101>99
print([180, 90, 101]>[180, 90, 99])
# 第一个集合不是第二个集合的超集
print({1, 2, 3, 4}>{3, 4, 5})
# 第一个集合不是第二个集合的子集
print({1, 2, 3, 4}<={3, 4, 5})
# 前三个元素相等，并且第一个列表有多余的元素
print([1, 2, 3, 4]>[1, 2, 3])
```

运行结果为：

```
True
True
True
False
False
True
True
True
```

```
False
False
True
```

2.2.3 成员测试运算符

成员测试运算符 in 和 not in 用于测试一个对象是否存在或不存在于另一个对象中，适用于列表、元组、字典、集合、字符串以及 range 对象、zip 对象、filter 对象等包含多个元素的可迭代对象。这两个运算符也具有惰性求值的特点，一旦得出准确结论，不会再继续检查可迭代对象中后面的元素。

```
print(60 in [70, 50, 80])
print('abc' in 'a1b2c3dfg')
print([3] in [[3], [4], [5]])
print('3' in map(str, range(5)))
print(5 in range(5))
print(5 not in range(5))
```

运行结果为：

```
False
False
True
True
False
True
```

2.2.4 集合运算符

集合的交集、并集、对称差集等运算分别使用 &、| 和 ^ 运算符来实现，差集则使用减号运算符来实现。

```
A = {35, 45, 55, 65, 75}
B = {65, 75, 85, 95}
print(A|B)                          # 并集
print(A&B)                          # 交集
print(A-B)                          # 差集
print(B-A)
print(A^B)                          # 对称差集
```

运行结果为：

```
{65, 35, 85, 55, 75, 45, 95}
{65, 75}
{35, 45, 55}
{85, 95}
{35, 45, 85, 55, 95}
```

集合运算的原理如图 2-1 ~ 图 2-4 所示，阴影部分表示计算结果。另外，容易得知，A^B = A|B - A&B = (A-B) | (B-A)。

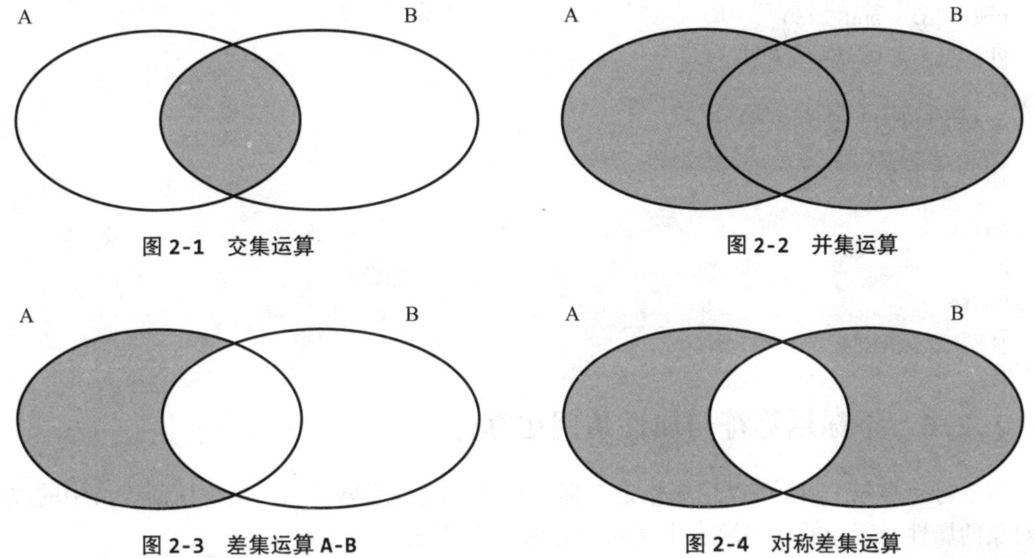

图 2-1　交集运算

图 2-2　并集运算

图 2-3　差集运算 A-B

图 2-4　对称差集运算

2.2.5　逻辑运算符

▶ 逻辑运算符

逻辑运算符 and、or、not 常用来连接多个子表达式构成更加复杂的条件表达式，优先级低于算术运算符、关系运算符、成员测试运算符和集合运算符。其中 and 连接的两个式子都等价于 True 时整个表达式的值才等价于 True，or 连接的两个式子至少有一个等价于 True 时整个表达式的值等价于 True。对于 and 和 or 连接的表达式，最终计算结果为最后一个计算的子表达式的值。运算符 and 和 or 的结果不一定是 True 或 False，但 not 运算的结果一定是二者之一。

在计算子表达式的值时，只要不是 0、0.0、0j、None、False、空列表、空元组、空字符串、空字典、空集合、空 range 对象或其他空的可迭代对象，都认为等价（注意，等价不是相等）于 True。例如，空字符串等价于 False，包含任意字符的字符串都等价于 True；0.0、0j 等价于 False，除此之外的任意整数实数和复数等等价于 True。

在使用时要注意的是，and 和 or 具有惰性求值或逻辑短路的特点，当连接多个表达式时只计算必须计算的值，并且最后计算的表达式的值作为整个表达式的值。以表达式“expression1 and expression2”为例，如果 expression1 的值等价于 False，这时不管 expression2 的值是什么，表达式最终的值都是等价于 False 的，这时干脆就不计算 expression2 的值了，整个表达式的值就是 expression1 的值。如果 expression1 的值等价于 True，这时仍无法确定整个表达式最终的值，所以会计算 expression2，并把 expression2 的值作为整个表达式最终的值。

同理，对于表达式“expression1 or expression2”，如果 expression1 的值等价于 False，这时仍无法确定整个表达式的值，需要计算 expression2 并把 expression2 的值作为整个表达式最终的值。如果 expression1 的值等价于 True，那么不管 expression2

的值是什么，整个表达式最终的值都是等价于 True 的，这时就不需要计算 expression2 的值了，直接把 expression1 的值作为整个表达式的值。

```
print(3>5 and 2<3)
print(3-3 or (5-2 and 2))
print(not 5)
print(not {})
```

运行结果为：

```
False
2
False
True
```

2.2.6 下标运算符与属性访问运算符

方括号运算符“[]”可以用来指定下标或切片，圆点运算符“.”用来访问模块中的成员或对象的属性。下面的代码演示了这两个运算符的用法。

```
import random

data = list(range(10))
random.shuffle(data)                # 调用模块中的函数
print(data)
print(data[3])                      # 访问下标为 3 的元素
print(data[:5])                     # 使用切片访问下标介于 [0,5) 区间的元素
data.remove(6)                      # 调用列表对象的 remove() 方法删除元素
data.sort()                         # 调用列表对象的 sort() 对元素进行排序
print(data)
data = {'red':(1,0,0), 'green':(0,1,0), 'blue':(0,0,1)}
print(data['red'])                  # 字典的“键”作下标，访问对应的“值”
```

运行结果为：

```
[6, 8, 5, 1, 4, 9, 3, 2, 0, 7]
1
[6, 8, 5, 1, 4]
[0, 1, 2, 3, 4, 5, 7, 8, 9]
(1, 0, 0)
```

2.2.7 赋值运算符

虽然很多人一直习惯把等于号“=”称作赋值运算符，但严格来说，Python 中的等于号“=”是不算作赋值运算符的，它只是变量名或表达式之间的分隔符，用来把等于号右侧表达式的值赋值给左侧的变量。Python 3.8 新增了赋值运算符“:=”，可以在选择结构和循环结构的条件表达式中直接创建变量并为变量赋值，不能在普通语句中直接使用。下面的代码在

Python 3.8.1 的 IDLE 交互模式下运行，演示了赋值运算符“:=”的用法。

```
>>> text = '''
Beautiful is better than ugly.
Explicit is better than implicit.
Simple is better than complex.
Complex is better than complicated.
Flat is better than nested.
Sparse is better than dense.
Readability counts.'''
>>> if (c:=text.count('is')) > 0:
    print(f'出现次数{c}')
else:
    print('没有出现')


出现次数6
>>> if (c:=text.count('isis')) > 0:
    print(f'出现次数{c}')
else:
    print('没有出现')


没有出现
>>> scores = []
>>> while (num:=int(input('请输入成绩（0表示结束输入）：'))) != 0:
    scores.append(num)


请输入成绩（0表示结束输入）：88
请输入成绩（0表示结束输入）：99
请输入成绩（0表示结束输入）：0
>>> print(scores)
[88, 99]
>>> x := 3                  #不能这样使用
SyntaxError: invalid syntax
>>> (a := 5)                #可以这样赋值并创建变量，等价于 a=5
5
>>> print(a)
5
```

2.3　常用内置函数

可以把函数看作一个黑盒子，使用者一般不需要关心函数的内部实现。在 2.1.4 节中介绍了 Python 中函数的概念和分类，不再赘述。在 Python 程序中任何位置都可以直接使用内置函数，不需要导入任何模块。

使用语句 print(dir(__builtins__)) 可以查看所有内置函数和内置对象，注意 builtins 两侧各有两个下划线。常用的内置函数及其功能简要说明如表 2-3 所示，方括号表示里面的参数可以省略。

表 2-3 Python 常用内置函数

函数	功能简要说明
abs(x, /)	返回数字 *x* 的绝对值或复数 *x* 的模，斜线表示该位置之前的所有参数必须为位置参数，下同，位置参数的概念请参考本书 8.2.1 节
all(iterable, /)	如果可迭代对象 iterable 中所有元素都等价于 True 则返回 True，否则返回 False
any(iterable, /)	只要可迭代对象 iterable 中存在等价于 True 的元素就返回 True，否则返回 False
bin(number, /)	返回整数 number 的二进制形式，如表达式 bin(3) 的值是 '0b11'
complex(real=0, imag=0)	返回复数，其中 real 是实部，imag 是虚部
chr(i, /)	返回 Unicode 编码为 i 的字符，其中 0 <= i <= 0x10ffff
dir(obj)	返回指定对象或模块 obj 的成员列表，如果不带参数则返回包含当前作用域内所有可用对象名字的列表
enumerate(iterable, start=0)	返回包含元素形式为 (start, iterable[0]), (start+1, iterable[1]), (start+2, iterable[2]), ... 的迭代器对象，start 表示编号的起始值，默认为 0
eval(source, globals=None, locals=None, /)	计算并返回字符串 source 中表达式的值，参数 globals 和 locals 用来指定字符串 source 中变量的值，如果二者有冲突，以 locals 为准
filter(function or None, iterable)	使用 function 函数描述的规则对 iterable 中的元素进行过滤，返回 filter 对象，其中包含序列 iterable 中使得函数 function 返回值等价于 True 的那些元素，第一个参数为 None 时返回的 filter 对象中包含 iterable 中所有等价于 True 的元素
float(x=0, /)	把整数或字符串 x 转换为浮点数
help(obj)	返回对象 obj 的帮助信息，不加参数时进入交互式帮助会话，输入字母 q 退出
hex(number, /)	返回整数 number 的十六进制形式
input(prompt=None, /)	输出参数 prompt 的内容作为提示信息，接收键盘输入的内容，以字符串形式返回
int([x]) int(x, base=10)	返回实数 x 的整数部分，或把字符串 x 看作 base 进制数并转换为十进制，base 默认为十进制，可以为 0 或 2~36 之间的整数
isinstance(obj, class_or_tuple, /)	测试对象 obj 是否属于指定类型（如果有多个类型的话需要放到元组中）的实例

续表

函数	功能简要说明
len(obj, /)	返回对象 obj 包含的元素个数，适用于列表、元组、集合、字典、字符串以及 range 器对象，不适用于具有惰性求值特点的生成器对象和 map、zip 等迭代器对象
list(iterable=(), /) tuple(iterable=(), /) dict()、dict(mapping)、 dict(iterable)、dict(**kwargs) set()、set(iterable)	把对象 iterable 转换为列表、元组、字典或集合并返回，或生成空列表、空元组、空字典、空集合
map(func, *iterables)	返回包含若干函数值的 map 对象，函数 func 的参数分别来自于 iterables 指定的一个或多个迭代对象
max(iterable, *[, default=obj, key=func]) max(arg1, arg2, *args, *[, key=func])	返回最大值，允许使用参数 key 指定排序规则，使用参数 default 指定 iterable 为空时返回的默认值。单个星号参数表示调用函数时该位置后面所有参数必须为关键参数，见 8.2.3 节
min(iterable, *[, default=obj, key=func]) min(arg1, arg2, *args, *[, key=func])	返回最小值，允许使用参数 key 指定排序规则，使用参数 default 指定 iterable 为空时返回的默认值
next(iterator[, default])	返回迭代器对象 iterator 中的下一个元素，如果 iterator 为空则返回参数 default 的值
oct(number, /)	返回整数 number 的八进制形式
open(file, mode='r', buffering=-1, encoding=None, errors=None, newline=None, closefd=True, opener=None)	以指定的方式打开参数 file 指定的文件并返回文件对象,详见 9.1 节
ord(c, /)	返回单个字符 c 的 Unicode 编码
print(value, ..., sep=' ', end='\n', file=sys.stdout, flush=False)	基本输出函数，可以输出一个或多个值，sep 参数表示分隔符，end 参数用来指定输出完所有值后的结束符
range(stop) range(start, stop[, step])	返回具有惰性求值特点的 range 对象，其中包含左闭右开区间 [start,stop) 内以 step 为步长的整数，start 默认为 0，step 默认为 1
reduce(function, sequence[, initial])	将双参数函数 function 以迭代的方式从左到右依次应用至序列 sequence 中每个元素，把中间计算结果作为下一次计算时函数 function 的第一个参数，最终返回单个值作为结果。在 Python 3.x 中 reduce() 不是内置函数，需要从标准库 functools 中导入再使用

续表

函数	功能简要说明
reversed(sequence, /)	返回 sequence 中所有元素逆序后的迭代器对象
round(number, ndigits=None)	对 number 进行四舍五入，若不指定小数位数 ndigits，则返回整数，参数 ndigits 可以为负数
sorted(iterable, /, *, key=None, reverse=False)	返回排序后的列表,其中参数 iterable 表示要排序的可迭代对象，参数 key 用来指定排序规则或依据，参数 reverse 用来指定升序或降序，默认为升序。* 表示该位置后面的所有参数都必须为关键参数
str(object='') str(bytes_or_buffer[, encoding[, errors]])	创建字符串对象或者把字节串使用参数 encoding 指定的编码格式转换为字符串
sum(iterable, /, start=0)	返回序列 iterable 中所有元素之和再加上 start 的结果，参数 start 默认值为 0
type(object_or_name, bases, dict) type(object) type(name, bases, dict)	查看对象类型或创建新类型
zip(*iterables)	返回 zip 对象，其中元素为 (seq1[i], seq2[i], ...) 形式的元组，最终结果中包含的元素个数取决于所有参数序列或可迭代对象中最短的那个，参数 iterables 表示包含多个可迭代对象的元组，*iterables 这种可变长度参数的用法请参考第 8.2.4 节的内容

2.3.1 类型转换

1. int()、float()、complex()

内置函数 int() 用来把实数转换为整数，或者把整数字符串按指定进制（默认为 10）转换为十进制整数。内置函数 float() 用来将其他类型数据转换为实数，complex() 可以用来生成复数。

```
print(int(3.5))                         # 获取实数的整数部分
print(int('119'))                       # 把整数字符串转换为整数
print(int('1111', 2))                   # 把 1111 看作二进制数，转换为十进制数
print(int('1111', 8))                   # 把 1111 看作八进制数，转换为十进制数
print(int('1111', 16))                  # 把 1111 看作十六进制数，转换为十进制数
print(int('  9\n'))                     # 自动忽略字符串两个的空白字符
print(float('3.1415926'))               # 把字符串转换为实数
print(float('-inf'))                    # 负无穷大
print(complex(3, 4))                    # 复数
print(complex(6j))
print(complex('3'))
```

运行结果为：

```
3
119
15
585
4369
9
3.1415926
-inf
(3+4j)
6j
(3+0j)
```

2. bin()、oct()、hex()

内置函数 bin()、oct()、hex() 用来将整数转换为二进制、八进制和十六进制形式。

```
print(bin(8888))                    # 把十进制整数转换为二进制
print(oct(8888))                    # 把十进制整数转换为八进制
print(hex(8888))                    # 把十进制整数转换为十六进制
print(bin(0o777))                   # 把八进制整数转换为二进制
print(oct(0x1234))                  # 把十六进制整数转换为八进制
print(hex(0b1010101))               # 把二进制整数转换为十六进制
```

运行结果为：

```
0b10001010111000
0o21270
0x22b8
0b111111111
0o11064
0x55
```

3. ord()、chr()、str()

内置函数 ord() 用来返回单个字符的 Unicode 码，chr() 用来返回 Unicode 编码对应的字符，str() 直接将其任意类型参数整体转换为字符串或把字节串按指定编码格式转换为字符串。

```
print(ord('a'))                     # 返回字符的 ASCII 码
print(ord('董'))                    # 返回汉字字符的 Unicode 编码
print(chr(65))                      # 返回指定 ASCII 码对应的字符
print(chr(33891))                   # 返回指定 Unicode 编码对应的汉字
print(str([1, 2, 3, 4]))            # 把列表转换为字符串
print(str({1, 2, 3, 4}))            # 把集合转换为字符串
print(str(b'\xe8\x91\xa3\xe4\xbb\x98\xe5\x9b\xbd', 'utf8'))
print(str(b'\xb6\xad\xb8\xb6\xb9\xfa', 'gbk'))
```

运行结果为：

```
97
33891
A
董
[1, 2, 3, 4]
{1, 2, 3, 4}
董付国
董付国
```

4. list()、tuple()、dict()、set()

内置函数 list()、tuple()、dict()、set() 用来把其他类型的数据转换成列表、元组、字典和集合，或者创建空列表、空元组、空字典和空集合。

```
print(list(), tuple(), dict(), set())
print(tuple(range(5)))
s = {3, 2, 1, 4}
print(list(s), tuple(s))
lst = [1, 1, 2, 2, 3, 4]
# 在转换为集合时会自动去除重复的元素
print(tuple(lst), set(lst))
# list() 会把字符串中每个字符都转换为列表中的元素
# tuple()、set() 函数也具有类似的特点
print(list(str(lst)))
print(dict(name='Dong', sex='Male', age=41))
print(dict([('a',97), ('b',98), ('c',99)]))
```

运行结果为：

```
[] () {} set()
(0, 1, 2, 3, 4)
[1, 2, 3, 4] (1, 2, 3, 4)
(1, 1, 2, 2, 3, 4) {1, 2, 3, 4}
['[', '1', ',', ' ', '1', ',', ' ', '2', ',', ' ', '2', ',', ' ', '3', ',', ' ',
'4', ']']
{'name': 'Dong', 'sex': 'Male', 'age': 41}
{'a': 97, 'b': 98, 'c': 99}
```

5. eval()

内置函数 eval() 用来计算字符串或字节串的值，也可以用来实现类型转换的功能，还原字符串中数据的实际类型。对字符串求值时，还可以使用参数 globals 和 locals 指定字符串中变量的值，如果同时指定这两个参数的话，locals 优先起作用。

eval() 函数

```
print(eval('3+4j'))                 # 对字符串求值得到复数
print(eval('8**2'))                 # 计算表达式 8**2 的值
print(eval('[1, 2, 3, 4, 5]'))      # 对字符串形式求值得到列表
```

```
print(eval('{1, 2, 3, 4}'))                # 对字符串求值得到集合
# 指定参数 globals，指定 a 和 b 的值
print(eval('a+b', {'a':97, 'b':98}))
# 同时指定 globals 和 locals 参数，locals 优先起作用
print(eval('a+b', {'a':97, 'b':98}, {'a':1, 'b':2}))
```

运行结果为：

```
(3+4j)
64
[1, 2, 3, 4, 5]
{1, 2, 3, 4}
195
3
```

2.3.2　最大值、最小值

内置函数 max()、min() 分别用于计算序列中所有元素的最大值和最小值，参数可以是列表、元组、字典、集合或其他包含有限个元素的可迭代对象。作为高级用法，函数 max() 和 min() 还支持使用 key 参数指定排序规则，参数的值可以是函数、类、lambda 表达式或类的方法等可调用对象。

```
data = [3, 22, 111]
print(data)
# 对列表中的元素直接比较大小，输出最大元素
print(max(data))
print(min(data))
# 返回转换成字符串之后最大的元素
print(max(data, key=str))
data = ['3', '22', '111']
print(max(data))
# 返回长度最大的字符串
print(max(data, key=len))
data = ['abc', 'Abcd', 'ab']
# 最大的字符串
print(max(data))
# 长度最大的字符串
print(max(data, key=len))
# 全部转换为小写之后最大的字符串
print(max(data, key=str.lower))
data = [1, 1, 1, 2, 2, 1, 3, 1]
# 出现次数最多的元素
# 也可以查阅资料使用标准库 collections 中的 Counter 类实现
print(max(set(data), key=data.count))
# 最大元素的位置，列表方法 __getitem__() 用于获取指定位置的值
print(max(range(len(data)), key=data.__getitem__))
```

运行结果为：

```
[3, 22, 111]
111
3
3
3
111
abc
Abcd
Abcd
1
6
```

2.3.3 元素数量、求和

内置函数 len() 用来计算序列长度，也就是元素个数。内置函数 sum() 用来计算序列中所有元素之和，一般要求序列中所有元素类型相同并且支持加法运算。作为高级用法，sum() 函数还可以接收第二个参数 start（默认为 0），此时返回序列中所有元素之和再加 start 的结果，一般用于序列中元素不是数值的场合。

```
data = [1, 2, 3, 4]
# 列表中元素的个数
print(len(data))
# 所有元素之和
print(sum(data))
data = (1, 2, 3)
print(len(data))
print(sum(data))
data = {1, 2, 3}
print(len(data))
print(sum(data))
data = 'Readability counts.'
print(len(data))
data = {97: 'a', 65: 'A', 48: '0'}
print(len(data))
# 对字典中的所有“键”求和
print(sum(data))
# 列表中元素不是数值，指定第二个参数为空列表
# 相当于 [] + [1] + [2] + [3] + [4]
print(sum([[1], [2], [3], [4]], []))
```

运行结果为：

```
4
10
3
```

```
6
3
6
19
3
210
[1, 2, 3, 4]
```

2.3.4　排序、逆序

（1）内置函数 sorted() 可以对列表、元组、字典、集合或其他可迭代对象进行排序并返回新列表，支持使用 key 参数指定排序规则，key 参数的值可以是函数、类、lambda 表达式、方法等可调用对象。另外，还可以使用 reverse 参数指定是升序（reverse=False）排序还是降序（reverse=True）排序，如果不指定的话默认为升序排序。

```
from random import shuffle

data = list(range(20))
shuffle(data)                                # 随机打乱顺序
print(data)
print(sorted(data))                          # 升序排序
print(sorted(data, key=str))                 # 按转换成字符串后的大小升序排序
print(sorted(data, key=str,                  # 按转换成字符串后的大小
             reverse=True))                  # 降序排序
# 按转换为字符串后的长度升序排序，长度一样的保持原来的相对顺序
print(sorted(data, key=lambda d:len(str(d))))
print(data)                                  # sorted() 函数不对原数据进行修改
```

运行结果为：

```
[8, 2, 12, 16, 15, 7, 9, 10, 19, 5, 17, 4, 18, 6, 13, 3, 1, 0, 11, 14]
[0, 1, 2, 3, 4, 5, 6, 7, 8, 9, 10, 11, 12, 13, 14, 15, 16, 17, 18, 19]
[0, 1, 10, 11, 12, 13, 14, 15, 16, 17, 18, 19, 2, 3, 4, 5, 6, 7, 8, 9]
[9, 8, 7, 6, 5, 4, 3, 2, 19, 18, 17, 16, 15, 14, 13, 12, 11, 10, 1, 0]
[8, 2, 7, 9, 5, 4, 6, 3, 1, 0, 12, 16, 15, 10, 19, 17, 18, 13, 11, 14]
[8, 2, 12, 16, 15, 7, 9, 10, 19, 5, 17, 4, 18, 6, 13, 3, 1, 0, 11, 14]
```

（2）内置函数 reversed() 可以对可迭代对象（生成器对象和具有惰性求值特性的 zip、map、filter、enumerate、reversed 等类似对象除外）进行翻转并返回可迭代的 reversed 对象。在使用时应注意，reversed 对象具有惰性求值特点，其中的元素只能使用一次，不支持使用内置函数 len() 计算元素个数，也不支持使用内置函数 reversed() 再次翻转。

```
from random import shuffle

data = list(range(20))                       # 创建列表
```

```
shuffle(data)                              # 随机打乱顺序
print(data)
reversedData = reversed(data)              # 生成 reversed 对象
print(reversedData)
print(list(reversedData))                  # 根据 reversed 对象得到列表
print(tuple(reversedData))                 # 空元组，reversed 对象中元素只能使用一次
```

运行结果为：

```
[16, 14, 17, 10, 0, 19, 12, 7, 5, 6, 2, 15, 8, 18, 9, 3, 4, 13, 11, 1]
<list_reverseiterator object at 0x0000022B69482108>
[1, 11, 13, 4, 3, 9, 18, 8, 15, 2, 6, 5, 7, 12, 19, 0, 10, 17, 14, 16]
()
```

2.3.5 基本输入输出

基本输入输出

（1）内置函数 input() 用来接收用户的键盘输入，不论用户输入什么内容，input() 一律返回字符串，必要的时候可以使用内置函数 int()、float() 或 eval() 对用户输入的内容进行类型转换。例如下面的代码：

```
num = int(input('请输入一个大于 2 的自然数：'))
# 对 2 的余数为 1 的整数为奇数，能被 2 整除的整数为偶数
if num%2 == 1:
    print('这是个奇数。')
else:
    print('这是个偶数。')

lst = eval(input('请输入一个包含若干大于 2 的自然数的列表：'))
print('列表中所有元素之和为：', sum(lst))
```

运行结果为：

```
请输入一个大于 2 的自然数：89
这是个奇数。

请输入一个包含若干大于 2 的自然数的列表：[23, 34, 88]
列表中所有元素之和为：145
```

（2）内置函数 print() 用于以指定的格式输出信息，语法格式为：

```
print(value, ..., sep=' ', end='\n', file=sys.stdout, flush=False)
```

其中，sep 参数之前为需要输出的内容（可以有多个）；sep 参数用于指定数据之间的分隔符，如果不指定则默认为空格；end 参数表示输出完所有数据之后的结束符，如果不指定则默认为换行符；file 参数用来指定输出的去向，默认为标准控制台；flush 参数用来指定是否立刻输出内容而不是先输出到缓冲区。

```
import datetime
```

```
print(1, 2, 3, 4, 5)                    # 默认情况，使用空格作为分隔符
print(1, 2, 3, 4, 5, sep=',')           # 指定使用逗号作为分隔符
print(3, 5, 7, end=' ')                 # 输出完所有数据之后，以空格结束，不换号
print(9, 11, 13)                        # 在行尾继续输出
# with 关键字用于管理上下文，可以自动关闭文件
# 关键字 as 用于给文件对象起别名
# open() 函数用于打开文件，'w' 表示写模式，如果文件不存在就创建文件，见 9.1 节
with open('20200120.txt', 'w') as fp:
    print('1234', file=fp)              # 把内容输出到文件
    print('abcd', file=fp)
width = 20
height = 10
# 注意，下面的用法只适用于 Python 3.8 之后的新版本，低版本可以删除大括号里的等于号
print(f'{width=},{height=},area={width*height}')
today = datetime.date.today()
print(f'{today.year=}')
data = {'a':97, 'b':98, 'c':99}
print(f'{data[“a”]=}')
```

运行结果如下，同时还会在当前文件夹中创建文件 20200120.txt，其中有 1234 和 abcd 两行内容。

```
1 2 3 4 5
1,2,3,4,5
3 5 7 9 11 13
width=20,height=10,area=200
today.year=2020
data[“a”]=97
```

在默认情况下，print() 函数每次输出的内容占一行，也就是默认以换行符结束。为了让多次输出的内容呈现在一行中，在前几次调用 print() 函数时可以设置参数 end 的值，上面这段代码演示了这种用法。

第 1 章介绍过一种在 PowerShell 窗口运行 Python 程序的方式，这对于运行某些类型的 Python 程序是很重要的一种方式。这时要注意一个问题，如果在 PowerShell 或命令提示符 cmd 窗口运行这种设置了 print() 函数的 end 参数的程序，print() 函数会先输出到缓冲区而不是直接输出到标准控制台，等缓冲区满了或者强行清空时才会真正输出到屏幕上。例如下面的代码：

```
from time import sleep

for i in range(10):
    print(i, end=',')
    sleep(0.5)
print(10)
```

这段代码的本意是让从 0 到 10 的数字显示在一行上，并且每隔 0.5 s 输出一个数字，但是把代码保存为程序文件并在 PowerShell 或 cmd 窗口运行时，会发现是过了 5 s 之后一

下子输出了全部数字，而不是预想的效果。把代码修改为下面的样子，设置 print() 函数的参数 flush=True 就可以了。请自行测试这两段代码并观察效果。

```
from time import sleep

for i in range(10):
    print(i, end=',', flush=True)
    sleep(0.5)
print(10)
```

2.3.6 range()

range() 函数

内置函数 range() 有 range(stop)、range(start, stop) 和 range(start, stop, step) 三种用法，返回具有惰性求值特点的 range 对象，其中包含左闭右开区间 [start, stop) 内以 step 为步长的整数范围，start 默认为 0，step 默认为 1。该函数返回的 range 对象可以转换为列表、元组或集合，可以使用 for 循环直接遍历其中的元素，并且支持下标和切片。

```
range1 = range(4)              # 只指定 stop 为 4，start 默认为 0，step 默认为 1
range2 = range(5, 8)           # 指定 start=5 和 stop=8，step 默认为 1
range3 = range(3, 20, 4)       # 指定 start=3、stop=20 和 step=4
range4 = range(20, 0, -3)      # step 也可以是负数
print(range1, range2, range3, range4)
print(range4[2])
print(list(range1), list(range2), list(range3), list(range4))
for i in range(10):
    print(i, end=' ')
```

运行结果为：

```
range(0, 4) range(5, 8) range(3, 20, 4) range(20, 0, -3)
14
[0, 1, 2, 3] [5, 6, 7] [3, 7, 11, 15, 19] [20, 17, 14, 11, 8, 5, 2]
0 1 2 3 4 5 6 7 8 9
```

2.3.7 zip()

zip() 函数

内置函数 zip() 用来把多个可迭代对象中对应位置上的元素分别组合到一起，返回一个可迭代的 zip 对象，其中每个元素都是包含原来的多个可迭代对象对应位置上元素的元组，最终结果中包含的元素个数取决于所有参数序列或可迭代对象中最短的那个。可以把 zip 对象转换为列表、元组和集合，也可以使用 for 循环逐个遍历其中的元素。如果 zip 对象中每个元组包含 2 个元素，还可以把 zip 对象转换为字典。

在使用时要特别注意，zip 对象中的每个元素都只能使用一次，访问过的元素不可再次访问；并且，只能从前往后逐个访问 zip 对象中的元素，不能使用下标直接访问指定位置上的元素，zip 对象不支持切片操作，也不能作为内置函数 len() 和 reversed() 的参数。

```
data = zip('1234', [1, 2, 3, 4, 5, 6])
print(data)
# 在转换为列表时，使用了 zip 对象中的全部元素，zip 对象中不再包含任何内容
print(list(data))
# 如果需要再次访问其中的元素，必须重新创建 zip 对象
data = zip('1234', [1, 2, 3, 4, 5, 6])
print(tuple(data))
data = zip('1234', [1, 2, 3, 4, 5, 6])
# zip 对象是可迭代的，可以使用 for 循环逐个遍历和访问其中的元素
for item in data:
    print(item)
print(dict(zip('abcd', '123456')))
```

运行结果为：

```
<zip object at 0x00C96968>
[('1', 1), ('2', 2), ('3', 3), ('4', 4)]
(('1', 1), ('2', 2), ('3', 3), ('4', 4))
('1', 1)
('2', 2)
('3', 3)
('4', 4)
{'a': '1', 'b': '2', 'c': '3', 'd': '4'}
```

2.3.8　enumerate()

enumerate() 函数

内置函数 enumerate() 用来枚举有限长度的可迭代对象中的元素，返回包含每个元素下标和值的 enumerate 对象，每个元素形式为 (0, seq[0]), (1, seq[1]), (2, seq[2]), ...。另外，该函数还支持通过参数 start 指定计数器的初始值，start 默认值为 0。

```
enum = enumerate('abcde')
print(enum)
print(list(enum))
# 空列表，enumerate 对象中的元素只能使用一次
print(list(enum))
# 指定计数器从 5 开始
print(list(enumerate('abcd', start=5)))
```

运行结果为：

```
<enumerate object at 0x0000022B6951BD68>
[(0, 'a'), (1, 'b'), (2, 'c'), (3, 'd'), (4, 'e')]
[]
[(5, 'a'), (6, 'b'), (7, 'c'), (8, 'd')]
```

2.3.9 next()

内置函数 next() 用来从迭代器对象中获取下一个元素，如果迭代器对象已空则引发 StopIteration 异常停止迭代或返回指定的默认值。

迭代器对象是指内部实现了特殊方法 __iter__() 和 __next__() 的类的实例，map 对象、zip 对象、filter 对象、enumerate 对象、生成器对象都属于迭代器对象。这类对象具有惰性求值的特点，只能从前往后逐个访问其中的元素，不支持下标和切片，并且每个元素只能使用一次。迭代器对象支持转换为列表、元组、字典、集合等类型对象，支持“in”运算符，也支持 for 循环遍历其中的元素。严格来说，迭代器对象中并不保存任何元素，只会在需要时临时计算或生成元素。

```
enum = enumerate('abcdefghijklmn')
print(next(enum))
print(next(enum))
# 遍历剩余元素
for item in enum:
    print(item, end=' ')
print(next(enum, '迭代器已空'))
print(list(map(int, str(123456))))
```

运行结果为：

```
(0, 'a')
(1, 'b')
(2, 'c') (3, 'd') (4, 'e') (5, 'f') (6, 'g') (7, 'h') (8, 'i') (9, 'j') (10, 'k') (11, 'l') (12, 'm') (13, 'n') 迭代器已空
[1, 2, 3, 4, 5, 6]
```

2.3.10 dir()、help()

这两个内置函数对于学习和使用 Python 非常重要。其中，dir() 函数不带参数时可以列出当前作用域中的标识符，带参数时可以用于查看指定模块或对象中的成员；help() 函数常用于查看对象的帮助文档。

```
import math
from random import sample

end = '\n'+'='*20+'\n'
# 查看标准库 math 中的所有成员
print(dir(math), end=end)
# 查看字符串对象的所有成员
print(dir(''), end=end)
# 查看标准库 math 中函数 factorial 的帮助文档
help(math.factorial)
print(end)
# 查看标准库 random 中函数 sample 的帮助文档
help(sample)
```

```
print(end)
# 查看字符串对象方法 replace 的帮助文档
help(''.replace)
```

运行结果为：

```
['__doc__', '__loader__', '__name__', '__package__', '__spec__', 'acos', 'acosh', 'asin', 'asinh', 'atan', 'atan2', 'atanh', 'ceil', 'copysign', 'cos', 'cosh', 'degrees', 'e', 'erf', 'erfc', 'exp', 'expm1', 'fabs', 'factorial', 'floor', 'fmod', 'frexp', 'fsum', 'gamma', 'gcd', 'hypot', 'inf', 'isclose', 'isfinite', 'isinf', 'isnan', 'ldexp', 'lgamma', 'log', 'log10', 'log1p', 'log2', 'modf', 'nan', 'pi', 'pow', 'radians', 'remainder', 'sin', 'sinh', 'sqrt', 'tan', 'tanh', 'tau', 'trunc']
====================
['__add__', '__class__', '__contains__', '__delattr__', '__dir__', '__doc__', '__eq__', '__format__', '__ge__', '__getattribute__', '__getitem__', '__getnewargs__', '__gt__', '__hash__', '__init__', '__init_subclass__', '__iter__', '__le__', '__len__', '__lt__', '__mod__', '__mul__', '__ne__', '__new__', '__reduce__', '__reduce_ex__', '__repr__', '__rmod__', '__rmul__', '__setattr__', '__sizeof__', '__str__', '__subclasshook__', 'capitalize', 'casefold', 'center', 'count', 'encode', 'endswith', 'expandtabs', 'find', 'format', 'format_map', 'index', 'isalnum', 'isalpha', 'isascii', 'isdecimal', 'isdigit', 'isidentifier', 'islower', 'isnumeric', 'isprintable', 'isspace', 'istitle', 'isupper', 'join', 'ljust', 'lower', 'lstrip', 'maketrans', 'partition', 'replace', 'rfind', 'rindex', 'rjust', 'rpartition', 'rsplit', 'rstrip', 'split', 'splitlines', 'startswith', 'strip', 'swapcase', 'title', 'translate', 'upper', 'zfill']
====================
Help on built-in function factorial in module math:

factorial(x, /)
    Find x!.

    Raise a ValueError if x is negative or non-integral.


====================

Help on method sample in module random:

sample(population, k) method of random.Random instance
    Chooses k unique random elements from a population sequence or set.

    Returns a new list containing elements from the population while
    leaving the original population unchanged.  The resulting list is
    in selection order so that all sub-slices will also be valid random
    samples.  This allows raffle winners (the sample) to be partitioned
    into grand prize and second place winners (the subslices).
```

```
    Members of the population need not be hashable or unique.  If the
    population contains repeats, then each occurrence is a possible
    selection in the sample.

    To choose a sample in a range of integers, use range as an argument.
    This is especially fast and space efficient for sampling from a
    large population:   sample(range(10000000), 60)


====================


Help on built-in function replace:

replace(old, new, count=-1, /) method of builtins.str instance
    Return a copy with all occurrences of substring old replaced by new.

      count
        Maximum number of occurrences to replace.
        -1 (the default value) means replace all occurrences.

    If the optional argument count is given, only the first count occurrences are
    replaced.
```

2.3.11 map()、reduce()、filter()

map() 函数

本节的三个函数是 Python 支持函数式编程的重要体现和方式，充分利用函数式编程可以使得代码更加简洁，并且具有更快的运行速度。

1）map()

内置函数 map() 的语法为：

```
map(func, *iterables)
```

该函数把一个可调用对象 func 依次映射到可迭代对象的每个元素上，并返回一个可迭代的 map 对象，其中每个元素是原可迭代对象中元素经过可调用对象 func 处理后的结果，map() 函数不对原可迭代对象做任何修改。该函数返回的 map 对象可以转换为列表、元组或集合，也可以直接使用 for 循环遍历其中的元素，但是 map 对象中的每个元素只能使用一次。

```
from operator import add, mul

# 把 range(5) 中的每个数字都变为字符串
print(map(str, range(5)))
# 可以把 map 对象转换为列表
print(list(map(str, range(5))))
# 获取每个字符串的长度
print(list(map(len, ['abc', '1234', 'test'])))
```

```
# 使用 operator 标准库中的 add 运算，相当于运算符 +
# 如果 map() 函数的第一个参数 func 能够接收两个参数，则可以映射到两个可迭代对象上
for num in map(add, range(5), range(5,10)):
    print(num)
# 计算两个向量的内积
vector1 = [1, 2, 3, 4]
vector2 = [5, 6, 7, 8]
print(sum(map(mul, vector1, vector2)))
# 所有字符串变为小写
print(list(map(str.lower, ['ABC','DE','FG'])))
# 统计字符串中每个字符的出现次数
text = 'aaabccccdabdc'
print(list(zip(set(text), map(text.count, set(text)))))
```

运行结果为：

```
<map object at 0x0000022B69470308>
['0', '1', '2', '3', '4']
[3, 4, 4]
5
7
9
11
13
70
['abc', 'de', 'fg']
[('b', 2), ('a', 4), ('d', 2), ('c', 5)]
```

2）reduce()

在 Python 3.x 中，reduce() 不是内置函数，而是放到了标准库 functools 中，需要导入之后才能使用，语法格式为：

```
reduce(function, sequence[, initial])
```

函数 reduce() 可以将一个接收 2 个参数的函数以迭代的方式从左到右依次作用到一个可迭代对象的所有元素上，并且每一次计算的中间结果直接参与下一次计算，最终得到一个值。例如，继续使用 operator 标准库中的 add 运算，那么表达式 reduce(add, [1, 2, 3, 4, 5]) 计算过程为 ((((1+2)+3)+4)+5)，第一次计算时 *x* 的值为 1 而 *y* 的值为 2，再次计算时 *x* 的值为 (1+2) 而 *y* 的值为 3，再次计算时 *x* 的值为 ((1+2)+3) 而 *y* 的值为 4，以此类推，最终完成计算并返回 ((((1+2)+3)+4)+5) 的值。下面的代码演示了 reduce() 函数的使用，其中第 4 行代码中 reduce(add, seq) 的执行过程如图 2-5 所示。

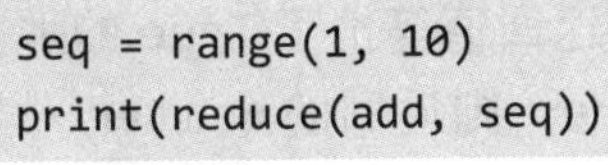

```
from functools import reduce
from operator import add, mul, or_

seq = range(1, 10)
print(reduce(add, seq))                    # 累加 seq 中的数字
```

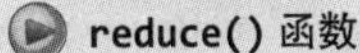

```
print(reduce(mul, seq))                    # 累乘 seq 中的数字
seq = [{1}, {2}, {3}, {4}]
print(reduce(or_, seq))                    # 对 seq 中的集合连续进行并集运算
# 定义函数，接收 2 个整数，返回第一个整数乘以 10 再加第 2 个整数的结果
def func(a, b):
    return a*10 + b
# 把表示大整数各位数字的若干数字连接为大整数
print(reduce(func, [1,2,3,4,5]))
```

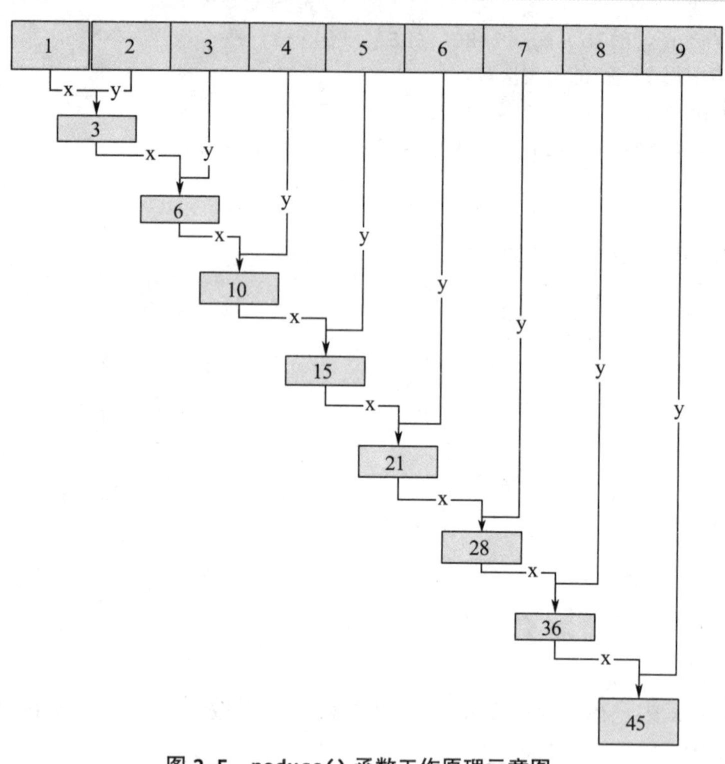

图 2-5 reduce() 函数工作原理示意图

filter() 函数

运行结果为：

```
45
362880
{1, 2, 3, 4}
12345
```

3）filter()

内置函数 filter() 使用指定函数描述的规则对可迭代对象中的元素进行过滤，语法格式为：

```
filter(function or None, iterable)
```

在语法上，filter() 函数将一个函数 function 作用到一个可迭代对象上，返回一个 filter 对象，其中包含原可迭代对象中使得函数 function 返回值等价于 True 的那些元素。如果指定 filter() 函数的第一个参数 function 为 None，则返回的 filter 对象中

包含原可迭代对象中等价于 True 的元素。

和生成器对象、map 对象、zip 对象、reversed 对象一样，filter 对象具有惰性求值的特点，其中每个元素只能使用一次。

```
seq = ['abcd', '1234', '.,?!', '']
print(list(filter(str.isdigit, seq)))          # 只保留数字字符串
print(list(filter(str.isalpha, seq)))          # 只保留英文字母字符串
print(list(filter(str.isalnum, seq)))          # 只保留数字字符串和英文字符串
print(list(filter(None, seq)))                 # 只保留等价于 True 的元素
# 定义函数，接收一个整数，返回该整数对 2 的余数
def mod2(num):
    return num%2
for num in filter(mod2, [33,44,55,66,77,88]):  # 只保留奇数
    print(num, end=' ')
```

运行结果为：

```
['1234']
['abcd']
['abcd', '1234']
['abcd', '1234', '.,?!']
33 55 77
```

2.4　综合例题解析

例 2-1　编写程序，输入三角形两边长及其夹角大小（单位：度），计算并输出第三边的边长，结果保留 2 位小数。

解析：在代码中，首先调用三次内置函数 input() 来接收两个边长和夹角大小，然后根据余弦定理计算第三边长，使用标准库 math 中的 cos() 函数计算余弦值。在使用 math.cos() 函数时要注意，其参数单位要求为弧度，必要的时候可以使用标准库 math 中的 radians() 进行转换。在计算平方根时使用了“**”运算符，然后使用 f- 字符串把结果保留 2 位小数。

```
from math import cos, radians

a = float(input('请输入一条边长：'))
b = float(input('请输入另一条边长：'))
theta = float(input('请输入两条边的夹角（度）：'))
c = (a*a + b*b - 2*a*b*cos(radians(theta))) ** 0.5
print(f'第三边长为：{c:.2f}')
```

运行结果为：

```
请输入一条边长：3
请输入另一条边长：4
```

```
请输入两条边的夹角（度）：90
第三边长为：5.00
```

例 2-2 编写程序，计算城市中任意两点的曼哈顿距离。

例 2-2 讲解

解析： 在二维平面上，两点之间的曼哈顿距离定义为水平跨度绝对值与垂直跨度绝对值的和，即对于点 (x_1,x_2) 和 (x_2,y_2)，曼哈顿距离计算公式为 $|x_1-x_2|+|y_1-y_2|$。对于 n 维空间的两个点 $(x_1,x_2,x_3,\cdots,x_n)$ 和 $(y_1,y_2,y_3,\cdots,y_n)$，曼哈顿距离计算公式为 $\sum_{i=1}^{n}|x_i-y_i|$。在代码中，使用内置函数 input() 接收两个表示向量的等长列表，然后使用内置函数 map()、abs() 和标准库 operator 中的函数 sub() 来完成要求的功能。另外，要注意使用内置函数 eval() 对包含列表的字符串进行转换，不能使用 list() 转换。

```
from operator import sub

vector1 = eval(input('请输入一个表示向量的列表：'))
vector2 = eval(input('请输入二个表示向量的列表：'))
distance = sum(map(abs, map(sub, vector1, vector2)))
print(f'两点之间的曼哈顿距离为：{distance}')
```

运行结果为：

```
请输入一个表示向量的列表：[1, 2, 3, 4]
请输入二个表示向量的列表：[5, 6, 7, 8]
两点之间的曼哈顿距离为：16
```

例 2-3 编写程序，输入一个表示 n 维空间向量的列表，计算并输出该向量的 L1 范数和 L2 范数，结果保留 2 位小数。

解析： 向量的 L1 范数即所有分量绝对值之和，L2 范数是所有分量平方和的平方根。

```
from operator import mul

vector = eval(input('请输入一个表示向量的列表：'))
L1 = sum(map(abs, vector))
L2 = sum(map(mul, vector, vector)) ** 0.5
print(f'{L1=:.2f},{L2=:.2f}')                    # 要求 Python 3.8 以上版本
```

运行结果为：

```
请输入一个表示向量的列表：[-3, 2, 5, -8]
L1=18.00,L2=10.10
```

例 2-4 编写程序，输入两个包含若干正整数的等长列表 values 和 weights，计算加权平均的值 $\frac{\sum_{i=0}^{n-1}(\text{values}[i]\times\text{weights}[i])}{\sum_{i=0}^{n-1}\text{weights}[i]}$，结果保留 2 位小数。

解析：使用内置函数 map() 和标准库 operator 中的函数 mul() 完成要求的功能，内置函数 map() 把可调用对象映射到多个可迭代对象时，有自动对齐的功能，同时处理多个可迭代对象中对应位置上的元素。

```
from operator import mul

values = eval(input('请输入一个包含若干实数值的列表：'))
weights = eval(input('请输入一个包含若干实数权重的列表：'))
average = sum(map(mul, values, weights)) / sum(weights)
print(f'{average=:.2f}')                #Python 3.8 之前的版本要删除等于号
```

运行结果为：

```
请输入一个包含若干实数值的列表：[1, 2, 3, 4]
请输入一个包含若干实数权重的列表：[5, 6, 7, 8]
average=2.69
```

本章知识要点

(1) 数据类型是特定类型的值及其支持的操作组成的整体，每个类型的表现形式、取值范围以及支持的操作都不一样。

(2) 在 Python 中，所有的一切都可以称作对象。

(3) 内置对象在启动 Python 之后就可以直接使用，不需要导入任何标准库，也不需要安装和导入任何扩展库。

(4) Python 属于动态类型编程语言，变量的值和类型都是随时可以改变的。

(5) 在 Python 中，不需要事先声明变量名及其类型，使用赋值语句可以直接创建任意类型的变量，变量的类型取决于等号右侧表达式值的类型。

(6) Python 支持任意大的数字，数字的大小仅受内存限制。

(7) 运算符用来表示对象支持的行为和对象之间的操作，运算符的功能与对象类型密切相关。

(8) 在 Python 中，关系运算符可以连续使用，当连续使用时具有惰性求值的特点，当已经确定最终结果之后，不会再进行多余的比较。

(9) 在计算子表达式的值时，只要不是 0、0.0、0j、None、False、空列表、空元组、空字符串、空字典、空集合、空 range 对象或其他空的可迭代对象，都认为等价（注意，等价不是相等）于 True。例如，空字符串等价于 False，包含任意字符的字符串都等价于 True；0 等价于 False，除 0 之外的任意整数和小数都等价于 True。

(10) 逻辑运算符 and 和 or 具有惰性求值或逻辑短路的特点，当连接多个表达式时只计算必须计算的值，并且最后计算的表达式的值作为整个表达式的值。

(11) 作为高级用法，函数 max() 和 min() 支持使用 key 参数指定排序规则，参数的值可以是函数、类、lambda 表达式或类的方法等可调用对象。

(12) 内置函数 sorted() 可以对列表、元组、字典、集合或其他可迭代对象进行排序并返回新列表，支持使用 key 参数指定排序规则，key 参数的值可以是函数、类、lambda 表达式、对象方法等可调用对象。另外，还可以使用 reverse 参数指定是升序（reverse=False）排序还是降序（reverse=True）排序，如果不指定的话默认为升序排序。

(13) 内置函数 input() 用来接收用户的键盘输入，不论用户输入什么内容，input() 一律返回字符串，必要的时候可以使用内置函数 int()、float() 或 eval() 对用户输入的内容进行类型转换。

(14) 内置函数 range() 有 range(stop)、range(start, stop) 和 range(start, stop, step) 三种用法，返回具有惰性求值特点的 range 对象，其中包含左闭右开区间 [start, stop) 内以 step 为步长的整数范围，start 默认为 0，step 默认为 1。

(15) 迭代器对象是指内部实现了特殊方法 __iter__() 和 __next__() 的类的实例，map 对象、zip 对象、filter 对象、enumerate 对象、生成器对象都属于迭代器对象。

(16) dir() 函数不带参数时可以列出当前作用域中的标识符，带参数时可以用于查看指定模块或对象中的成员；help() 函数常用于查看对象的帮助文档。

(17) 函数 reduce() 可以将一个接收 2 个参数的函数以迭代的方式从左到右依次作用到一个序列或迭代器对象的所有元素上，并且每一次计算的中间结果直接参与下一次计算，最终得到一个值。

(18) filter() 函数将一个函数 function 作用到一个序列上，返回一个 filter 对象，其中包含原序列中使得函数 function 返回值等价于 True 的那些元素。如果指定 filter() 函数的第一个参数 function 为 None，则返回的 filter 对象中包含原序列中等价于 True 的元素。

习　题

1. 判断题：内置对象可以直接使用，不需要导入标准库或扩展库。（　）
2. 判断题：列表中可以包含任意类型的元素。（　）
3. 判断题：Python 中的整数大小不能超过 65 535。（　）
4. 判断题：在 Python 中，变量一旦定义就不能改变类型了。（　）
5. 判断题：0o789 不是合法数字。（　）
6. 判断题：表达式 7.9-4.5 的值为 3.4。（　）
7. 填空题：表达式 15//4 的值为________。
8. 填空题：表达式 (-15)//4 的值为________。
9. 填空题：表达式 --3 的值为________。
10. 填空题：表达式 3 and 5 的值为________。
11. 填空题：表达式 {1,2,3}^{2,3,4} 的值为________。
12. 编程题：编写程序，输入一个任意位数的正整数，输出其各位数字之和。
13. 编程题：编写程序，输入两个集合 *A* 和 *B*，计算并输出并集、交集、差集 *A*-*B*、差集 *B*-*A* 以及对称差集。
14. 编程题：编写程序，输入一个包含若干正整数的列表，输出其中的奇数组成的新列表。

15. 编程题：编写程序，输入两个包含若干正整数的等长列表 keys 和 values，然后使用 keys 中的正整数为键、values 中对应位置上的正整数为值创建字典，然后输出创建的字典。

16. 编程题：编写程序，输入一个包含若干正整数的列表，输出这些元素按转换为字符串之后的大小降序排列的新列表。

17. 编程题：编写程序，输入一个包含若干整数的列表，输出列表中的最大值。例如，输入 [1, 2, 3, 4, 5, 888]，输出 888。

18. 编程题：编写程序，输入一个包含若干任意数据的列表，输出该列表中等价于 True 的元素组成的列表。例如，输入 [1, 2, 0, None, False, 'a']，输出 [1, 2, 'a']。

19. 简答题：简单描述逻辑运算符“and”和“or”的惰性求值特点。

第3章

程序控制结构

本章学习目标

- 理解表达式的值与True/False的等价关系；
- 熟练掌握选择结构的语法和应用；
- 熟练掌握循环结构的语法和应用；
- 熟练掌握异常处理结构的语法和应用；
- 熟练掌握选择结构、循环结构、异常处理结构嵌套使用的语法；
- 养成对用户输入进行有效性检查的习惯。

3.1 条件表达式

在选择结构和循环结构中，都要根据条件表达式的值来确定下一步的执行流程。选择结构根据不同的条件来决定是否执行特定的代码，循环结构根据不同的条件来决定是否重复执行特定的代码。

在Python中，几乎所有合法表达式都可以作为条件表达式。条件表达式的值等价于True时表示条件成立，等价于False时表示条件不成立。条件表达式的值只要不是False、0（或0.0、0j）、空值None、空列表、空元组、空集合、空字典、空字符串、空range对象或其他空迭代对象，Python解释器均认为与True等价。注意，等价和相等是有区别的。一个值等价于True是指，这个值作为内置函数bool()的参数会使得该函数返回True。

例如，数字可以作为条件表达式，但只有0、0.0、0j等价于False，其他任意数字都等价于True。列表、元组、字典、集合、字符串以及range对象、map对象、zip对象、

filter 对象、enumerate 对象、reversed 对象等可迭代对象也可以作为条件表达式，不包含任何元素的可迭代对象等价于 False，包含任意元素的可迭代对象都等价于 True。以字符串为例，只有不包含任何字符的空字符串是等价于 False 的；包含任意字符的字符串都等价于 True，哪怕只包含一个空格。下面的代码演示了部分数据与 True/False 的等价关系。

```
values = [3, -3, 0.1, 0, '', [], {}, 'a', [0],
          range(0), {0}, ' ', 5j]
equivalence = list(zip(values, map(bool, values)))
print(equivalence)
```

运行结果为：

```
[(3, True), (-3, True), (0.1, True), (0, False), ('', False), ([], False), ({}, False), ('a', True), ([0], True), (range(0, 0), False), ({0}, True), (' ', True), (5j, True)]
```

3.2 选择结构

如果细分，程序控制结构包括顺序结构、选择结构、循环结构和异常处理结构。在正常情况下，程序中的代码是从上往下逐条语句执行的，也就是顺序执行程序中的每行代码。如果程序中有选择结构，可以根据不同的条件来决定执行哪些代码而不执行哪些代码。如果程序中有循环结构，可以根据相应的条件是否满足来决定需要重复执行哪些代码。如果把每个选择结构或循环结构的多行代码看作一个大的语句块，整个程序仍是顺序执行的。

选择结构根据不同的条件来决定是否执行特定的代码，根据要解决的问题逻辑可以使用单分支选择结构、双分支选择结构或不同形式的嵌套选择结构。

3.2.1 单分支选择结构

单分支选择结构的语法如下所示，其中表达式后面的冒号“:”是不可缺少的，表示一个语句块的开始，并且语句块必须做相应的缩进，一般是以 4 个空格为缩进单位。

```
if 条件表达式：
    语句块
```

当条件表达式值为 True 或其他与 True 等价的值时，表示条件满足，语句块被执行；否则该语句块不被执行，而是继续执行后面的代码（如果有）。单分支选择结构执行流程如图 3-1 所示。在解决实际问题时，一般建议首先分析问题确定所使用的数据结构和解决问题的整体思路，然后绘制大致的程序流程图来辅助理顺思路，确定没有问题之后再动手编写代码实现设计好的思路，这方面的讲解可以参考本章以及其他章节最后的实验项目。

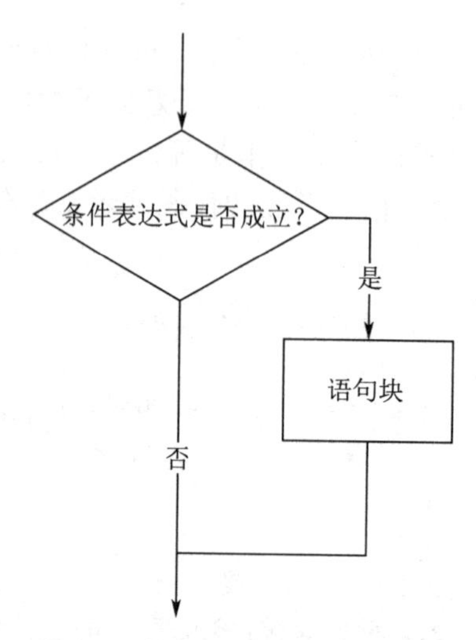

图 3-1　单分支选择结构执行流程

例 3-1　编写程序，生成包含两个或三个汉字的人名，随机决定人名中有两个还是三个汉字。

解析：使用标准库 random 中的函数 random() 生成介于 [0,1) 区间的随机数，如果生成的随机数大于 0.5 则生成人名中的第二个字，这样就可以得到三个汉字的人名，否则得到两个汉字的人名。

例 3-1 讲解

```
from random import choice, random

name = choice('董孙李周赵钱王')          # choice() 函数用来从多个值中任选一个
if random() > 0.5:                      # random() 函数返回 [0,1) 区间上的随机数
    name += choice('付玉延邵子凯')      # 这一行必须缩进 4 个空格，下同
name += choice('国楠栋涵雪玲瑞')
print(name)
```

3.2.2　双分支选择结构

例 3-1 代码运行演示

双分支选择结构可以用来实现二选一的业务逻辑，语法形式为：

```
if 条件表达式：
    语句块 1
else:
    语句块 2
```

当条件表达式值为 True 或其他等价值时，执行语句块 1，否则执行语句块 2。语句块 1 或语句块 2 总有一个会执行，然后再执行后面的代码（如果有）。双分支选择结构执行流程如图 3-2 所示。

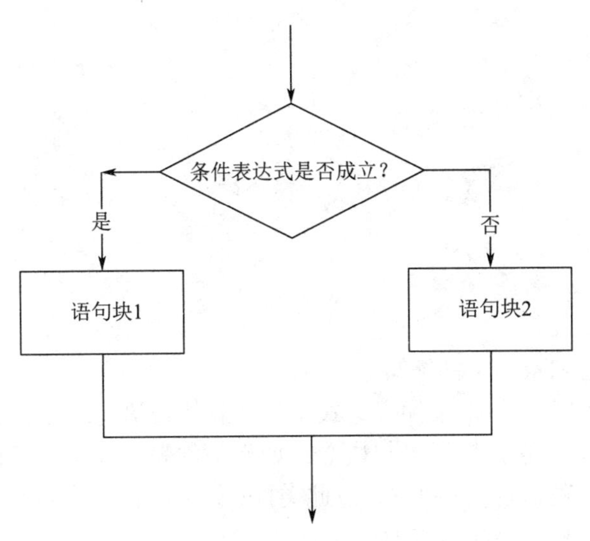

图 3-2　双分支选择结构执行流程

例 3-2　编写程序，重做例 2-2，要求检查两个列表长度是否相等，相等则继续计算，否则输出“长度不相等，数据错误”。

解析：使用内置函数 len() 计算两个列表的长度，使用双分支选择结构根据长度是否相等来决定下一步要执行的代码。

```
from operator import sub

vector1 = eval(input('请输入一个表示向量的列表：'))
vector2 = eval(input('请输入二个表示向量的列表：'))
if len(vector1) == len(vector2):
    distance = sum(map(abs, map(sub, vector1, vector2)))
    print(f'两点之间的曼哈顿距离为：{distance}')
else:
    print('长度不相等，数据错误')
```

第一次运行结果为：

```
请输入一个表示向量的列表：[1, 2, 3]
请输入二个表示向量的列表：[1, 2, 3, 4]
长度不相等，数据错误
```

第二次运行结果为：

```
请输入一个表示向量的列表：[1, 2, 3]
请输入二个表示向量的列表：[4, 5, 6]
两点之间的曼哈顿距离为：9
```

3.2.3　嵌套的选择结构

嵌套的选择结构用来表示更加复杂的业务逻辑，有两种形式。第一种语法形式为：

```
if 条件表达式 1:
    语句块 1
elif 条件表达式 2:
    语句块 2
elif 条件表达式 3:
    语句块 3
......
else:
    语句块 n
```

其中，关键字 elif 是 else if 的缩写。

在上面的语法示例中，如果条件表达式 1 成立就执行语句块 1；如果条件表达式 1 不成立但是条件表达式 2 成立就执行语句块 2；如果条件表达式 1 和条件表达式 2 都不成立但是条件表达式 3 成立就执行语句块 3，以此类推；如果所有条件都不成立就执行语句块 n。

第二种嵌套选择结构的语法形式为：

```
if 条件表达式 1:
    语句块 1
    if 条件表达式 2:
        语句块 2
    else:
        语句块 3
else:
    if 条件表达式 4:
        语句块 4
```

在上面的语法示例中，如果条件表达式 1 成立，先执行语句块 1，执行完后如果条件表达式 2 成立就执行语句块 2，否则执行语句块 3；如果条件表达式 1 不成立但是条件表达式 4 成立就执行语句块 4。

使用嵌套选择结构时，一定要严格控制好不同级别代码块的缩进量，这决定了不同代码块的从属关系和业务逻辑是否被正确地实现，以及代码是否能够被解释器正确理解和执行。作为一般建议，相同级别的代码块应具有相同的缩进量，并且以 4 个空格作为一个缩进单位。

例 3-3 编写程序，输入一个表示考试成绩（百分制）的整数，输出对应的字母等级制成绩，其中 A 对应于 [90,100]，B 对应于 [80,89]，C 对应于 [70,79]，D 对应于 [60,69]，F 对应于 [0,59]。

解析：这种情况适合使用第一种嵌套选择结构的形式。

```
score = int(input('请输入一个表示成绩的整数：'))
if score > 100:
    print('数据不能大于 100')
elif score >= 90:
    print('A')
elif score >= 80:
    print('B')
elif score >= 70:
    print('C')
```

例 3-3 讲解

```
elif score >= 60:
    print('D')
elif score >= 0:
    print('F')
else:
    print('数据不能小于0')
```

第一次运行结果为：

```
请输入一个表示成绩的整数：101
数据不能大于100
```

第二次运行结果为：

```
请输入一个表示成绩的整数：100
A
```

第三次运行结果为：

```
请输入一个表示成绩的整数：69
D
```

第四次运行结果为：

```
请输入一个表示成绩的整数：34
F
```

例 3-4　编写程序，重做例 3-2，首先检查两个输入是否均为包含整数的列表，输入的两个都是列表并且列表中元素都是整数才继续原来的计算，否则提示“必须输入包含整数的列表”。

解析：使用内置函数 isinstance() 检查输入数据的类型是否为列表，结合内置函数 set()、map() 和 type() 判断输入的列表中的数据类型，全部符合要求才计算曼哈顿距离，否则给出相应的提示信息。内置函数 set() 可以把列表、元组或 map 对象以及类似的容器类对象转换为集合，如果原来有重复的数据，转换为集合之后只保留 1 个，用来测试列表中是否只包含整数。程序中使用了第二种嵌套选择结构的形式。

```
from operator import sub

vector1 = eval(input('请输入第一个表示向量的列表：'))
vector2 = eval(input('请输入第二个表示向量的列表：'))
if (isinstance(vector1, list) and isinstance(vector2, list) and
    set(map(type, vector1+vector2))=={int}):
    if len(vector1) == len(vector2):
        distance = sum(map(abs, map(sub, vector1, vector2)))
        print(f'两点之间的曼哈顿距离为：{distance}')
    else:
        print('长度不相等，数据错误')
else:
    print('必须输入包含整数的列表')
```

第一次运行结果为：

```
请输入第一个表示向量的列表：[1,2,3]
请输入第二个表示向量的列表：[4,5,6,7]
长度不相等，数据错误
```

第二次运行结果为：

```
请输入第一个表示向量的列表：[1,2,3]
请输入第二个表示向量的列表：[4,5,6]
两点之间的曼哈顿距离为：9
```

第三次运行结果为：

```
请输入第一个表示向量的列表：[1,2,3]
请输入第二个表示向量的列表：{4,5,6}
必须输入包含整数的列表
```

第四次运行结果为：

```
请输入第一个表示向量的列表：[1,2,3]
请输入第二个表示向量的列表：['a','b','c']
必须输入包含整数的列表
```

3.3 循环结构

循环结构根据指定的条件是否满足来决定是否需要重复执行特定的代码，Python 中主要有 for 循环和 while 循环两种形式。

3.3.1 for 循环结构

Python 语言中的 for 循环非常适合用来遍历可迭代对象（列表、元组、字典、集合、字符串以及 map、zip 等类似对象）中的元素，语法形式为：

```
for 循环变量 in 可迭代对象 :
    循环体
[else:
    else 子句代码块 ]
```

其中，方括号内的 else 子句可以没有，也可以有，根据要解决的问题来确定。

for 循环结构执行过程为：对于可迭代对象中的每个元素（使用循环变量临时表示每个元素），都执行一次循环体中的代码。在循环体中可以使用循环变量，也可以不使用循环变量。另外要注意的是，在 for 循环结构中定义的循环变量，在循环结构结束之后仍可以访问，只要不超出当前函数。下面的代码演示了这种情况。

```
def demo():
    for i in range(20):
```

```
        pass                            # pass 是 Python 空语句，什么也不做
    print(i)

demo()
```

运行结果为：

```
19
```

如果 for 循环结构带有 else 子句，其执行过程为：如果循环因为遍历完容器类对象中的全部元素而自然结束，则继续执行 else 结构中的语句；如果是因为执行了 break 语句提前结束循环，则不会执行 else 中的语句。

例 3-5　编写程序，枚举并输出一个字符串中每个字符的下标和值，下标和值之间使用冒号分隔，每个字符的信息占一行。

解析：首先使用内置函数 enumerate() 枚举字符串，然后使用 for 循环遍历并输出 enumerate 对象中的每个元素。程序第二行中，在字符串前面加字母 f 表示对字符串进行格式化，把大括号中的变量替换为实际值，详见第 7 章字符串格式化的介绍。

```
for index, character in enumerate('Python'):
    print(f'位置{index}: 字符{character}')
```

运行结果为：

```
位置0: 字符P
位置1: 字符y
位置2: 字符t
位置3: 字符h
位置4: 字符o
位置5: 字符n
```

在使用 for 循环时，循环体中的代码可以与循环变量和正在遍历的容器类对象无关，只是简单地使用 for 循环来控制循环体中代码的执行次数，容器类对象中有多少元素就执行多少次循环体。下面的代码演示了这个用法：

```
for i in range(5):
    print('和循环变量无关的内容')
```

运行结果为：

```
和循环变量无关的内容
和循环变量无关的内容
和循环变量无关的内容
和循环变量无关的内容
和循环变量无关的内容
```

如果只是简单地使用 for 循环来控制次数，可以不用给循环变量起名字，用一个下划线来占位就可以了，例如下面的代码：

```
for _ in 'abcd':
    print('和循环变量无关的内容')
```

运行结果为：

```
和循环变量无关的内容
和循环变量无关的内容
和循环变量无关的内容
和循环变量无关的内容
```

3.3.2 while 循环结构

Python 语言中的 while 循环结构主要适用于无法提前确定循环次数的场合，很少用于循环次数可以确定的场合，虽然也可以这样用。While 循环结构的语法形式如下：

```
while 条件表达式：
    循环体
[else:
    else 子句代码块 ]
```

其中，方括号内的 else 子句可以没有，也可以有。当条件表达式的值等价于 True 时就一直执行循环体，直到条件表达式的值等价于 False 或者循环体中执行了 break 语句。如果是因为条件表达式不成立而结束循环，就继续执行 else 中的代码块。如果是因为循环体内执行了 break 语句使得循环提前结束，则不再执行 else 中的代码块。

例 3-6　编写程序，输入一个正整数，输出斐波那契数列中小于该整数的所有整数。

解析：斐波那契数列的形式为（1，1，2，3，5，8，13，...），其中第一项和第二项都是 1，从第三项开始后面每项是紧邻前两项数字的和。在这个题目中，由于无法提前预知输入正整数的大小，所以无法提前确定要输出的整数个数，也无法提前确定循环次数，适合使用 while 循环。在程序中，语句“a, b = b, a+b”是序列解包的语法，执行过程为：计算等号右侧表达式的值，然后按位置同时赋值给等号左侧的变量，也就是把原来变量 *b* 的值赋值给现在的变量 *a*，把原来变量 *a* 与 *b* 的和赋值给现在的变量 *b*。在使用序列解包时，应确保等号右侧值的数量和等号左侧变量的数量一样多。关于序列解包更详细的介绍请参考第 4 章内容。

```
number = int(input('请输入一个正整数：'))
a, b = 1, 1
while a < number:
    print(a, end=' ')
    a, b = b, a+b
```

例 3-6 讲解

第一次运行结果为：

```
请输入一个正整数：300
1 1 2 3 5 8 13 21 34 55 89 144 233
```

第二次运行结果为：

```
请输入一个正整数：2000
1 1 2 3 5 8 13 21 34 55 89 144 233 377 610 987 1597
```

3.3.3　break 与 continue 语句

break 语句和 continue 语句在 while 循环和 for 循环中都可以使用，并且一般常与选择结构或异常处理结构结合使用，但不能在循环结构之外使用这两个语句。一旦 break 语句被执行，将使得 break 语句所属层次的循环结构提前结束；continue 语句的作用是提前结束本次循环，忽略 continue 之后的所有语句，提前进入下一次循环。

例 3-7　编写程序，输出 500 以内最大的素数。

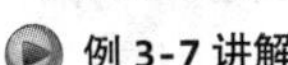

解析：内置函数 range() 的第三个参数 step 可以为负数，并且 range() 函数返回的 range 对象限定的是左闭右开区间，这一点尤其要注意。根据题目描述，在从 [500, 1) 区间上从大到小找到第一个素数即可。所谓素数，是指除了 1 和自身之外没有其他因数的正整数。如果一个正整数 *n* 是素数，那么从 2 到 *n*-1 之间必然没有因数。在下面的程序中，直接使用这个定义来判断一个正整数是否为素数，并没有进行算法和代码的优化，效率较低，进一步的优化实现可以参考例 8-3 的内容。

```
for n in range(500, 1, -1):          # 从大到小遍历
    for i in range(2, n):            # 遍历 [2, n-1] 区间的自然数
        if n%i == 0:                 # 如果 n 有因数，就不是素数
            break                    # 提前结束内循环
    else:                            # 如果内循环自然结束，继续执行这里的代码
        print(n)                     # 输出素数
        break                        # 结束外循环
```

例 3-7 代码运行演示

运行结果为：

```
499
```

例 3-8　编写程序，输入两个任意字符串，使用内置函数 zip() 将其对应位置的字符组合到一起，然后遍历并输出 zip 对象中下标不能被 3 整除的元素。

解析：continue 语句的作用是提前结束本次循环，跳过循环体中后面的语句，提前进入下一次循环。在代码中，使用内置函数 enumerate() 枚举 zip 对象中的下标和元素，如果某个元素对应的下标能被 3 整除就执行 continue 语句跳过后面的输出语句。

```
s1 = input('请输入一个字符串：')
s2 = input('再输入一个字符串：')
for index, tup in enumerate(zip(s1, s2)):
    if index%3 == 0:
        continue
    print(tup)
```

运行结果为：

```
请输入一个字符串：abcdefgh
再输入一个字符串：1234567
('b', '2')
('c', '3')
('e', '5')
('f', '6')
```

3.4 异常处理结构

3.4.1 常见异常表现形式

异常是指代码运行时由于输入的数据不合法或者某个条件临时不满足发生的错误。例如，除法运算中除数为 0，变量名不存在或拼写错误，要打开的文件不存在，操作数据库时 SQL 语句语法不正确或指定的字段不存在，要求输入整数但实际通过内置函数 input() 输入的内容无法使用内置函数 int() 转换为整数，要访问的属性不存在，文件传输过程中网络连接突然断开，这些情况都会引发代码异常。代码一旦引发异常就会崩溃，如果得不到正确的处理会导致整个程序中止运行。下面的代码在 IDLE 交互模式下演示了常见异常的表现形式。

```
>>> 3 / 0
Traceback (most recent call last):
  File "<pyshell#140>", line 1, in <module>
    3 / 0
ZeroDivisionError: division by zero
>>> print(age)
Traceback (most recent call last):
  File "<pyshell#141>", line 1, in <module>
    print(age)
NameError: name 'age' is not defined
>>> with open('20200121.txt', encoding='utf8') as fp:
    content = fp.read()

Traceback (most recent call last):
  File "<pyshell#144>", line 1, in <module>
    with open('20200121.txt', encoding='utf8') as fp:
FileNotFoundError: [Errno 2] No such file or directory: '20200121.txt'
>>> import sqlite3
>>> conn = sqlite3.connect('database.db')
>>> sql = 'SELECT * FROM student WHERE zhuanye=="网络工程"'
>>> for row in conn.execute(sql):
    print(row)

Traceback (most recent call last):
  File "<pyshell#150>", line 1, in <module>
    for row in conn.execute(sql):
sqlite3.OperationalError: no such table: student
>>> number = int(input('请输入一个正整数：'))
请输入一个正整数：12,345
Traceback (most recent call last):
```

```
  File "<pyshell#152>", line 1, in <module>
    number = int(input('请输入一个正整数：'))
ValueError: invalid literal for int() with base 10: '12,345'
>>> data = [1, 2, 3, 4, 5]
>>> data.rindex(3)
Traceback (most recent call last):
  File "<pyshell#154>", line 1, in <module>
    data.rindex(3)
AttributeError: 'list' object has no attribute 'rindex'
```

在代码引发异常导致崩溃时，惊慌是没有用的，也不建议急于求助别人。应该尝试着阅读异常信息并查找原因，大多数情况下，异常信息还是能够给出足够多提示的。一般而言，在异常信息的最后一行明确给出了异常的类型或者导致错误的原因，倒数第二行会给出导致崩溃的那一行代码。例如，把下面的代码保存为文件并运行。

```
values = eval(input('请输入一个列表：'))
num = int(input('请输入一个整数：'))
print('最后一次出现的位置：', values.rindex(num))
```

运行结果如图 3-3 所示，根据异常信息不难发现和解决问题，把代码第 3 行的 rindex 改为 index 就可以了。

```
请输入一个列表：[1, 2, 3, 4]
请输入一个整数：3
Traceback (most recent call last):
  File "C:/Python38/测试.py", line 3, in <module>
    print('最后一次出现的位置：', values.rindex(num))
AttributeError: 'list' object has no attribute 'rindex'
```

导致错误的代码所在文件和行号
导致错误的代码
错误原因：列表对象没有rindex属性

图 3-3　代码执行结果与异常信息

3.4.2　异常处理结构语法与应用

一个好的代码应该能够充分考虑可能发生的错误并进行预防和处理，要么给出友好提示信息，要么直接忽略异常继续执行，表现出很好的健壮性，或者满足特定场合的需要（例如，暴力破解密码时忽略错误密码引发的异常）。异常处理结构的一般思路是先尝试运行代码，如果不出现异常就正常执行，如果引发异常就根据异常类型的不同采取不同的处理方案。异常处理结构的完整语法形式如下：

```
try:
    # 可能会引发异常的代码块
except 异常类型 1 as 变量 1:
    # 处理异常类型 1 的代码块
except 异常类型 2 as 变量 2:
    # 处理异常类型 2 的代码块
...
[else:
    # 如果 try 块中的代码没有引发异常，就执行这里的代码块
```

```
    ]
    [finally:
        # 不论 try 块中的代码是否引发异常，也不论异常是否被处理
        # 总是最后执行这里的代码块
    ]
```

在上面的语法形式中，else 和 finally 子句不是必需的，except 子句的数量也要根据具体的业务逻辑来确定，形式比较灵活。

另外，在程序中某些位置，可能需要某个条件必须得到满足才能继续执行后面的代码。这时，可以使用断言语句 assert 来确认某个条件是否满足，如果条件满足则不会有任何提示，继续执行后面的代码；如果要求的条件不满足则会引发异常。断言语句 assert 的语法形式如下：

```
assert condition, information
```

其中，condition 可以是任何表达式；assert 要求这个表达式的值必须等价于 True，否则就会引发异常；information 用来指定异常具体信息的字符串。assert 语句常和异常处理结构配合使用，下面的代码在 IDLE 中演示了 assert 语句的用法。在 Python 3.8 之后的版本中，赋值运算符“:=”简化了代码的编写。

```
>>> assert 3
>>> assert 3==5, '两个数字不相等'
Traceback (most recent call last):
  File "<pyshell#159>", line 1, in <module>
    assert 3==5, '两个数字不相等'
AssertionError: 两个数字不相等
>>> a = input('输入密码：')
输入密码：1234
>>> b = input('再输入一次密码：')
再输入一次密码：12345
>>> try:
    assert a==b
except:
    print('两次输入的密码不一样')

两次输入的密码不一样
>>> assert int(a:=input('请输入一个大于 0 的正整数：'))>0
请输入一个大于 0 的正整数：3
>>> print(a)
3
```

例 3-9 编写程序，重做例 3-6，对用户的输入进行有效性检查。如果用户输入的是正整数再继续完成原来的功能，如果输入错误就进行相应的提示。

解析：在下面的代码中，如果输入的内容无法使用内置函数 int() 转换成整数则会引发异常，如果可以转换成整数但是不大于 0 也会引发异常。如果 try 子句中的代码引发异常就执行 except 子句中的代码输出提示信息，如果 try 子句中的代码没有引发异常就执行

else 子句中的代码。

```
try:
    assert (number:=int(input('请输入一个正整数: ')))>0
except:
    print('错误, 必须输入正整数')
else:
    a, b = 1, 1
    while a < number:
        print(a, end=' ')
        a, b = b, a+b
```

第一次运行结果为:

```
请输入一个正整数: 500
1 1 2 3 5 8 13 21 34 55 89 144 233 377
```

第二次运行结果为:

```
请输入一个正整数: 2,000
错误, 必须输入正整数
```

第三次运行结果为:

```
请输入一个正整数: -30
错误, 必须输入正整数
```

3.5　综合例题解析

例 3-10　编写程序，计算今天是今年的第几天。

解析: 使用标准库 time 中的 localtime() 函数获取当前的日期和时间，返回结果是一个形式为 (tm_year,tm_mon,tm_mday,tm_hour,tm_min,tm_sec,tm_wday,tm_yday,tm_isdst) 的具名元组。获取前三项的年、月、日，代码中列表 day_month 表示一年每个月的天数，然后根据当前所在的月、日计算是今年第几天。作为补充和扩展，标准库 calendar 中的函数 isleap() 可以直接判断闰年。标准库 time 的 localtime() 函数其实可以直接解决这个问题，如 time.localtime().tm_yday。还可以使用标准库 datetime 直接解决该问题，如 datetime.date.today().timetuple().tm_yday，请自行验证。

例 3-10 代码运行演示

```
import time

# 获取今年的年月日
year, month, day = time.localtime()[:3]
# 每个月的天数，暂时设置 2 月为 28 天
day_month = [31, 28, 31, 30, 31, 30, 31, 31, 30, 31, 30, 31]
# 如果今年是闰年，把 2 月改为 29 天
if year%400==0 or (year%4==0 and year%100!=0):   #判断是否为闰年
```

```
    day_month[1] = 29

if month==1:
    print(day)
else:
    print(sum(day_month[:month-1])+day)
```

2020 年 1 月 22 日运行结果为：

```
22
```

例 3-11　编写程序，计算 2020 年第 49 个周日是几月几日。

解析：标准库 datetime 中的 date 类可以根据指定的年、月、日创建日期对象，timedelta 类用来表示两个日期时间之间的差。在代码中，首先使用 for 循环查找 2020 年第一个周日是 1 月几日，然后在此基础上加上 48 个周，得到 2020 年第 49 个周日是几月几日。

```
from datetime import date, timedelta

start = date(2020, 1, 1)
# 查找第一个周日是 1 月几日，7 天之内一定能找到
for i in range(7):
    if start.isoweekday() == 7:
        break
    start = start + timedelta(days=1)
print(start+timedelta(weeks=48))
```

例 3-11 讲解

运行结果为：

```
2020-12-06
```

例 3-11 代码运行演示

例 3-12　编写程序求解鸡兔同笼问题。假设笼子中共有鸡、兔 30 只，脚 90 只，计算并输出鸡、兔各有多少只。

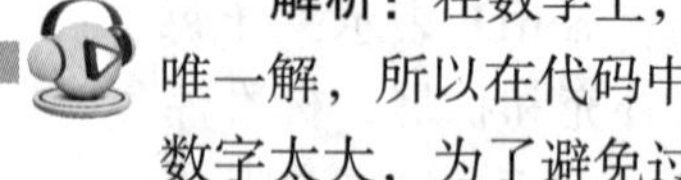

例 3-12 讲解

解析：在数学上，这是个二元一次方程组的求解问题，如果有解肯定是唯一解，所以在代码中找到一个解之后可以立刻执行 break 结束循环。如果数字太大，为了避免过多的循环次数，也可以使用二元一次方程组求解的思路来快速解决，如果“腿的数量 - 头的数量 ×2”是个正偶数，那么这个数字除以 2 就是兔子的数量，否则问题无解。大家可以尝试编写代码实现后面的一种思路。

```
for ji in range(0, 31):
    if 2*ji + (30-ji)*4 == 90:
        print('ji:', ji, ' tu:', 30-ji)
        break
```

运行结果为：

```
ji: 15  tu: 15
```

例 3-12 代码运行演示

例 3-13　编写程序，计算百钱买百鸡问题。假设公鸡价格为 5 元 1 只，母鸡价格为

3 元 1 只，小鸡价格为 1 元 3 只，现在有 100 元，想买 100 只鸡，输出所有可能的购买方案。

解析：根据具体的业务逻辑，选择结构、循环结构和异常处理结构互相之间都可以嵌套，形式非常灵活，没有固定的用法。另外，在本例代码倒数第二行 and 关键字连接的两个表达式中，把 z%3==0 放在前面可以在一定程度上提高效率，对于不能被 3 整除的整数 z 不再计算后面的表达式 (5*x + 3*y + z//3 == 100)，减少了计算量。最后，在编写比较长的表达式时，即使运算符优先级决定的计算顺序不会有歧义，也建议在适当的位置增加括号来明确说明计算顺序，同时也方便阅读代码。

```
# 假设能买 x 只公鸡，x 最大为 20
for x in range(21):
    # 假设能买 y 只母鸡，y 最大为 33
    for y in range(34):
        # 假设能买 z 只小鸡
        z = 100-x-y
        if z%3==0 and (5*x + 3*y + z//3 == 100):
            print(f'公鸡 {x} 只，母鸡 {y} 只，小鸡 {z} 只')
```

运行结果为：

```
公鸡 0 只，母鸡 25 只，小鸡 75 只
公鸡 4 只，母鸡 18 只，小鸡 78 只
公鸡 8 只，母鸡 11 只，小鸡 81 只
公鸡 12 只，母鸡 4 只，小鸡 84 只
```

例 3-14　编写程序，输入一个二进制数，对输入内容进行检查，如果确实为有效二进制数，使用按权展开式转换为十进制数，否则输出“你输入的不是二进制数”。

解析：代码中使用内置函数 set() 把输入的字符串转换为集合，去除重复的字符，如果输入的是二进制数，将会只剩下 0 和 1，然后使用按权展开式转换为十进制数。

```
number = input('请输入一个二进制数：')
# 检查输入的每位数是否都为 0 或 1
if set(number) <= set('01'):
    # 按权展开式，转换为十进制数
    result = 0
    for d in map(int, number):
        result = result*2 + d
    print(result)
else:
    print('你输入的不是二进制数')
# 直接使用内置函数 int() 进行转换，验证结果
print(int(number, 2))
```

运行结果为：

```
请输入一个二进制数：10101110
174
174
```

例 3-15 编写程序，输入一个包含若干整数的列表，判断其中的整数是否严格按升序排列，也就是所有相邻元素的前面一个都小于后面一个。如果是严格升序就输出 True，否则输出 False；如果输入的数据不符合格式要求就输出“输入的数据格式不正确”。

解析：在 Python 程序中，else 可以出现在选择结构、循环结构和异常处理结构中，并不一定和 if 对齐。

```
values = eval(input('请输入包含若干整数的列表：'))
if isinstance(values, list) and set(map(type, values))=={int}:
    for index, value in enumerate(values[:-1]):
        if value >= values[index+1]:
            print(False)
            break
    else:
        print(True)
else:
    print('输入的数据格式不正确')
```

例 3-15 讲解

第一次运行结果为：

```
请输入包含若干整数的列表：[1, 3, 5, 7]
True
```

第二次运行结果为：

```
请输入包含若干整数的列表：[1, 3, 3, 7]
False
```

第三次运行结果为：

```
请输入包含若干整数的列表：['a', 'b', 'c']
输入的数据格式不正确
```

第四次运行结果为：

```
请输入包含若干整数的列表：{1, 3, 5, 7}
输入的数据格式不正确
```

例 3-16 有一箱苹果，4 个 4 个地数最后余下 1 个，5 个 5 个地数最后余下 2 个，9 个 9 个地数最后余下 7 个。编写程序计算这箱苹果至少有多少个。

解析：先确定除以 9 余 7 的最小整数，对这个数字重复加 9，如果得到的数字除以 5 余 2 就停止；然后对得到的数字重复加 45，如果得到的数字除以 4 余 1 就停止。这时得到的数字就是题目的答案。标准库 itertools 中的 count() 函数语法为 count(start=0, step=1)，返回一个迭代器对象，其中包含从 start 开始以 step 为步长的无限多整数。

```
from itertools import count

for num in count(16, 9):
    if num%5 == 2:
        break
```

例 3-16 代码运行演示

```
for result in count(num, 45):
    if result%4 == 1:
        break
print(result)
```

运行结果为：

```
97
```

例 3-17　编写程序，输入一个正整数，如果是偶数就除以 2，如果是奇数就乘以 3 再加 1，对得到的数字重复这个操作，计算经过多少次之后会得到 1，输出所需要的次数。

解析：如果无法提前确定循环次数，使用 while True 和 break 的组合是比较好的选择。下面的代码没有对用户输入进行有效性检查，可以尝试着增加代码完成这一功能。

```
num = int(input('请输入一个正整数：'))
times = 0
while True:
    if num%2 == 0:
        num = num//2
    else:
        num = num*3 + 1
    times = times + 1
    if num == 1:
        print(times)
        break
```

第一次运行结果为：

```
请输入一个正整数：123456
61
```

第二次运行结果为：

```
请输入一个正整数：31415926
219
```

本章知识要点

（1）在 Python 中，几乎所有合法表达式都可以作为条件表达式。条件表达式的值等价于 True 时表示条件成立，等价于 False 时表示条件不成立。条件表达式的值只要不是 False、0（或 0.0、0j 等）、空值 None、空列表、空元组、空集合、空字典、空字符串、空 range 对象或其他空迭代对象，Python 解释器均认为与 True 等价。

（2）在编写包含选择结构、循环结构、异常处理结构的程序时，一定要仔细检查代码的缩进和对齐。

（3）Python 语言中的 for 循环非常适合用来遍历可迭代对象（列表、元组、字典、集合、字符串以及 map、zip 等类似对象）中的元素。

（4）Python 语言中的 while 循环结构主要适用于无法提前确定循环次数的场合。

（5）break 语句和 continue 语句在 while 循环和 for 循环中都可以使用，并且一般常与选择结构或异常处理结构结合使用。一旦 break 语句被执行，将使得 break 语句所属层次的循环结构提前结束；continue 语句的作用是提前结束本次循环，忽略 continue 之后的所有语句，提前进入下一次循环。

（6）异常是指代码运行时由于输入的数据不合法或者某个条件临时不满足发生的错误。

（7）一个好的代码应该能够充分考虑可能发生的异常并进行处理，要么给出友好提示信息，要么忽略异常继续执行，表现出很好的健壮性。

习　　题

1. 判断题：在 Python 中，作为条件表达式时，3 和 5 是等价的，都表示条件成立。（　　）

2. 判断题：在 Python 中，作为条件表达式时，空列表等价于 False。（　　）

3. 判断题：在 Python 中，else 只能用于选择结构中，也就是说，else 必须和前面代码中的某个 if 或 elif 对齐。（　　）

4. 判断题：在 Python 中，选择结构的 if 必须有对应的 else，否则程序无法执行。（　　）

5. 判断题：对于带 else 的循环结构，如果由于循环结构中执行了 break 语句而提前结束循环结构，将会继续执行 else 中的代码。（　　）

6. 判断题：Python 中的异常处理结构必须带有 finally 子句。（　　）

7. 判断题：Python 中的异常处理结构可以不带 else 子句。（　　）

8. 填空题：表达式 isinstance([3, 5, 7], list) 的值为________。

9. 填空题：表达式 bool(3+5) 的值为________。

10. 填空题：________语句用来提前结束循环结构，继续执行循环结构后面的代码。

11. 填空题：________语句用来提前结束本次循环，跳过循环结构中该语句后面的代码，提前进入下一次循环。

12. 编程题：重做例 3-10，要求输入年、月、日然后计算输入的日期是当年的第几天，要求使用异常处理结构处理输入不是合法年、月、日的情况。

13. 编程题：重做例 3-12，要求输入兔子和鸡的总数以及腿的总数，输出鸡和兔子的数量，要求使用异常处理结构处理输入的内容不是整数的情况，并且在输入的数字没有解时输出“数据错误，无解”。

实验项目 1：抓狐狸游戏 1

实验内容

假设墙上有一排 5 个洞，其中一个洞里有狐狸，玩家来抓这只狐狸，每天只能抓一次。玩家打开一个洞口的门，如果里面有狐狸就抓到了。如果洞口里没有狐狸就第二天再来抓，但是第二天狐狸会在有人来抓之前跳到隔壁洞口里。如果在规定的次数之内无法抓住狐狸，玩家失败。如果在规定的次数之内能够抓到狐狸，玩家赢得一局。

编写程序，模拟这个游戏以及玩家抓狐狸和狐狸跳跃的过程。

实验目的

（1）熟练掌握内置函数 input() 的用法；
（2）熟练掌握标准库函数的导入和使用；
（3）熟练掌握标准库 random 中 randint()、choice() 函数的功能和用法；
（4）理解并熟练掌握选择结构、循环结构、异常处理结构的工作原理与使用；
（5）理解带 else 的循环结构的执行流程；
（6）理解并熟练掌握循环结构结合异常处理结构对用户输入进行约束的用法。

实验步骤

（1）下载并安装 Python 开发环境，下面的步骤在 Spyder 中完成，其他开发环境可以根据实际情况稍作调整。

（2）依次打开“开始”菜单→“Anaconda3”→“Spyder(Anaconda3)”，启动 Spyder，单击菜单“Projects”→“New Project”创建项目，如图 3-4 所示。

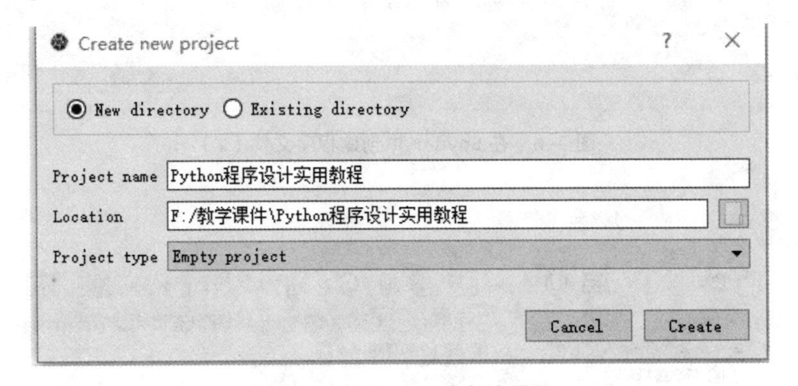

图 3-4　在 Spyder 中创建项目

（3）鼠标右键单击项目管理器中的“Python 程序设计实用教程”，在弹出的菜单中依次选择“New”→“File”，如图 3-5 所示。然后在弹出的对话框中输入文件名“抓狐狸 1.py”，单击“保存”按钮，如图 3-6 所示。成功之后界面如图 3-7 所示。

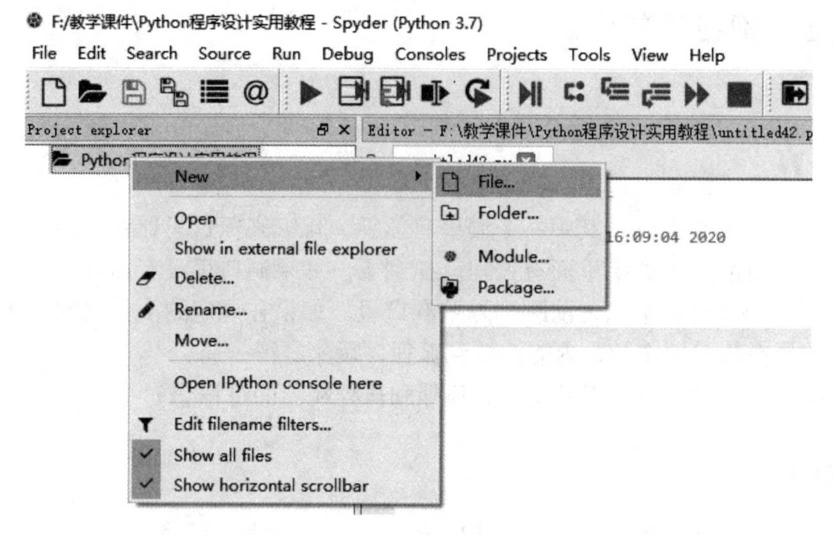

图 3-5　在 Spyder 中创建程序文件（1）

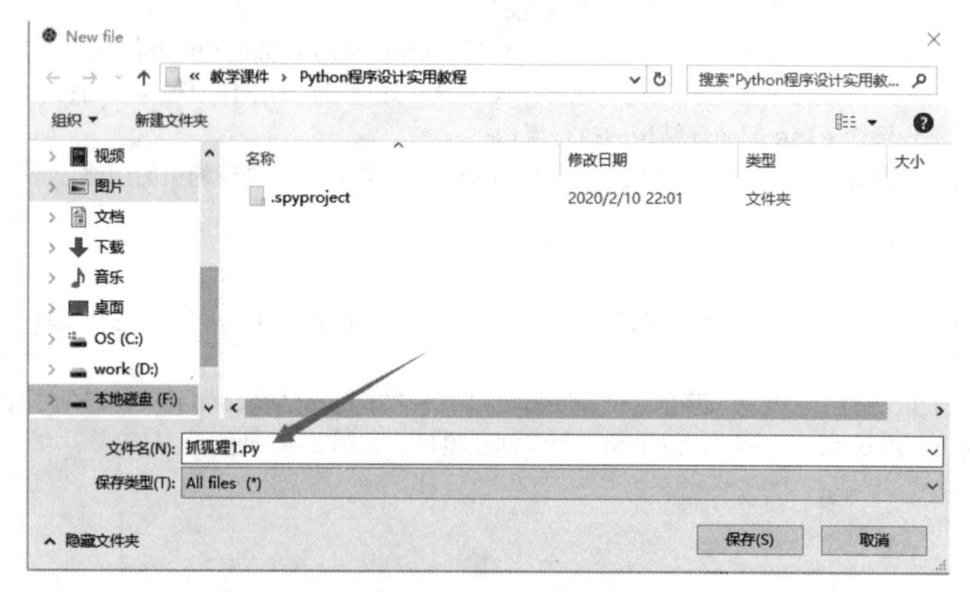

图 3-6　在 Spyder 中创建程序文件（2）

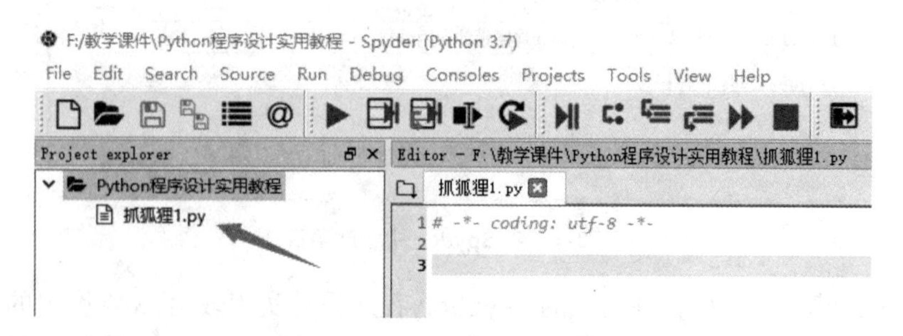

图 3-7　创建程序文件成功

（4）分析问题，确定解决问题可以使用的数据类型和数据结构以及大概的业务逻辑。使用一个变量表示洞口的个数、一个变量表示允许的最大抓狐狸次数、一个变量表示狐狸当前所在的洞口编号（所有洞口从 1 开始编号）。程序首先通过键盘输入来确定洞口数量和允许的最大次数，然后通过随机数来确定狐狸的初始位置，对游戏进行初始化。接下来通过用户输入来模拟抓狐狸，如果输入的数字恰好和狐狸当前所在的洞口编号一样就表示抓住了。如果没有抓住并且次数没有用完，就让狐狸跳到隔壁的洞里，也就是修改表示狐狸当前位置的变量值，然后进入下一次循环表示玩家第二天继续抓狐狸。主要流程如图 3-8 所示。

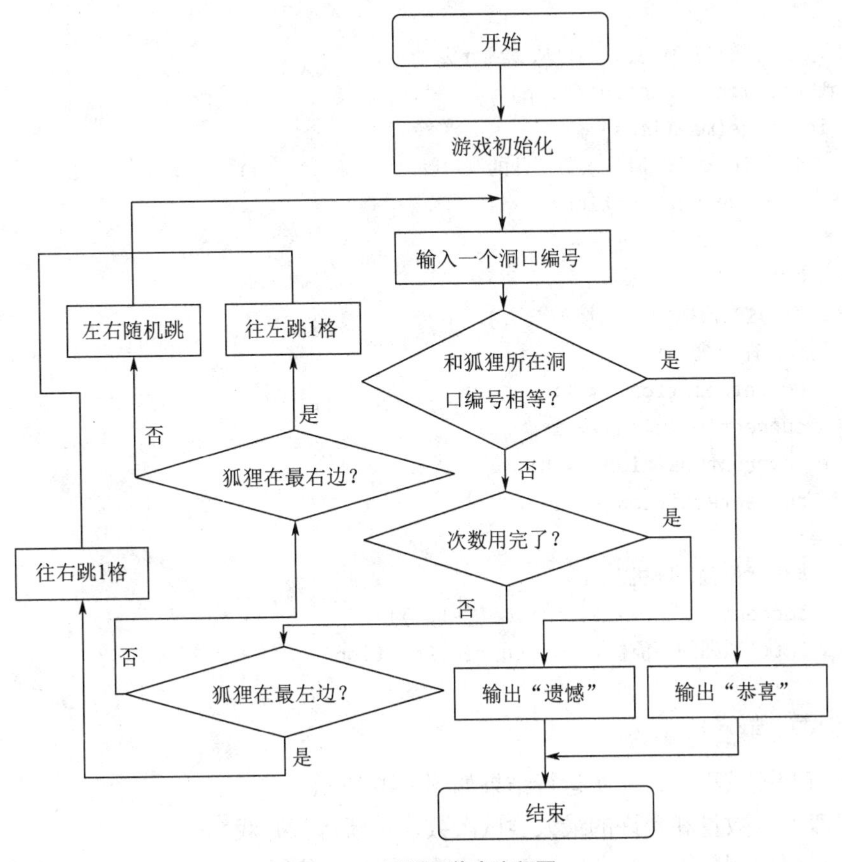

图 3-8　抓狐狸游戏流程图

（5）在文件“抓狐狸 1.py”中编写下面的代码，实现业务逻辑，模拟抓狐狸的游戏。

```
from random import choice, randint

while True:
    try:
        n = int(input('请输入洞口个数: '))
        assert n>0
        break
    except:
        print('输入无效，必须是正整数。')
```

```
while True:
    try:
        maxTimes = int(input('请输入允许的最大尝试次数：'))
        assert maxTimes>0
        break
    except:
        print('输入无效，必须是正整数')

# 随机生成狐狸的初始位置，洞口从 1 到 n 编号
currentPosition = randint(1, n)
for i in range(maxTimes):
    x = int(input(f'请输入要打开的洞口编号 (1-{n})：'))
    if x == currentPosition:
        print('恭喜')
        break
    print('这次没抓到，再来一次。')
    # 到头，往回跳
    if currentPosition == 1:
        currentPosition += 1
    elif currentPosition == n:
        currentPosition -= 1
    else:
        # 中间位置，随机左右跳
        currentPosition += choice((-1,1))
    # print('狐狸的当前位置：', currentPosition)
else:
    print('遗憾')
```

（6）运行和测试程序，几次运行结果如图 3-9 所示。

（7）修改洞口数量和允许的最大尝试次数，重新运行游戏。

（8）把代码中倒数第三行“# print('狐狸的当前位置：', currentPosition)”解除注释，重新运行程序并试玩几次观察效果。

（9）在程序中，没有对玩家输入的洞口编号进行有效性检查，尝试增加代码完成必要的检查。

```
In [3]: runfile('F:/教学课件/Python程序设计实用教程/抓狐狸1.py',
wdir='F:/教学课件/Python程序设计实用教程')

请输入洞口个数：5

请输入允许的最大尝试次数：10

请输入要打开的洞口编号(1-5)：3
这次没抓到，再来一次。

请输入要打开的洞口编号(1-5)：3
这次没抓到，再来一次。

请输入要打开的洞口编号(1-5)：2
恭喜

In [4]: runfile('F:/教学课件/Python程序设计实用教程/抓狐狸1.py',
wdir='F:/教学课件/Python程序设计实用教程')

请输入洞口个数：5

请输入允许的最大尝试次数：10

请输入要打开的洞口编号(1-5)：4
这次没抓到，再来一次。

请输入要打开的洞口编号(1-5)：4
这次没抓到，再来一次。

请输入要打开的洞口编号(1-5)：4
恭喜

In [5]: runfile('F:/教学课件/Python程序设计实用教程/抓狐狸1.py',
wdir='F:/教学课件/Python程序设计实用教程')

请输入洞口个数：5

请输入允许的最大尝试次数：10

请输入要打开的洞口编号(1-5)：3
这次没抓到，再来一次。

请输入要打开的洞口编号(1-5)：2
这次没抓到，再来一次。

请输入要打开的洞口编号(1-5)：1
这次没抓到，再来一次。

请输入要打开的洞口编号(1-5)：3
恭喜
```

图 3-9　抓狐狸游戏的运行结果

第 4 章

列表、元组

本章学习目标

- 熟练掌握列表和元组的概念；
- 熟练掌握列表和元组提供的常用方法；
- 熟练掌握常用内置函数对列表和元组的操作；
- 熟练掌握列表和元组支持的运算符；
- 熟练掌握列表推导式的语法和应用；
- 理解列表与元组的相同点与不同点；
- 熟练掌握生成器表达式的语法和应用；
- 熟练掌握切片操作；
- 熟练掌握序列解包的语法和应用。

4.1 列　表

列表是包含若干元素的有序连续内存空间。在形式上，列表的所有元素放在一对方括号中，相邻元素之间使用逗号分隔。在 Python 中，同一个列表中元素的数据类型可以各不相同，可以同时包含整数、实数、复数、字符串等基本类型的元素，也可以包含列表、元组、字典、集合、函数或其他任意对象。一对空的方括号表示空列表。下面几个都是合法的列表对象：

```
[3.141592653589793, 9.8, 2.718281828459045]
['Python', 'C#', 'PHP', 'JavaScript', 'go']
```

```
['spam', 2.0, 5, [10, 20]]
[['file1', 200, 7], ['file2', 260, 9]]
[{8}, {'a':97}, (1,)]
[range, map, filter, zip]
```

4.1.1　列表创建与删除

除了使用方括号包含若干元素直接创建列表，也可以使用 list() 函数把元组、range 对象、字符串、字典、集合或其他可迭代对象转换为列表，某些内置函数、标准库函数和扩展库函数也会返回列表。当一个列表不再使用时，可以使用 del 命令将其删除。下面的代码需要先安装扩展库 jieba。

```
import random
import jieba

# 使用方括号直接创建列表
values = [1, 2, 3, 4]
print(values)
# 使用 list() 创建列表
values = list(range(5))
print(values)
# 把元组转换为列表
values = list((1, 2, 3, 4))
print(values)
values = list('Python')
print(values)
# 把迭代器对象转换为列表
values = list(map(str, range(5)))
print(values)
# 随机选择 20 个元素，允许重复
values = random.choices('01', k=20)
print(values)
# 随机选择 20 个元素，不允许重复
values = random.sample(range(100), k=20)
print(values)
values = jieba.lcut('分词是自然语言处理中很重要的一个步骤')
print(values)
```

运行结果为：

```
[1, 2, 3, 4]
[0, 1, 2, 3, 4]
[1, 2, 3, 4]
['P', 'y', 't', 'h', 'o', 'n']
['0', '1', '2', '3', '4']
['0', '1', '1', '0', '1', '1', '0', '1', '0', '1', '1', '0', '1', '0', '1', '0', 
'1', '1', '0', '1']
[69, 68, 86, 25, 82, 39, 33, 78, 73, 41, 56, 63, 13, 71, 29, 92, 27, 6, 40, 3]
['分词', '是', '自然语言', '处理', '中', '很', '重要', '的', '一个', '步骤']
```

4.1.2 列表元素访问

列表、元组和字符串属于有序序列，其中的元素有严格的先后顺序，可以使用整数作为下标来随机访问其中任意位置上的元素，也支持使用切片来访问其中的多个元素。

列表、元组和字符串都支持双向索引，有效索引范围为 [-*L*, *L*-1]，其中 *L* 表示列表、元组或字符串的长度。正向索引时 0 表示第 1 个元素，1 表示第 2 个元素，2 表示第 3 个元素，以此类推；反向索引时 -1 表示最后 1 个元素，-2 表示倒数第 2 个元素，-3 表示倒数第 3 个元素，以此类推。正向索引和反向索引的用法如下。

```
values = [89, 92, 97, 68, 80]
print(values[0])
print(values[3])
print(values[-1])
print(values[-3])
```

运行结果为：

```
89
68
80
97
```

4.1.3 列表常用方法

列表对象常用的方法如表 4-1 所示，这些方法必须通过一个列表对象来调用，表格中的“当前列表”指正在调用该方法的列表对象。

表 4-1　列表对象常用方法

方法	说明
append(object, /)	将 object 追加至当前列表的尾部，不影响列表中已有的元素位置，也不影响列表在内存中的起始地址
extend(iterable, /)	将可迭代对象 iterable 中所有元素追加至当前列表的尾部，不影响列表中已有的元素位置，也不影响列表在内存中的起始地址
insert(index, object, /)	在当前列表的 index 位置前面插入对象 object，该位置及后面所有元素自动向后移动，索引加 1
remove(value, /)	在当前列表中删除第一个值为 value 的元素，被删除元素位置之后的所有元素自动向前移动，索引减 1；如果列表中不存在值为 value 的元素则抛出异常
pop(index=-1, /)	删除并返回当前列表中下标为 index 的元素，该位置后面的所有元素自动向前移动，索引减 1。index 默认为 -1，表示删除并返回列表中最后一个元素。当列表为空或者参数 index 指定的位置不存在，会引发异常

续表

方法	说明
index(value, start=0, stop=9223372036854775807, /)	返回当前列表指定范围中第一个值为 value 的元素的索引，若不存在值为 value 的元素则抛出异常
count(value, /)	返回 value 在当前列表中的出现次数
reverse()	对当前列表中的所有元素进行原地逆序，首尾交换
sort(*, key=None, reverse=False)	对当前列表中的元素进行原地排序，是稳定排序（相等的元素保持原来的相对顺序）。参数 key 用来指定排序规则，reverse 为 False 表示升序，True 表示降序，* 表示该位置之后的所有参数必须使用关键参数形式，也就是调用时必须指定参数名称
copy()	返回当前列表对象的浅复制

1. append()、insert()、extend()

列表方法 append() 用于向列表尾部追加一个元素，insert() 用于向列表任意指定位置前面插入一个元素，extend() 用于将可迭代对象中的所有元素追加至当前列表的尾部，这三个方法都没有返回值，或者说返回空值 None。下面的代码演示了这几个方法的用法。

```
data = [1, 2, 3, 4, 5]
data_new = []
for num in data:
    data_new.append(num+5)
data_new.insert(0, -5)
data_new.insert(3, 0)
data_new.extend(range(50, 55))
data_new.extend(map(str, range(5)))
print(data_new)
```

运行结果为：

```
[-5, 6, 7, 0, 8, 9, 10, 50, 51, 52, 53, 54, '0', '1', '2', '3', '4']
```

2. pop()、remove()、clear()

列表方法 pop() 用于删除并返回指定位置上的元素，不指定位置时默认删除并返回列表中最后一个元素，如果列表为空或者指定的位置不存在会抛出异常；remove() 用于删除列表中第一个值与指定值相等的元素，如果不存在则抛出异常；clear() 用于清空列表中的所有元素。其中，remove() 和 clear() 方法都没有返回值。

```
data = list(range(10))
print(data.pop())
print(data.pop(0))
print(data.pop(3))
print(data)
data.remove(6)
print(data)
```

运行结果为：

```
9
0
4
[1, 2, 3, 5, 6, 7, 8]
[1, 2, 3, 5, 7, 8]
```

在插入和删除元素时要注意，在列表中间位置插入或删除元素时，会导致该位置之后的元素后移或前移，效率较低，并且该位置后面所有元素在列表中的索引也会发生变化。一般来说，除非确实需要，否则应尽量避免在列表起始处或中间位置进行元素的插入和删除操作，这样能适当提高代码运行速度，并且代码不容易出错。下面的代码演示了 remove()+for 循环结构批量删除列表元素时潜在的问题。

```
data = [1,2] * 5
print(data)
data.remove(2)                    # 只删除了第一个 2
print(data)
data = [1] * 5
print(data)
for num in data:                  # 删除元素时后面的元素前移，会跳过部分位置
    if num == 1:
        data.remove(num)          # 每次都是删除列表中的第一个 1
print(data)
```

运行结果为：

```
[1, 2, 1, 2, 1, 2, 1, 2, 1, 2]
[1, 1, 2, 1, 2, 1, 2, 1, 2]
[1, 1, 1, 1, 1]
[1, 1]
```

如果确实需要删除列表中某个值的所有出现，应从后向前处理，例如下面的代码。

```
data = [1,2] * 5
print(data)
for index in range(len(data)-1, -1, -1):
    if data[index] in (1,2):              # 删除列表中的全部 1 和 2
        del data[index]
print(data)
```

运行结果为：

```
[1, 2, 1, 2, 1, 2, 1, 2, 1, 2]
[]
```

3. count()、index()

列表方法 count() 用于返回列表中指定元素出现的次数；index() 用于返回指定元素在列表中首次出现的位置，如果不存在则抛出异常。这两个方法都有返回值，可以将其返回值赋值给变量进行保存后使用，也可以直接输出。另外，对于 remove()、pop()、 index() 和其他类似的可能引发异常的方法，调用时应结合选择结构和异常处理结构，避免程序发生崩溃。下面的代码演示了这两种形式的用法。

```
data = [1, 2, 2, 3, 3, 3, 4, 4, 4, 4]
print(data.count(4), data.count(8))
number = 3
# 与选择结构结合使用
if number in data:
    print(data.index(number))
else:
    print('列表中没有这个元素')
# 与异常处理结构结合使用
number = 8
try:
    print(data.index(number))
except:
    print('列表中没有这个元素')
```

运行结果为：

```
4 0
3
列表中没有这个元素。
```

4. sort()、reverse()

列表方法 sort() 用于按照指定的规则对列表中所有元素进行排序，其中 key 参数用来指定排序规则，可以是函数、方法、lambda 表达式、类等可调用对象，不指定排序规则时默认按照元素的大小直接进行排序；reverse 参数用来指定升序排序还是降序排序，默认升序排序，如果需要降序排序可以指定参数 reverse=True。列表方法 reverse() 用于原地翻转列表所有元素。这两个方法都没有返回值，类似于 ret = lst.sort() 这样的语句都会使得变量 ret 得到空值 None，在某些场合下会影响后面的代码。

```
from random import shuffle

data = list(range(15))
print(f'原始数据：\n{data}')
shuffle(data)
print(f'随机打乱顺序：\n{data}')
data.sort(key=str)
print(f'按转换为字符串后的大小排序：\n{data}')
shuffle(data)
print(f'随机打乱顺序：\n{data}')
data.sort(key=lambda num: len(str(num)))
print(f'按转换为字符串后的长度升序排序：\n{data}')
shuffle(data)
print(f'随机打乱顺序：\n{data}')
data.reverse()
print(f'翻转后的数据：\n{data}')
```

运行结果为:

```
原始数据:
[0, 1, 2, 3, 4, 5, 6, 7, 8, 9, 10, 11, 12, 13, 14]
随机打乱顺序:
[1, 4, 8, 2, 0, 14, 5, 11, 3, 6, 13, 10, 7, 12, 9]
按转换为字符串后的大小排序:
[0, 1, 10, 11, 12, 13, 14, 2, 3, 4, 5, 6, 7, 8, 9]
随机打乱顺序:
[8, 13, 4, 3, 0, 5, 7, 2, 11, 6, 9, 10, 12, 14, 1]
按转换为字符串后的长度升序排序:
[8, 4, 3, 0, 5, 7, 2, 6, 9, 1, 13, 11, 10, 12, 14]
随机打乱顺序:
[14, 10, 2, 6, 7, 4, 12, 0, 11, 13, 9, 8, 3, 5, 1]
翻转后的数据:
[1, 5, 3, 8, 9, 13, 11, 0, 12, 4, 7, 6, 2, 10, 14]
```

5. copy()

列表方法 copy() 返回列表对象的浅复制。所谓浅复制，是指只对列表中第一级元素的引用进行复制，在浅复制完成的瞬间，新列表和原列表包含同样的引用。如果原列表中只包含整数、实数、复数、元组、字符串、range 对象以及 map 对象、zip 对象等可哈希对象（或称不可变对象），浅复制不会带来任何副作用。但是如果原列表中包含列表、字典、集合这样的不可哈希对象（或称可变对象），那么浅复制得到的列表和原列表之间可能会互相影响。下面的代码演示了浅复制的原理和可能带来的问题。

copy() 方法

```
data = [1, 2.0, 3+4j, '5', (6,)]
# 原列表 data 中所有元素都是可哈希对象
# 得到的新列表 data_new 与原列表是互相独立的
data_new = data.copy()
data_new[3] = 3
print(data)
print(data_new)
data = [[1], [2], [3]]
# 原列表中包含不可哈希的子列表
data_new = data.copy()
# 修改了新列表中元素的引用，不影响原列表
data_new[1] = 3
# 调用了新列表中可哈希元素的原地操作方法，影响原列表
data_new[0].append(4)
data[2].extend([5,6,7])
print(data)
print(data_new)
```

运行结果为:

```
[1, 2.0, (3+4j), '5', (6,)]
[1, 2.0, (3+4j), 3, (6,)]
```

```
[[1, 4], [2], [3, 5, 6, 7]]
[[1, 4], 3, [3, 5, 6, 7]]
```

上面代码分别演示了列表中只包含可哈希数据和列表中包含不可哈希数据的两种情况，其原理分别如图 4-1 和图 4-2 所示。

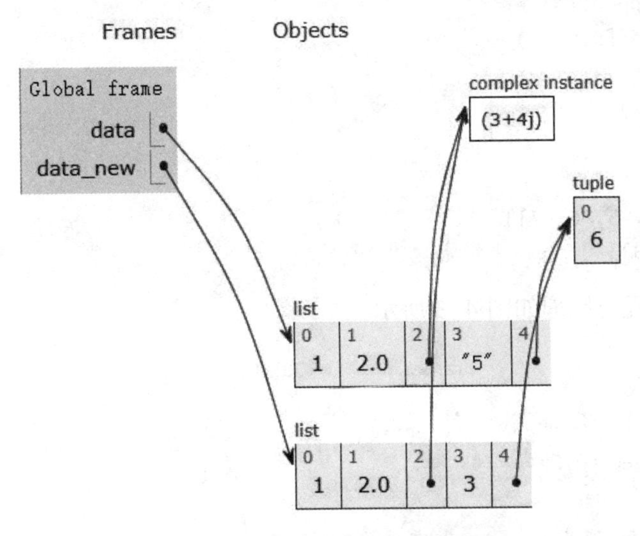

图 4-1　列表中只包含可哈希数据

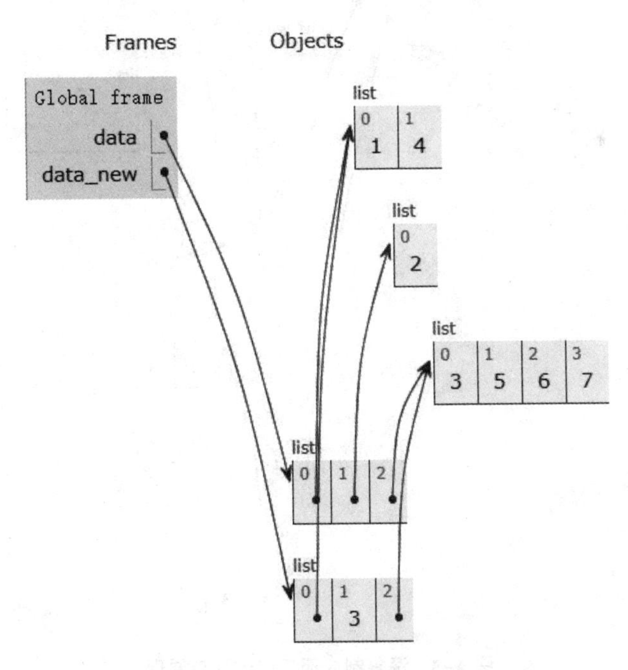

图 4-2　列表中包含不可哈希数据

对于包含列表、字典、集合等可变对象的列表，如果想使复制得到的新列表和原列表完全独立、互相不影响，应使用标准库 copy 提供的函数 deepcopy() 进行深复制。下面的代码演示了这个用法。

```
from copy import deepcopy

data = [[1], [2], [3]]
data_new = deepcopy(data)
data_new[1] = 3
data_new[0].append(4)
data[2].extend([5,6,7])
print(data)
print(data_new)
```

运行结果为：

```
[[1], [2], [3, 5, 6, 7]]
[[1, 4], 3, [3]]
```

其内部工作过程与原理如图 4-3 所示。

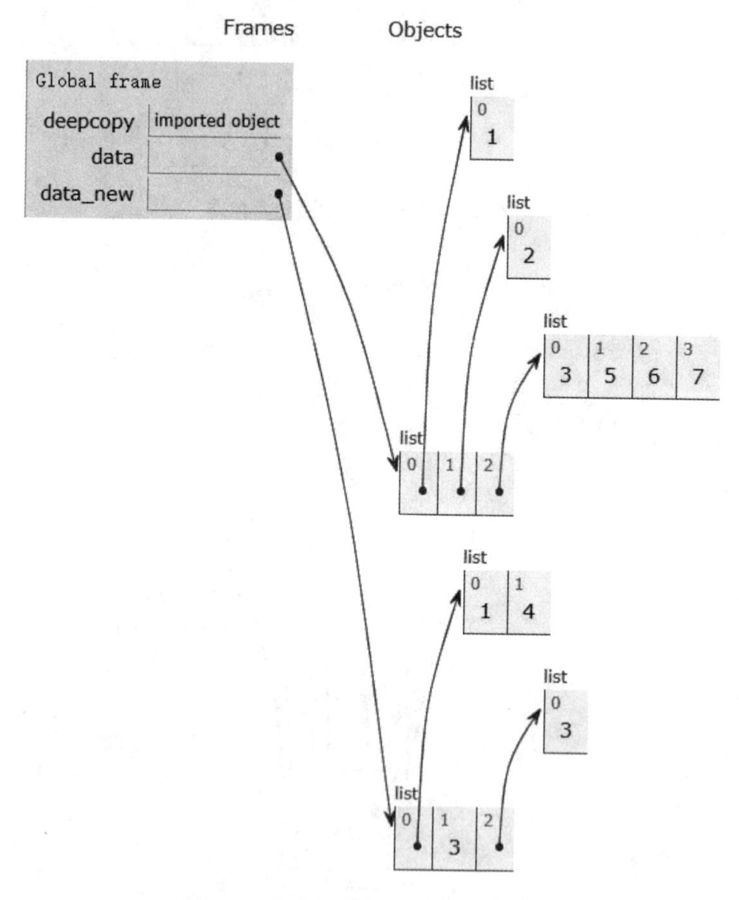

图 4-3　深复制内部工作过程与原理

4.1.4　列表对象支持的运算符

列表、元组和字符串都支持下面的几个运算符，本节重点介绍列表对这些运算符的支持。

（1）加法运算符“+”可以连接两个列表，得到一个新列表。使用这种方式连接多个列表，会涉及大量元素的复制，效率较低，不推荐使用。下面的代码演示了“+”运算符和 append() 方法的速度差别。

```
from time import time

N = 99999
start = time()                              # 记录当前时间
data = []
for i in range(N):
    data.append(i+5)
print(f'用时：{time()-start} 秒')           # 计算并输出时间差

start = time()
data = []
for i in range(N):
    data = data+[i+5]
print(f'用时：{time()-start} 秒')
```

运行结果为：

```
用时：0.017945289611816406 秒
用时：21.052687168121338 秒
```

当把程序中 N 的值改为 999999 时，运行结果为：

```
用时：0.365023136138916 秒
用时：6303.378684520721 秒
```

（2）乘法运算符“*”可以用于列表和整数相乘，对列表中的元素进行重复，返回新列表。在使用时需要注意的是，该运算符类似于浅复制，只对列表中的第一级元素的引用进行重复。

```
values = [1, 2, 3] * 3
print(values)
values = [[1, 2, 3]] * 3                    # 内部的 3 个子列表其实是同一个列表的 3 个引用
print(values)
values[0][1] = 8                            # 通过任何 1 个都可以影响另外 2 个引用
print(values)
```

运行结果为：

```
[1, 2, 3, 1, 2, 3, 1, 2, 3]
[[1, 2, 3], [1, 2, 3], [1, 2, 3]]
[[1, 8, 3], [1, 8, 3], [1, 8, 3]]
```

（3）成员测试运算符“in”可用于测试列表中是否包含某个元素，包含时返回 True，否则返回 False。除了列表、元组、字符串，该运算符还支持 range 对象以及 map 对象、zip 对象等迭代器对象。下面的代码演示了运算符“in”作用于列表的用法。

```
values = [1, 2, 3, 4, 5]
```

```
print(3 in values)
print(8 in values)
```

运行结果为：

```
True
False
```

（4）关系运算符可以用来比较两个列表的大小，逐个比较两个列表中对应位置上的元素，直到能够得出明确的结论为止。任何时候只要能够确定表达式的值，后面的元素就不会再比较了。下面的代码演示了大于号的用法，另外几个运算符也是同样的原理。

```
# 第一个元素不满足，得出结论 False，停止比较
print([1,2,3]>[2,3,4])
# 第一个元素满足，得出结论 True，停止比较
print([2,3,4]>[1,2,3])
# 第一个元素满足，得出结论 True，停止比较
print([2]>[1,2,3,4])
# 第三个元素满足，得出结论 True，停止比较
print([1,2,4]>[1,2,3])
# 前三个元素都不满足，第一个列表还有元素，第二个已结束，返回 True
print([1,2,3,4]>[1,2,3])
# 三个元素都不满足，且都已结束，返回 False
print([1,2,3]>[1,2,3])
```

运行结果为：

```
False
True
True
True
True
False
```

另外，属性访问运算符“.”用来访问列表对象的方法，这在本节前面的代码中已经多次使用，不再赘述。下标运算符“[]”用来获取列表中指定位置的元素，请参考 2.2.6 和 4.1.2 节的介绍，切片用法请参考 4.4 节。

4.1.5 内置函数对列表的操作

很多 Python 内置函数可以对列表进行操作，其中大部分也同样适用于元组、字符串、字典和集合。下面的代码演示了部分内置函数对列表的操作，其中使用到了 Python 3.8 的新特性，不能运行于 Python 3.8 之前版本的环境，低版本可参考例 2-4 修改。

```
values = [9, 1111, 7892, 8368, 12, 431, 0]
print(f'{values=}')
print(f'{type(values)=}')
print(f'{tuple(values)=}')
print(f'{max(values)=},{min(values)=}')
```

```
print(f'{max(values,key=str)=}')
print(f'{all(values)=},{any(values)=}')
print(f'{len(values)=},{sum(values)=}')
print(f'{list(zip(values,values))=}')
print(f'{list(enumerate(values))=}')
print(f'{sorted(values)=}')
print(f'{list(reversed(values))=}')
```

运行结果为：

```
values=[9, 1111, 7892, 8368, 12, 431, 0]
type(values)=<class 'list'>
tuple(values)=(9, 1111, 7892, 8368, 12, 431, 0)
max(values)=8368,min(values)=0
max(values,key=str)=9
all(values)=False,any(values)=True
len(values)=7,sum(values)=17823
list(zip(values,values))=[(9, 9), (1111, 1111), (7892, 7892), (8368, 8368), (12, 12), (431, 431), (0, 0)]
list(enumerate(values))=[(0, 9), (1, 1111), (2, 7892), (3, 8368), (4, 12), (5, 431), (6, 0)]
sorted(values)=[0, 9, 12, 431, 1111, 7892, 8368]
list(reversed(values))=[0, 431, 12, 8368, 7892, 1111, 9]
```

4.2　列表推导式语法与应用

列表推导式可以使用非常简洁的方式对列表或其他可迭代对象的元素进行遍历、过滤或再次计算，快速生成满足特定需求的新列表。列表推导式的语法形式为：

```
[expression  for expr1 in sequence1 if condition1
             for expr2 in sequence2 if condition2
             for expr3 in sequence3 if condition3
             ...
             for exprN in sequenceN if conditionN]
```

列表推导式在逻辑上等价于一个循环语句，只是形式上更加简洁。

例 4-1　编写程序，使用列表模拟向量，使用列表推导式模拟两个等长向量的加法、减法、内积运算以及向量与标量之间的除法运算。

解析：使用列表推导式逐个遍历列表中的元素，进行相应的运算。

```
vector1 = [1, 3, 9, 30]
vector2 = [-5, -17, 22, 0]
print(vector1, vector2, sep='\n')
print('向量相加：')
print([x+y for x,y in zip(vector1,vector2)])
print('向量相减：')
```

```
print([x-y for x,y in zip(vector1,vector2)])
print('向量内积：')
print(sum([x*y for x,y in zip(vector1,vector2)]))
print('向量与标量相除：')
print([num/5 for num in vector1])
```

运行结果为：

```
[1, 3, 9, 30]
[-5, -17, 22, 0]
向量相加：
[-4, -14, 31, 30]
向量相减：
[6, 20, -13, 30]
向量内积：
142
向量与标量相除：
[0.2, 0.6, 1.8, 6.0]
```

例 4-2 编写程序，使用列表推导式查找列表中最大元素出现的所有位置。

解析： 使用内置函数 enumerate() 枚举列表中元素的位置和值，如果值与最大值相等就保留对应的下标。

```
from random import choices

values = choices(range(10), k=20)
m = max(values)
print(values)
print(m)
print([index for index, value in enumerate(values) if value==m])
```

运行结果为：

```
[7, 2, 4, 9, 0, 1, 3, 9, 0, 4, 4, 3, 6, 6, 2, 2, 6, 6, 4, 0]
9
[3, 7]
```

列表推导式的工作过程与循环结构一样，只是形式比较简洁，运行效率并没有得到提高。例如，本例代码与下面的代码是等价的。

```
from random import choices

values = choices(range(10), k=20)
m = max(values)
print(values)
print(m)
positions = []
for index, value in enumerate(values):
    if value == m:
```

```
        positions.append(index)
print(positions)
```

例 4-3　编写程序，生成两个列表中元素的笛卡儿积。

解析：设 A、B 为列表，用 A 中元素为第一元素 x、B 中元素为第二元素 y 构成有序对 (x,y)，所有这样的有序对组成的列表叫作 A 与 B 的笛卡儿积。在下面的代码中，列表推导式有两个 for 循环，可以理解为循环结构的嵌套，其中第一个 for 循环可以看作外循环，第二个 for 循环可以看作是内循环。也可以使用标准库函数 itertools.product() 直接求解。

```
A = [1, 2, 3]
B = ['a', 'b', 'c', 'd']
print([(x,y) for x in A for y in B])
```

运行结果为：

```
[(1, 'a'), (1, 'b'), (1, 'c'), (1, 'd'), (2, 'a'), (2, 'b'), (2, 'c'), (2, 'd'),
(3, 'a'), (3, 'b'), (3, 'c'), (3, 'd')]
```

4.3　元组与生成器表达式

在形式上，元组的所有元素放在一对圆括号中，元素之间使用逗号分隔，如果元组中只有一个元素则必须在最后增加一个逗号。严格来说，是逗号创建了元组，圆括号只是一种好看的形式辅助。可以把元组看作是轻量级列表或者简化版列表，支持很多和列表类似的操作，但功能要比列表简单很多。

4.3.1　元组创建与元素访问

除了把元素放在圆括号内表示元组之外，还可以使用内置函数 tuple() 把列表、字典、集合、字符串、range 对象、map 对象、zip 对象、filter 对象以及其他类型的容器类对象转换为元组。另外，还有的内置函数、标准库函数、扩展库函数也会返回元组或者包含元组的对象。元组属于有序序列，支持使用下标和切片访问其中的元素。例如下面的代码。

```
from itertools import combinations, permutations
from PIL import Image                              # 需要安装扩展库 pillow

# 测试 3 是否为三种类型之一的对象
print(isinstance(3, (int,float,complex)))
text = 'abcde'
keys = tuple(text)
# 把 map 对象转换为元组
values = tuple(map(ord, text))
print(keys)
print(values)
# * 表示序列解包，一次性输出 zip 对象中的所有元素
```

```
print(*zip(keys,values), sep=',')
# 从字符串中任选 4 个字符的所有组合
print(*combinations(text,4), sep=',')
# 从字符串中任选 4 个字符的所有排列
print(*permutations(text,3), sep=',')
# 打开一个图像文件
im = Image.open('test.jpg')
# 获取并输出指定位置像素的颜色值
# (300,400) 中的数字分别表示像素横坐标和纵坐标
print(im.getpixel((300, 400)))
```

运行结果为：

```
True
('a', 'b', 'c', 'd', 'e')
(97, 98, 99, 100, 101)
('a', 97),('b', 98),('c', 99),('d', 100),('e', 101)
('a', 'b', 'c', 'd'),('a', 'b', 'c', 'e'),('a', 'b', 'd', 'e'),('a', 'c', 'd', 'e'),('b', 'c', 'd', 'e')
('a', 'b', 'c'),('a', 'b', 'd'),('a', 'b', 'e'),('a', 'c', 'b'),('a', 'c', 'd'),('a', 'c', 'e'),('a', 'd', 'b'),('a', 'd', 'c'),('a', 'd', 'e'),('a', 'e', 'b'),('a', 'e', 'c'),('a', 'e', 'd'),('b', 'a', 'c'),('b', 'a', 'd'),('b', 'a', 'e'),('b', 'c', 'a'),('b', 'c', 'd'),('b', 'c', 'e'),('b', 'd', 'a'),('b', 'd', 'c'),('b', 'd', 'e'),('b', 'e', 'a'),('b', 'e', 'c'),('b', 'e', 'd'),('c', 'a', 'b'),('c', 'a', 'd'),('c', 'a', 'e'),('c', 'b', 'a'),('c', 'b', 'd'),('c', 'b', 'e'),('c', 'd', 'a'),('c', 'd', 'b'),('c', 'd', 'e'),('c', 'e', 'a'),('c', 'e', 'b'),('c', 'e', 'd'),('d', 'a', 'b'),('d', 'a', 'c'),('d', 'a', 'e'),('d', 'b', 'a'),('d', 'b', 'c'),('d', 'b', 'e'),('d', 'c', 'a'),('d', 'c', 'b'),('d', 'c', 'e'),('d', 'e', 'a'),('d', 'e', 'b'),('d', 'e', 'c'),('e', 'a', 'b'),('e', 'a', 'c'),('e', 'a', 'd'),('e', 'b', 'a'),('e', 'b', 'c'),('e', 'b', 'd'),('e', 'c', 'a'),('e', 'c', 'b'),('e', 'c', 'd'),('e', 'd', 'a'),('e', 'd', 'b'),('e', 'd', 'c')
(52, 52, 52)
```

4.3.2 元组与列表的区别

列表和元组都属于有序序列，都支持使用双向索引访问其中任意位置的元素，以及使用 count() 方法统计指定元素的出现次数和 index() 方法获取指定元素的索引，len()、map()、zip()、enumerate()、filter() 等大量内置函数以及“+”、“*”和“in”等运算符也都可以作用于列表和元组。虽然有着一定的相似之处，但列表与元组的外在表现和内部实现都有着很大的不同。

元组属于不可变序列，不可以直接修改元组中元素的值，也无法为元组增加或删除元素。元组没有提供 append()、extend() 和 insert() 等方法，无法向元组中添加元素。同样，元组也没有 remove() 和 pop() 方法，不能从元组中删除元素。

元组也支持切片操作，但是只能通过切片来访问元组中的元素，不允许使用切片来修改元组中元素的值，也不支持使用切片操作来为元组增加或删除元素。

元组的访问速度比列表更快，开销更小。如果定义了一系列常量值，主要用途只是对它们进行遍历或其他类似操作，那么一般建议使用元组而不用列表。

元组在内部实现上不允许修改其元素值，从而使得代码更加安全，例如，调用函数时使用元组传递参数可以防止在函数中修改元组，使用列表则无法保证这一点。

最后，作为不可变序列，与整数、字符串一样，元组可以作为字典的键，也可以作为集合的元素。列表不能当作字典键使用，也不能作为集合中的元素，因为列表是可变的。

4.3.3　生成器表达式

生成器表达式的语法形式与列表推导式非常相似，只不过在形式上生成器表达式使用圆括号作为定界符。二者最大的区别在于生成器表达式的结果是一个生成器对象，具有惰性求值的特点，只能从前往后逐个访问其中的元素，且每个元素只能使用一次。与列表推导式相比，生成器表达式的空间占用非常少，尤其适合大数据处理的场合。

使用生成器对象的元素时，可以根据需要将其转化为列表、元组、字典、集合，也可以使用内置函数 next() 从前向后逐个访问其中的元素，或者直接使用 for 循环来遍历其中的元素。但是不管用哪种方法访问其元素，访问过的元素不可再次访问。当所有元素访问结束以后，如果需要重新访问其中的元素，必须重新创建该生成器对象。另外，生成器对象也不支持使用下标访问其中的元素。内置函数 enumerate()、filter()、map()、zip()、reversed() 返回的迭代器对象也具有同样的特点。下面的代码在 IDLE 中演示了“元素只能使用一次”这个特点。

```
>>> g = (i**2 for i in range(10))
>>> list(g)
[0, 1, 4, 9, 16, 25, 36, 49, 64, 81]
>>> list(g)
[]
>>> g = (i**2 for i in range(10))
>>> 4 in g
True
>>> 4 in g
False
>>> 49 in g
False
```

下面的代码对列表推导式和生成器表达式的时间和空间进行了对比，其中的 pass 为 Python 空语句，执行该语句什么也不会发生，只是个占位符。在运行该程序之前，需要首先执行命令 pip install memory_profiler 安装扩展库 memory_profiler，使用这个扩展库可以报告代码占用内存的情况。另外，标准库 time 中的函数 time() 是用来测试代码运行时间常用的函数，具体用法可以参考代码以及运行结果进行理解。

```
from memory_profiler import profile
from time import time

@profile
```

```
def test():
    lst = [i for i in range(999999)]
    start = time()
    for num in lst:
        pass
    print(f'用时:{time()-start}秒')
    gen = (i for i in range(999999))
    start = time()
    for num in gen:
        pass
    print(f'用时:{time()-start}秒')

test()
```

运行结果如图 4-4 所示，可以看出，使用生成器表达式的空间占用为 0，但是访问其中元素所需要的时间比列表要多。

```
用时：82.28884673118591秒
用时：168.6428382396698秒
Filename: C:\Python38\测试.py

Line #    Mem usage    Increment   Line Contents
================================================
     4     22.1 MiB     22.1 MiB   @profile
     5                             def test():
     6     61.1 MiB      0.8 MiB       lst = [i for i in range(999999)]
     7     61.1 MiB      0.0 MiB       start = time()
     8     61.1 MiB      0.0 MiB       for num in lst:
     9     61.1 MiB      0.0 MiB           pass
    10     60.8 MiB      0.0 MiB       print(f'用时：{time()-start}秒')
    11     60.8 MiB      0.0 MiB       gen = (i for i in range(999999))
    12     60.8 MiB      0.0 MiB       start = time()
    13     60.8 MiB      0.0 MiB       for num in gen:
    14     60.8 MiB      0.0 MiB           pass
    15     60.8 MiB      0.0 MiB       print(f'用时：{time()-start}秒')
```

图 4-4 列表推导式与生成器表达式的时间、空间对比

4.4 切片语法与应用

切片是用来获取列表、元组、字符串等有序序列中部分元素的一种语法。在语法形式上，切片使用 2 个冒号分隔的 3 个数字来完成。

```
[start:end:step]
```

其中第一个数字 start 表示切片开始位置，默认为 0；第二个数字 end 表示切片截止（但不包含）位置，当 step 是正数时 end 默认为列表长度，当 step 是负数时 end 默认为 -1；第三个数字 step 表示切片的步长（默认为 1），省略步长时还可以同时省略最后一个冒号。另外，当 step 为负整数时，表示反向切片，这时 start 应该在 end 的右侧。

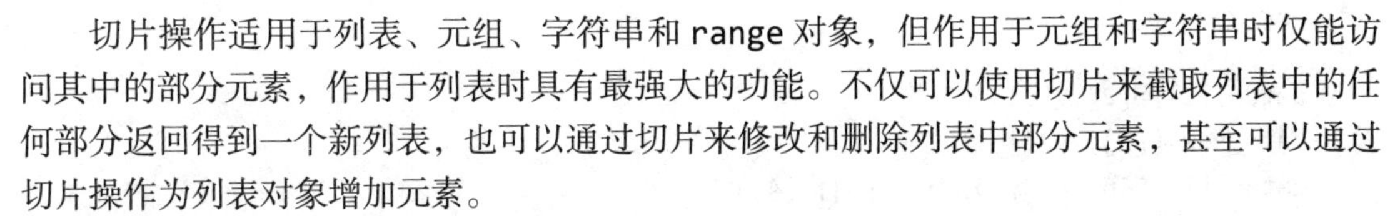

切片操作适用于列表、元组、字符串和 range 对象，但作用于元组和字符串时仅能访问其中的部分元素，作用于列表时具有最强大的功能。不仅可以使用切片来截取列表中的任何部分返回得到一个新列表，也可以通过切片来修改和删除列表中部分元素，甚至可以通过切片操作为列表对象增加元素。

1. 使用切片获取列表部分元素

使用切片可以返回列表中部分元素组成的新列表。当切片范围超出列表边界时，不会因为下标越界而抛出异常，而是简单地在列表尾部截断或者返回一个空列表，代码具有更强的健壮性。下面的代码以列表为例演示了切片的这个用法，同样的用法也适用于元组和字符串。

```
values = [3, 4, 5, 6, 7, 9, 11, 13, 15, 17]
print(f'{values=}')
print(f'{values[:]=}')
print(f'{values[:3]=}')
print(f'{values[5:9]=}')
print(f'{values[-3:]=}')
print(f'{values[::2]=}')
print(f'{values[::3]=}')
print(f'{values[6:100]=}')
print(f'{values[100:]=}')
```

运行结果为：

```
values=[3, 4, 5, 6, 7, 9, 11, 13, 15, 17]
values[:]=[3, 4, 5, 6, 7, 9, 11, 13, 15, 17]
values[:3]=[3, 4, 5]
values[5:9]=[9, 11, 13, 15]
values[-3:]=[13, 15, 17]
values[::2]=[3, 5, 7, 11, 15]
values[::3]=[3, 6, 11, 17]
values[6:100]=[11, 13, 15, 17]
values[100:]=[]
```

在使用时要注意的是，切片得到的是原列表的浅复制。如果原列表中包含列表、字典、集合这样的可变对象，切片得到的新列表和原列表之间可能会互相影响。下面的代码演示了这种情况，更多关于浅复制的描述请参考 4.1.3 节。

```
data = [[1], [2], [3], [4]]
data_new = data[:2]
print(f'{data=}')
print(f'{data_new=}')
data_new[0].append(666)
data_new[1].extend([0, 0])
print(f'{data=}')
print(f'{data_new=}')
```

运行结果为:

```
data=[[1], [2], [3], [4]]
data_new=[[1], [2]]
data=[[1, 666], [2, 0, 0], [3], [4]]
data_new=[[1, 666], [2, 0, 0]]
```

2. 使用切片为列表增加元素

当列表切片出现在等号左侧时，并没有真的把元素切出来，只是标记一些位置，如果标记的位置不包含任何元素,可以实现元素增加或插入的功能。下面的代码演示了这个用法。

```
values = [1, 2, 3, 4, 5]
print(f'{values=}')
# 在尾部追加元素
values[len(values):] = [6, 7]
# 在首部插入元素
values[:0] = [-1, 0]
# 在中间位置插入元素
values[3:3] = [1.5]
print(f'{values=}')
```

运行结果为:

```
values=[1, 2, 3, 4, 5]
values=[-1, 0, 1, 1.5, 2, 3, 4, 5, 6, 7]
```

3. 使用切片替换和修改列表中的元素

当列表切片出现在等号左侧时，并没有真的把元素切出来，只是标记一些位置，如果这些位置确实包含实际元素，则对这些位置上的元素进行替换。

```
values = [1, 2, 3, 4, 5]
print(f'{values=}')
# 替换前三个元素
values[:3] = ['1', ,2', ,3']
# 替换下标 4（包含）之后的所有元素，切片连续时等号两侧的长度可以不一样
values[4:] = [5, 6]
# 等号右侧可以是任意可迭代对象
values[3:4] = map(chr, (97,98,99))
print(f'{values=}')
# 等号左侧切片不连续时，两边长度必须一样
values[::2] = [0]*4
print(f'{values=}')
```

运行结果为:

```
values=[1, 2, 3, 4, 5]
values=[,1', ,2', ,3', ,a', ,b', ,c', 5, 6]
values=[0, ,2', 0, ,a', 0, ,c', 0, 6]
```

4. 使用切片删除列表中的元素

使用切片限定列表中部分元素位置，赋值为空列表可以删除这些元素，此时要求切片是正向连续的，也就是 step 必须为 1。也可以结合使用 del 命令与切片结合来删除列表中的部分元素，此时切片可以不连续。

```
values = list(range(10))
print(f'{values=}')
values[:3] = []
print(f'{values=}')
del values[::2]
print(f'{values=}')
```

运行结果为：

```
values=[0, 1, 2, 3, 4, 5, 6, 7, 8, 9]
values=[3, 4, 5, 6, 7, 8, 9]
values=[4, 6, 8]
```

4.5 序列解包

序列解包

序列解包的本质是对多个变量同时进行赋值，也就是把一个可迭代对象中的多个元素的值同时赋值给多个变量，要求等号左侧变量的数量和等号右侧值的数量必须一致。

序列解包也可以用于列表、元组、字典、集合、字符串以及 enumerate 对象、filter 对象、zip 对象、map 对象等，但是对字典使用时，默认是对字典“键”进行操作，如果需要对“键：值”元素进行操作，需要使用字典的 items() 方法说明；如果需要对字典“值”进行操作，需要使用字典的 values() 方法明确指定。

```
x, y, z = 1, 2, 3
x, y, z = [1, 2, 3]
x, y = y, x
x, y, z = range(3)
x, y, z = map(str, range(3))
s = {'a':97, 'b':98, 'c':99}
x, y, z = s
print(x, y, z)
x, y, z = s.values()
print(x, y, z)
x, y, z = s.items()
print(x, y, z)
for key, value in s.items():
    print(key, value, sep=':')
for index, value in enumerate('Python'):
    print(f'{index}:{value}')
for v1, v2, v3 in zip('abcd', (1,2,3), range(5)):
    print(f'{v1},{v2},{v3}')
```

运行结果为:

```
a b c
97 98 99
('a', 97) ('b', 98) ('c', 99)
a:97
b:98
c:99
0:P
1:y
2:t
3:h
4:o
5:n
a,1,0
b,2,1
c,3,2
```

4.6 综合例题解析

例 4-4 已知中国象棋棋盘共有 8 行 8 列 64 个小格子，如果在第一个小格子里放 1 粒米，第二个小格子里放 2 粒米，第三个小格子里放 4 粒米，以此类推，往后每个小格子里放的米的数量都是前面一个小格子里的两倍。编写程序，计算放满棋盘所有 64 个小格子一共需要多少粒米。

解析：把每个小格子从 0 到 63 进行编号，第 *i* 个小格子里米的数量恰好为 2 的 *i* 次方。使用列表推导式得到每个小格子里米的数量，然后使用内置函数 sum() 求和。

```
print(sum([2**i for i in range(64)]))
```

运行结果为:

```
18446744073709551615
```

例 4-5 编写程序，输入一个包含若干整数的列表 values、一个整数 *n* 和一个整数 total，输出列表 values 中相加之和等于 total 的 *n* 个整数。要求对输入的数据进行检查，并对不合理的输入进行适当的提示。

解析：使用 while 循环 + 异常处理结构对用户输入进行检查和约束，使用标准库 itertools 中的 combinations() 函数生成一定数量的组合。

```
from itertools import combinations

while True:
    values = eval(input('请输入一个包含若干整数的列表：'))
    if not isinstance(values, list):
        continue
```

例 4-5 讲解

```
    if set(map(type, values)) == {int}:
        break
while True:
    try:
        n = int(input('请输入一个整数：'))
        assert 0 < n <= len(values)
        break
    except:
        pass
while True:
    try:
        number = int(input('请输入 n 个整数之和：'))
        break
    except:
        pass
for item in combinations(values, n):
    if sum(item) == number:
        print(item)
```

运行结果为：

```
请输入一个包含若干整数的列表：[-2,-1,0,1,2,3,4,5,6,7,8,9]
请输入一个整数：3
请输入 n 个整数之和：12
(-2, 5, 9)
(-2, 6, 8)
(-1, 4, 9)
(-1, 5, 8)
(-1, 6, 7)
(0, 3, 9)
(0, 4, 8)
(0, 5, 7)
(1, 2, 9)
(1, 3, 8)
(1, 4, 7)
(1, 5, 6)
(2, 3, 7)
(2, 4, 6)
(3, 4, 5)
```

例 4-6　编写程序，输入一个包含若干整数或实数的列表或元组，计算这些实数的截尾平均数。

解析： 截尾平均数是指去掉最大值和最小值之后剩余数值的平均数。在程序中，使用内置函数 isinstance() 对输入的数据格式进行检查。另外，程序中用到了带 else 的 for 循环结构，如果有不是整数或实数的数据就执行 break 语句，这时不会执行 else 中的代码。如果所有数据都是有效的，不执行 break 语句，for 循环自然结束，继续执行 else 中的功能代码。

```
values = eval(input('请输入包含若干整数或实数的列表：'))
if isinstance(values, (list,tuple)):
    for item in values:
        if not isinstance(item, (int, float)):
            print('输入的数据不符合要求')
            break
    else:
        max_value = max(values)
        min_value = min(values)
        rest_sum = sum(values)-max_value-min_value
        rest_len = len(values)-2
        print(rest_sum/rest_len)
else:
    print('输入的数据不符合要求')
```

第一次运行结果为：

```
请输入包含若干整数或实数的列表：[1,2,3]
2.0
```

第二次运行结果为：

```
请输入包含若干整数或实数的列表：(4,5,6)
5.0
```

第三次运行结果为：

```
请输入包含若干整数或实数的列表：(1,2,3j)
输入的数据不符合要求
```

例 4-7 编写程序，对给定的表示矩阵的二维嵌套列表（列表的每个元素也是列表，子列表中包含若干数值）进行最大池化处理，也就是把原数据划分为指定大小的若干子区域，对每个子区域的数据使用最大值进行代替，达到数据压缩的目的。

解析： 在程序中首先使用标准库 random 中的函数 choices() 结合列表推导式得到 10 行 10 列测试数据，然后使用内置函数 range() 把原列表划分为若干 2 行 2 列的子区域，计算每个子区域中 4 个数值的最大值，得到最大池化后的新数据。

例 4-7 讲解

```
from random import choices

# 测试数据，10 行 10 列
# 程序中的下划线表示匿名变量
data = [choices(range(10,100), k=10)
        for _ in range(10)]
# 输出原数据
for row in data:
    print(row)
print()
# 子区域窗口大小
m, n = 2, 2
result = []
```

```
for r in range(0, 10, m):
    temp = []
    for c in range(0, 10, n):
        # 计算子区域内的最大值
        area = [data[i][j]
                for i in range(r,r+m)
                for j in range(c,c+n)]
        temp.append(max(area))
    result.append(temp)
# 输出最大池化之后的数据
for row in result:
    print(row)
```

对于本例随机产生的测试数据，子区域划分和各子区域的最大值如图 4-5 所示。

```
[55, 49, 45, 34, 27, 42, 57, 50, 23, 15]
[94, 81, 38, 85, 62, 68, 21, 58, 60, 63]
[67, 40, 92, 97, 62, 99, 35, 54, 67, 59]
[36, 61, 17, 80, 80, 17, 64, 76, 22, 19]
[47, 74, 99, 73, 55, 63, 56, 39, 16, 36]
[93, 40, 62, 42, 17, 71, 56, 23, 95, 44]
[78, 35, 39, 28, 91, 54, 90, 33, 35, 64]
[67, 20, 65, 99, 69, 93, 74, 50, 87, 12]
[86, 62, 28, 39, 21, 33, 88, 21, 23, 56]
[49, 55, 72, 83, 30, 23, 67, 24, 80, 63]

[94, 85, 68, 58, 63]
[67, 97, 99, 76, 67]
[93, 99, 71, 56, 95]
[78, 99, 93, 90, 87]
[86, 83, 33, 88, 80]
```

图 4-5　子区域划分与各子区域的最大值

例 4-8　编写程序，输入一个包含若干整数的列表 values 和一个小于 values 长度的正整数 *k*，要求对列表中前 *k* 个元素翻转，下标 *k* 及后面的所有元素翻转，然后再把整个列表翻转，输出处理后的列表。

解析：在程序中，使用切片对列表中的元素进行原地修改，使用内置函数 reversed() 对部分元素进行翻转，使用列表方法 reverse() 对整个列表中的元素整体进行翻转。为了节约篇幅，本例代码没有对输入的数据进行有效性检查，可以参考前面的程序自行补充。

```
values = eval(input('请输入包含若干元素的列表 values：'))
k = int(input('请输入一个小于 values 长度的正整数：'))
values[:k] = reversed(values[:k])
values[k:] = reversed(values[k:])
values.reverse()
print(values)
```

例 4-8 讲解

运行结果为：

```
请输入包含若干元素的列表 values：[1,2,3,4,5,6,7,8,9]
请输入一个小于 values 长度的正整数：3
[4, 5, 6, 7, 8, 9, 1, 2, 3]
```

例 4-9 编写程序，输入一个包含若干正整数的列表，对这些数字进行组合，输出能够组成的最小数。例如，列表 [30, 300, 3] 能够组成 303003、303300、300303、300330、330300、330030 这 6 个数字，其中最小的是 300303。

解析：解决这个问题的算法如下：将这些整数变为相同长度（按最大的进行统一），短的右侧使用个位数补齐，然后将这些新的数字升序排列，将低位补齐的数字删掉，把剩下的数字连接起来，即可得到满足要求的数字。

```
values = eval(input('请输入包含若干正整数的列表：'))
# 把所有数字都转换为字符串
values = list(map(str, values))
# 最长的数字长度
m = len(max(values, key=len))
# 把每个数字都调整为固定长度，右边使用个位数补齐
values_new = [(num,num.ljust(m,num[-1])) for num in values]
# 根据补齐的数字字符串进行排序
values_new.sort(key=lambda item:(item[1],-int(item[0])))
# 对原来的数字进行拼接
result = ''.join((item[0] for item in values_new))
print(int(result))
```

第一次运行结果为：

```
请输入包含若干正整数的列表：[30, 300, 3]
300303
```

第二次运行结果为：

```
请输入包含若干正整数的列表：[3, 4, 0, 1]
134
```

如果感觉上面的算法和代码不容易理解，也可以使用枚举法进行求解，也就是列出给定数字的所有连接方式得到的数字，然后从其中选择最小的一个。下面的代码实现了这一思路，请自行测试。

```
from itertools import permutations

values = eval(input('请输入包含若干正整数的列表：'))
values = list(map(str, values))
values = map(''.join, permutations(values,len(values)))
print(int(min(values, key=int)))
```

例 4-10 编写程序，模拟报数游戏。有 *n* 个人围成一圈，从 1 到 *n* 顺序编号，从第一个人开始从 1 到 *k*（例如 *k*=3）报数，报到 *k* 的人退出圈子，然后圈子缩小，从下一个人继续游戏，重复这个过程，问最后留下的是原来的第几号。

解析：标准库 itertools 中的函数 cycle() 用来根据给定的有限个元素创建一个无限循环的迭代器对象，相当于把原来的元素首尾相接构成一个环。

```
from itertools import cycle
```

```
k = int(input('请输入一个正整数: '))
numbers = list(range(1, 11))
# 游戏一直进行到只剩下最后一个人
while len(numbers) > 1:
    # 创建 cycle 对象
    c = cycle(numbers)
    # 从 1 到 k 报数
    for i in range(k):
        t = next(c)
    # 一个人出局，圈子缩小
    index = numbers.index(t)
    numbers = numbers[index+1:] + numbers[:index]
print(f'最后一个人的编号为: {numbers[0]}')
```

第一次运行结果为：

```
请输入一个正整数: 3
最后一个人的编号为: 4
```

第二次运行结果为：

```
请输入一个正整数: 5
最后一个人的编号为: 3
```

本章知识要点

（1）在形式上，列表的所有元素放在一对方括号中，相邻元素之间使用逗号分隔。在 Python 中，同一个列表中元素的数据类型可以各不相同，可以同时包含整数、实数、复数、字符串等基本类型的元素，也可以包含列表、元组、字典、集合、函数或其他任意对象。

（2）除了使用方括号包含若干元素直接创建列表，也可以使用 `list()` 函数把元组、range 对象、字符串、字典、集合或其他可迭代对象转换为列表，某些内置函数、标准库函数和扩展库函数也会返回列表。

（3）列表、元组和字符串都支持双向索引，有效索引范围为 [-*L*, *L*-1]，其中 *L* 表示列表、元组或字符串的长度。正向索引时 0 表示第 1 个元素，1 表示第 2 个元素，2 表示第 3 个元素，以此类推；反向索引时 -1 表示最后 1 个元素，-2 表示倒数第 2 个元素，-3 表示倒数第 3 个元素，以此类推。

（4）在使用列表方法时，一定要注意有没有返回值，有没有修改原列表。

（5）在插入和删除元素时要注意，在列表中间位置插入或删除元素时，会导致该位置之后的元素后移或前移，效率较低，并且该位置后面所有元素在列表中的索引也会发生变化。

（6）所谓浅复制，是指只对列表中第一级元素的引用进行复制，在浅复制完成的瞬间，新列表和原列表包含同样的引用。

（7）列表推导式可以使用非常简洁的方式对列表或其他可迭代对象的元素进行遍历、过滤或再次计算，快速生成满足特定需求的新列表。

（8）在形式上，元组的所有元素放在一对圆括号中，元素之间使用逗号分隔，如果元组中只有一个元素则必须在最后增加一个逗号。

（9）列表是可变的，元组是不可变的。

（10）生成器表达式的结果是一个生成器对象，具有惰性求值的特点，只能从前往后逐个访问其中的元素，且每个元素只能使用一次。

（11）切片操作适用于列表、元组、字符串和 range 对象，但作用于元组和字符串时仅能访问其中的部分元素，作用于列表时具有最强大的功能。不仅可以使用切片来截取列表中的任何部分返回得到一个新列表，也可以通过切片来修改和删除列表中部分元素，甚至可以通过切片操作为列表对象增加元素。

（12）序列解包的本质是对多个变量同时进行赋值，也就是把一个可迭代对象中的多个元素的值同时赋值给多个变量，要求等号左侧变量的数量和等号右侧值的数量必须一致。

习　题

1. 判断题:同一个列表中元素的数据类型可以各不相同,可以同时包含整数、实数、复数、字符串等基本类型的元素，也可以包含列表、元组、字典、集合、函数或其他任意对象。（　　）

2. 判断题：除了使用方括号包含若干元素直接创建列表，也可以使用 list() 函数把元组、range 对象、字符串、字典、集合或其他可迭代对象转换为列表，某些内置函数、标准库函数和扩展库函数也会返回列表。（　　）

3. 判断题：列表、元组和字符串都支持双向索引，有效索引范围为 [-*L*, *L*-1]，其中 *L* 表示列表、元组或字符串的长度。（　　）

4. 判断题：列表方法 pop() 用于删除并返回指定位置上的元素，不指定位置时默认是最后一个，如果位置不存在会抛出异常。（　　）

5. 判断题：对于 remove()、pop()、index() 和其他类似的可能引发异常的列表方法，调用时应结合选择结构和异常处理结构，避免程序发生崩溃。（　　）

6. 判断题：列表的切片和 copy() 方法得到的都是浅复制。（　　）

7. 判断题：生成器表达式的结果是一个元组。（　　）

8. 判断题：元组也支持使用下标和切片访问其中的元素。（　　）

9. 判断题：在连接多个列表时，使用加号运算符比 append() 或 extend() 方法的效率更高。（　　）

10. 判断题:生成器对象中的每个元素只能使用一次，并且只能从前往后逐个进行访问，不能使用下标直接访问任意位置的元素。（　　）

11. 填空题：对于任意长度的非空列表，如果使用负数作索引，那么列表中最后一个元素的下标为________。

12. 填空题：表达式 [3] in [1, 2, 3] 的值为________。

13. 填空题：已知 values = [3, 4, 5, 6, 7, 9, 11, 13, 15, 17]，那么表达式 values[7:100] 的值为________。

14. 编程题：编写程序，输入一个正整数 *n*，使用筛选法求解小于 *n* 的所有素数，输出包含这些素数的列表。

15. 编程题:重做例 4-3，要求最后输出的所有笛卡儿积中不包含第二个元素为'b'的项。

16. 编程题:编写程序，输入一个包含若干元素的列表，输出其中出现次数最多的元素。

17. 编程题：查阅资料，使用标准库 collections 中的 deque 对象，重做例 4-8。

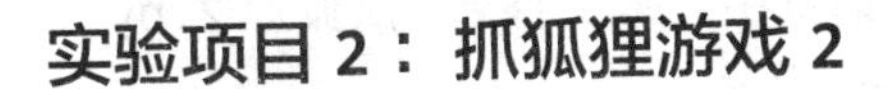

实验项目 2：抓狐狸游戏 2

实验内容

假设墙上有一排 5 个洞，其中一个洞里有狐狸，玩家来抓这只狐狸，每天只能抓一次。玩家打开一个洞口的门，如果里面有狐狸就抓到了。如果洞口里没有狐狸就第二天再来抓，但是第二天狐狸会在有人来抓之前跳到隔壁洞口里。如果在规定的次数之内无法抓住狐狸，玩家失败。如果在规定的次数之内能够抓到狐狸，玩家赢得一局。

编写程序，模拟这个游戏以及玩家抓狐狸和狐狸跳跃的过程。

实验目的

（1）熟练掌握标准库函数的导入和使用；
（2）熟练掌握标准库 random 中 randrange()、choice() 函数的功能和用法；
（3）了解函数定义与使用；
（4）了解函数默认值参数的工作原理；
（5）理解列表对象的使用和相关操作；
（6）理解并熟练掌握选择结构、循环结构、异常处理结构的工作原理与使用；
（7）理解带 else 的循环结构的执行流程；
（8）理解并熟练掌握循环结构结合异常处理结构对用户输入进行约束的用法。

实验步骤

（1）下载并安装 Python 开发环境，下面的步骤在 Spyder 中完成，其他开发环境可以稍作调整。

（2）依次打开“开始”菜单→“Anaconda3”→“Spyder(Anaconda3)”，启动 Spyder，单击菜单“Projects”→“Open Project”，如图 4-6 所示，然后在弹出的窗口中选择“F:\教学课件\Python 程序设计实用教程”打开第 3 章实验中创建的项目。

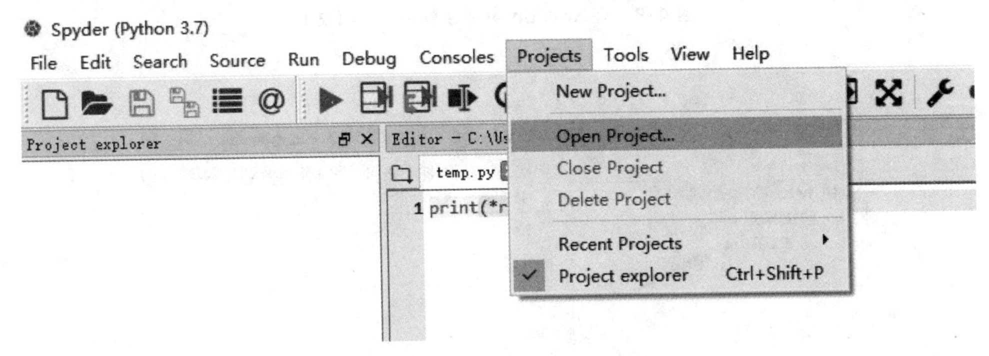

图 4-6　在 Spyder 中打开项目

（3）鼠标右键单击项目管理器中的“Python 程序设计实用教程”，在弹出的菜单中依次选择“New”→“File”，如图 4-7 所示。然后在弹出的对话框中输入文件名“抓狐狸 2.py”，单击“保存”按钮，如图 4-8 所示。成功之后界面如图 4-9 所示。

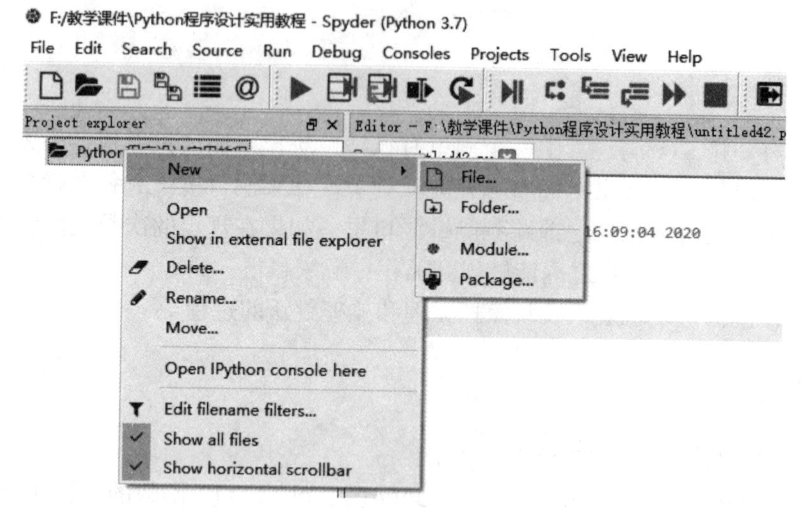

图 4-7　在 Spyder 中创建程序文件（1）

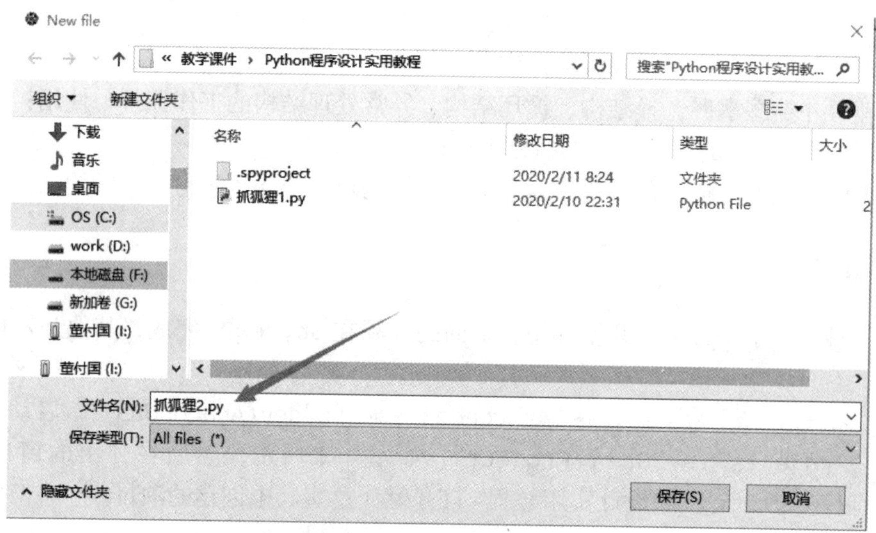

图 4-8　在 Spyder 中创建程序文件（2）

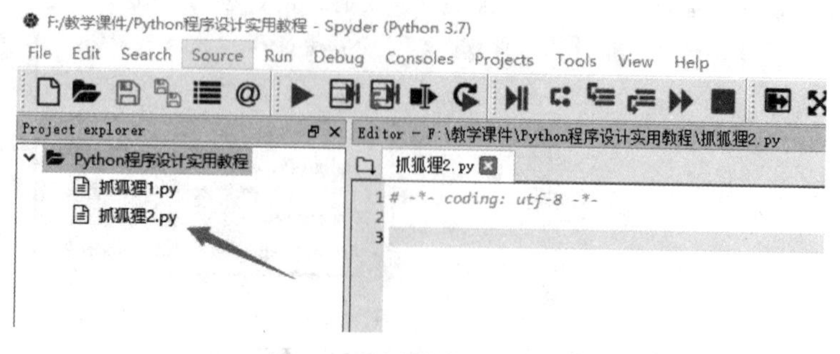

图 4-9　创建程序文件成功

（4）分析问题，确定问题中使用的数据类型和数据结构以及大概的业务逻辑。使用一个包含 5 个元素的列表对象表示墙上的 5 个洞，元素的下标就是洞的编号，元素值为 0 表示狐狸不在这个洞里，元素值为 1 表示狐狸在这个洞里。程序主要流程如图 4-10 所示，图中左边的步骤“狐狸跳到隔壁洞里”可以参考第 3 章最后的实验项目流程图和本实验的代码进行展开和理解。

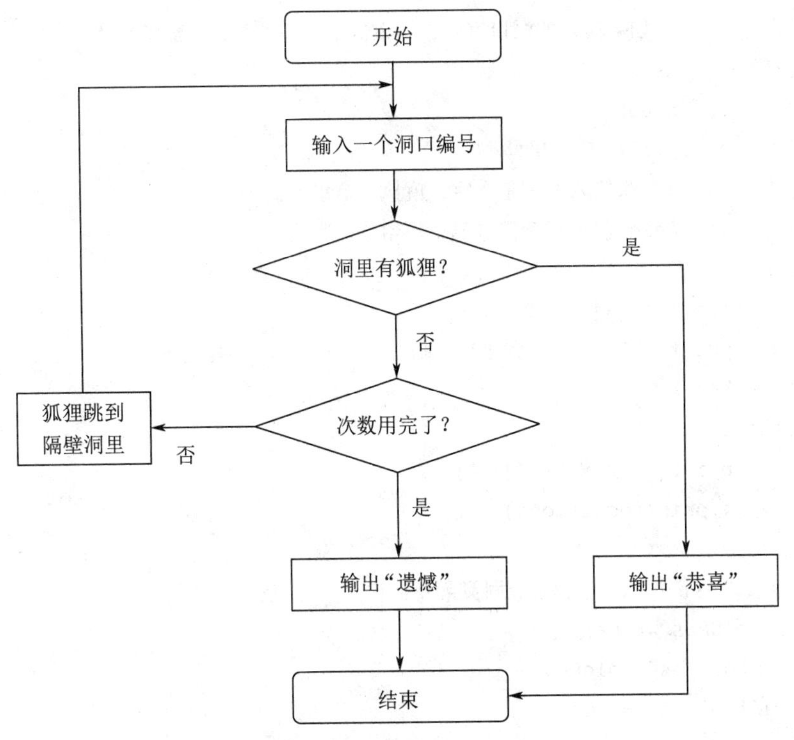

图 4-10 抓狐狸游戏流程图

（5）在文件“抓狐狸 2.py”中编写下面的代码，实现业务逻辑，模拟抓狐狸的游戏。

```
from random import choice, randrange

def catchMe(n=5, maxStep=10):
    ''' 模拟抓小狐狸，一共 n 个洞口，允许抓 maxStep 次
       如果失败，小狐狸就会跳到隔壁洞口 '''
    # n 个洞口，有狐狸为 1，没有狐狸为 0
    positions = [0] * n
    # 狐狸的随机初始位置
    oldPos = randrange(0, n)
    positions[oldPos] = 1

    # 抓 maxStep 次
    while maxStep > 0:
        maxStep -= 1
```

```
            # 这个循环保证用户输入是有效洞口编号
            while True:
                try:
                    x = input(f'你今天打算打开哪个洞口呀？（0-{n-1}）：')
                    # 如果输入的不是数字，就会跳转到 except 部分
                    x = int(x)
                    # 如果输入的洞口有效，结束这个循环，否则就继续输入
                    assert 0 <= x < n
                    break
                except:
                    # 如果输入的不是数字，就执行这里的代码
                    print('要按套路来啊，再给你一次机会。')

            if positions[x] == 1:
                print('成功，我抓到小狐狸啦。')
                break
            else:
                print('今天又没抓到。')
                # print(positions)

            # 如果这次没抓到，狐狸就跳到隔壁洞口
            if oldPos == n-1:
                newPos = oldPos - 1
            elif oldPos == 0:
                newPos = oldPos + 1
            else:
                newPos = oldPos + choice((-1, 1))
            positions[oldPos], positions[newPos] = 0, 1
            oldPos = newPos
        else:
            print('放弃吧，你这样乱试是没有希望的。')

# 启动游戏，开始抓狐狸吧
catchMe()
```

（6）运行和测试程序，连续几次运行结果如图 4-11 所示。

（7）把代码中最后一行调用函数的语句改为 catchMe(5, 6)、catchMe(5, 8) 或其他参数值，重新运行程序并试玩几次观察效果。

（8）把代码中“# print(positions)”解除注释，重新运行程序并试玩几次观察效果。

```
In [1]: runfile('F:/教学课件/Python程序设计实用教程/抓狐狸2.py',
wdir='F:/教学课件/Python程序设计实用教程')

你今天打算打开哪个洞口呀？（0-4）：3
今天又没抓到。

你今天打算打开哪个洞口呀？（0-4）：2
今天又没抓到。

你今天打算打开哪个洞口呀？（0-4）：2
成功，我抓到小狐狸啦。

In [2]: runfile('F:/教学课件/Python程序设计实用教程/抓狐狸2.py',
wdir='F:/教学课件/Python程序设计实用教程')

你今天打算打开哪个洞口呀？（0-4）：3
今天又没抓到。

你今天打算打开哪个洞口呀？（0-4）：3
今天又没抓到。

你今天打算打开哪个洞口呀？（0-4）：3
今天又没抓到。

你今天打算打开哪个洞口呀？（0-4）：2
今天又没抓到。

你今天打算打开哪个洞口呀？（0-4）：0
今天又没抓到。

你今天打算打开哪个洞口呀？（0-4）：1
成功，我抓到小狐狸啦。
```

图 4-11　抓狐狸游戏的运行结果

第5章

字　　典

本章学习目标

- 理解字典元素结构；
- 熟练掌握字典方法 get() 的用法；
- 熟练掌握字典方法 update() 的用法；
- 熟练掌握字典元素增加与修改的方法；
- 熟练掌握字典方法 values() 的用法；
- 理解字典方法 keys()、items() 返回值与集合之间的运算；
- 熟练掌握删除字典元素的方法。

5.1　字典概念与常用方法

在 Python 语言中，字典属于内置容器类，其中可以包含若干元素，每个元素包含“键”和“值”两部分，两部分之间使用英文半角冒号分隔，表示一种对应关系或映射关系。不同元素之间用英文半角逗号分隔，所有元素放在一对大括号中。字典中元素的“键”可以是 Python 中任意不可变数据，如整数、实数、复数、字符串、元组等类型，但不能使用列表、集合、字典或其他可变类型作为字典的“键”，包含列表等可变数据的元组也不能作为字典的“键”。另外，字典中的“键”不允许重复且必须可哈希，“值”是可以重复的。

字典是可变的，可以动态地增加、删除元素，也可以随时修改元素的“值”。

Python 内置字典类 dict 的常用方法如表 5-1 所示，本章后面几节分别介绍这些方法的使用。

表 5-1　Python 内置类 dict 的常用用法

方法	功能描述
clear()	不接收参数，删除当前字典对象中的所有元素，没有返回值
copy()	不接收参数，返回当前字典对象的浅复制
fromkeys(iterable, value=None, /)	以参数 iterable 中的元素为“键”、以参数 value 为“值”创建并返回字典对象
get(key, default=None, /)	返回当前字典对象中以参数 key 为“键”对应的元素的“值”，如果当前字典对象中没有以 key 为“键”的元素，返回 default 的值
items()	不接收参数，返回包含当前字典对象中所有元素的 dict_items 对象，每个元素形式为元组 (key,value)，dict_items 对象可以和集合进行并集、交集、差集等运算
keys()	不接收参数，返回当前字典对象中所有的“键”，结果为 dict_keys 类型的可迭代对象，可以直接和集合进行并集、交集、差集等运算
pop(k[,d])	删除以 k 为“键”的元素，返回对应的“值”，如果当前字典中没有以 k 为“键”的元素，返回参数 d，如果没有指定参数 d，抛出 KeyError 异常
popitem()	删除并按 LIFO（Last In First Out，后进先出）顺序返回一个元组 (key, value)，如果当前字典为空则抛出 KeyError 异常
setdefault(key, default=None, /)	如果当前字典对象中没有以 key 为“键”的元素则插入以 key 为“键”、以 default 为“值”的新元素并返回 default 的值，如果当前字典中有以 key 为“键”的元素则直接返回对应的“值”
update([E,]**F)	使用 E 和 F 中的数据对当前字典对象进行更新，** 表示参数 F 只能接收字典或关键参数，该方法没有返回值
values()	不接收参数，返回包含当前字典对象中所有的“值”的 dict_values 对象，不能和集合之间进行任何运算

5.2　字典创建与删除

除了把很多“键:值”元素放在一对大括号内创建字典之外，还可以使用内置类 dict 来创建字典，或者使用字典推导式创建字典，某些标准库函数和扩展库函数也会返回字典或类似的对象。如果确定一个字典对象不再使用，可以使用 del 语句进行删除。下面的代码演示了创建字典的不同形式。

```
from collections import Counter

# 创建空字典
```

```
data = {}
data = dict()
# 直接使用大括号创建字典
data = {'a':97, 'b':98}
# 把包含若干(key,value)形式的可迭代对象转换为字典
data = dict(zip('abcd', '1234'))
print(data)
# 以参数的形式指定“键”和“值”
data = dict(language='Python', version='3.8.1')
print(data)
# 以可迭代对象中的元素为“键”，创建“值”为空的字典
data = dict.fromkeys('abcd')
print(data)
# 以可迭代对象中的元素为“键”，创建字典，所有元素的“值”相等
data = dict.fromkeys('abcd', 666)
print(data)
# 使用字典推导式创建字典
data = {ch:ord(ch) for ch in 'abcd'}
print(data)
# 标准库 collections 中的函数 Counter 用来统计元素出现次数
# 返回类似于字典的 Counter 对象
data = Counter('aaabcdddcabc')
print(data)
```

运行结果为：

```
{'a': '1', 'b': '2', 'c': '3', 'd': '4'}
{'language': 'Python', 'version': '3.8.1'}
{'a': None, 'b': None, 'c': None, 'd': None}
{'a': 666, 'b': 666, 'c': 666, 'd': 666}
{'a': 97, 'b': 98, 'c': 99, 'd': 100}
Counter({'a': 4, 'c': 3, 'd': 3, 'b': 2})
```

5.3 字典元素访问

（1）字典支持下标运算，把“键”作为下标并返回对应的“值”，如果字典中不存在这个“键”会抛出异常。使用下标访问元素“值”时，一般建议配合选择结构或者异常处理结构，以免代码异常引发崩溃。

```
data = {'age': 43, 'name': 'Dong', 'sex': 'male'}
key = eval(input('请输入一个键：'))
if key in data:
    print(data[key])
else:
    print('字典中没有这个键')
```

```
key = eval(input('再输入一个键：'))
try:
    print(data[key])
except:
    print('字典中没有这个键')
```

运行结果为：

```
请输入一个键：'age'
39
再输入一个键：123
字典中没有这个键
```

（2）推荐使用字典的 get() 方法获取指定“键”对应的“值”，如果指定的“键”不存在，get() 方法会返回空值或指定的默认值。下面的代码演示了字典方法 get() 的用法。

```
data = {'age': 43,  'name': 'Dong', 'sex': 'male'}
print(data.get('age'))
print(data.get('address'))
print(data.get('address', '不存在'))
```

运行结果为：

```
43
None
不存在
```

（3）字典对象的 setdefault() 方法也可以用于获取字典中元素的“值”或者增加新元素。如果当前字典对象中没有以 key 为“键”的元素则插入以 key 为“键”、以 default 为“值”的新元素并返回 default 的值，如果当前字典中有以 key 为“键”的元素则直接返回对应的“值”。下面的代码演示了字典方法 setdefault() 的用法。

```
data = {'age': 43,  'name': 'Dong', 'sex': 'male'}
print(data, end='\n===\n')
print(data.setdefault('age', 42))
print(data.setdefault('address', 'Yantai'))
print(data)
```

运行结果为：

```
43
Yantai
{'age': 43, 'name': 'Dong', 'sex': 'male', 'address': 'Yantai'}
```

（4）字典对象支持元素迭代，可以将其转换为列表或元组，也可以使用 for 循环遍历其中的元素。在这样的场合中，默认情况下是遍历字典的“键”，如果需要遍历字典的元素必须使用字典对象的 items() 方法明确说明，如果需要遍历字典的“值”则必须使用字典对象的 values() 方法明确说明。当使用 len()、max()、min()、sum()、sorted()、enumerate()、map()、filter() 等内置函数以及成员测试运算符“in”对字典对象进行操作时，也遵循同样的约定。下面的代码演示了相关的用法。

```
data = {'age': 43,  'name': 'Dong', 'sex': 'male'}
print(data, end='\n===\n')
print(list(data), end='\n===\n')
print(data.values(), end='\n===\n')
print(tuple(data.values()), end='\n===\n')
print(list(data.items()), end='\n===\n')
for key in data:
    print(key)
print('===')
for value in data.values():
    print(value)
print('===')
for item in data.items():
    print(item)
print('===')
for key, value in data.items():
    print(key, value, sep=':')
print('===')
print(max(data))
print('===')
print(43 in data)
print('===')
print(43 in data.values())
```

运行结果为：

```
{'age': 43, 'name': 'Dong', 'sex': 'male'}
===
['age', 'name', 'sex']
===
dict_values([43, 'Dong', 'male'])
===
(43, 'Dong', 'male')
===
[('age', 43), ('name', 'Dong'), ('sex', 'male')]
===
age
name
sex
===
43
Dong
male
===
('age', 43)
('name', 'Dong')
('sex', 'male')
===
```

```
age:43
name:Dong
sex:male
===
sex
===
False
===
True
```

5.4　字典元素添加与修改

（1）当以指定“键”为下标为字典元素赋值时，有以下两种含义：

①若该“键”存在，表示修改该“键”对应元素的“值”；

②若该“键”不存在，表示添加一个新元素。

```
data = {'age': 43,  'name': 'Dong', 'sex': 'male'}
print(data, end='\n===\n')
data['age'] = 42
data['address'] = 'Yantai'
print(data)
```

运行结果为：

```
{'age': 43, 'name': 'Dong', 'sex': 'male'}
===
{'age': 42, 'name': 'Dong', 'sex': 'male', 'address': 'Yantai'}
```

（2）使用字典对象的 update() 方法可以将另一个字典或可迭代对象（要求每个元素都为包含 2 个值的元组或类似结构）中的元素一次性全部添加到当前字典对象，如果两个字典中存在相同的“键”，则以另一个字典中的“值”为准对当前字典进行更新。

```
data = {'age': 43,  'name': 'Dong', 'sex': 'male'}
print(data, end='\n===\n')
information1 = {'age':44, 'address':'Yantai'}
information2 = [('major','Computer'), ('height',181)]
data.update(information1)
data.update(information2)
print(data)
```

运行结果为：

```
{'age': 43, 'name': 'Dong', 'sex': 'male'}
===
{'age': 44, 'name': 'Dong', 'sex': 'male', 'address': 'Yantai', 'major': 'Computer',
'height': 181}
```

5.5 字典元素删除

可以使用字典对象的 pop() 删除指定"键"对应的元素，同时返回对应的"值"。字典方法 popitem() 方法用于按 LIFO（后进先出）的顺序删除并返回一个包含两个元素的元组，其中的两个元素分别是字典元素的"键"和"值"。字典方法 clear() 用于清空字典中所有元素。另外，也可以使用 del 删除指定的"键"对应的元素。下面的代码演示了相关的用法。

```
data = {'age': 43,  'name': 'Dong', 'sex': 'male'}
print(data.pop('age', '不存在'))
print(data.pop('age', '不存在'))
print(data, end='\n===\n')
del data['name']
print(data, end='\n===\n')
data.clear()
print(data, end='\n===\n')
data = dict.fromkeys('abcdefg')
print(data, end='\n===\n')
for _ in range(5):
    print(data.popitem())
```

运行结果为：

```
43
不存在
{'name': 'Dong', 'sex': 'male'}
===
{'sex': 'male'}
===
{}
===
{'a': None, 'b': None, 'c': None, 'd': None, 'e': None, 'f': None, 'g': None}
===
('g', None)
('f', None)
('e', None)
('d', None)
('c', None)
```

5.6 综合例题解析

例 5-1 编写程序，输入任意字符串，统计并输出每个唯一字符及其出现次数，要求按出现次数从多到少输出。

解析： 使用字典每个元素的“键”表示每个字符，对应的“值”表示该字符出现的次数。在程序中使用到了标准库 operator 中的 itemgetter 类，用来创建可以获取一个元组中指定位置元素的可调用对象，用来实现按出现次数排序。也可以使用标准库 collections 中的 Counter 类直接实现这个功能。

```
from operator import itemgetter

text = input('请输入任意内容：')
fre = dict()
for ch in text:
    fre[ch] = fre.get(ch, 0) + 1
fre = sorted(fre.items(), key=itemgetter(1), reverse=True)
for ch, number in fre:
    print(ch, number, sep=':')
```

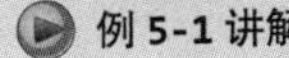

例 5-1 讲解

运行结果为：

```
请输入任意内容：aaaabccc345aaa
a:7
c:3
b:1
3:1
4:1
5:1
```

例 5-2 编写程序，输入包含若干表示成绩的整数和实数的列表或元组，首先对输入的数据进行有效性检查，要求每个成绩都应介于 [0,100] 区间之内，如果不满足条件就进行必要的提示并结束程序。如果输入的所有数据都是有效的，统计并输出优（介于 [90,100] 区间）、良（介于 [80,90) 区间）、中（介于 [70,80) 区间）、及格（介于 [60,70) 区间）、不及格（介于 [0,60) 之间）每个分数段内成绩的数量。

解析： 使用内置函数 isinstance() 和 type() 检查数据类型，使用字典保存每个分数段成绩的数量。代码中用到了 lambda 表达式的语法，lambda score:0<=score<=100 相当于一个函数，接收 score 作为参数，返回表达式 0<=score<=100 的值。

```
scores = eval(input('请输入包含若干成绩的列表或元组：'))
if isinstance(scores, (list,tuple)):
    if set(map(type,scores)) <= {int,float}:
        if all(map(lambda score:0<=score<=100, scores)):
            fre = dict()
            for score in scores:
                if score >= 90:
                    fre['优'] = fre.get('优',0) + 1
                elif score >= 80:
                    fre['良'] = fre.get('良',0) + 1
                elif score >= 70:
                    fre['中'] = fre.get('中',0) + 1
                elif score >= 60:
```

例 5-2 讲解

```
                    fre['及格'] = fre.get('及格',0) + 1
                else:
                    fre['不及格'] = fre.get('不及格',0) + 1
            for grade, number in fre.items():
                print(grade, number, sep=':')
        else:
            print('每个成绩都必须介于 [0,100] 之间')
    else:
        print('必须都是整数或实数')
else:
    print('必须输入列表或元组')
```

第一次运行结果为：

```
请输入包含若干成绩的列表或元组：{1,2,3}
必须输入列表或元组
```

第二次运行结果为：

```
请输入包含若干成绩的列表或元组：[60,80,'a']
必须都是整数或实数
```

第三次运行结果为：

```
请输入包含若干成绩的列表或元组：[89,78,10,-3]
每个成绩都必须介于 [0,100] 之间
```

第四次运行结果为：

```
请输入包含若干成绩的列表或元组：(89,90,87,70,66,65,30,50)
良 :2
优 :1
中 :1
及格 :2
不及格 :2
```

例 5-3 已知字典对象 price 中存放了山东省部分城市不同档次小区住房的平均价格，首先按城市分类进行输出显示，然后重新组织这些数据，按不同档次小区分类进行输出显示，方便不同城市之间相同档次小区住房均价对比。

解析：不同数据类型的对象可以嵌套，字典对象的“值”还可以是字典对象。在对具体的业务数据进行存储和表达时，经常会需要对基本数据类型进行组合和嵌套，组成复杂的数据结构。

```
price = {'济南':{'高档小区':35000, '中档小区':20000, '普通小区':10000},
         '烟台':{'高档小区':28000, '中档小区':18000, '普通小区':9000},
         '青岛':{'高档小区':40000, '中档小区':26000, '普通小区':14000},
         '德州':{'高档小区':28000, '中档小区':20000, '普通小区':10000},
         '淄博':{'高档小区':26000, '中档小区':17000, '普通小区':8500}}
```

```
for city, info in price.items():
    print(city)
    for grade, money in info.items():
        print(f'\t{grade}:{money}')
print('='*10)
price_new = {'高档小区':{}, '中档小区':{}, '普通小区':{}}
for city, info in price.items():
    for key in price_new:
        price_new[key][city] = info[key]
for grade, info in price_new.items():
    print(grade)
    for city, money in info.items():
        print(f'\t{city}:{money}')
```

运行结果如图 5-1 所示。

```
济南
        高档小区:35000
        中档小区:20000
        普通小区:10000
烟台
        高档小区:28000
        中档小区:18000
        普通小区:9000
青岛
        高档小区:40000
        中档小区:26000
        普通小区:14000
德州
        高档小区:28000
        中档小区:20000
        普通小区:10000
淄博
        高档小区:26000
        中档小区:17000
        普通小区:8500
==========
高档小区
        济南:35000
        烟台:28000
        青岛:40000
        德州:28000
        淄博:26000
中档小区
        济南:20000
        烟台:18000
        青岛:26000
        德州:20000
        淄博:17000
普通小区
        济南:10000
        烟台:9000
        青岛:14000
        德州:10000
        淄博:8500
```

图 5-1 程序运行结果

本章知识要点

（1）字典中元素的“键”可以是 Python 中任意不可变数据，如整数、实数、复数、字符串、元组等类型，但不能使用列表、集合、字典或其他可变类型作为字典的“键”，包含列表或其他可变数据的元组也不能作为字典的“键”。

（2）字典中的“键”不允许重复，“值”是可以重复的。

（3）字典是无序的，使用字典时一般不需要关心元素的顺序。

（4）字典是可变的，可以动态地增加、删除元素，也可以随时修改元素的“值”。

（5）除了把很多“键：值”元素放在一对大括号内创建字典之外，还可以使用内置类 dict 来创建字典，或者使用字典推导式创建字典，某些标准库函数和扩展库函数也会返回字典或类似的对象。

（6）使用下标访问元素“值”时，一般建议配合选择结构或者异常处理结构，以免代码异常引发崩溃。

（7）推荐使用字典的 get() 方法获取指定“键”对应的“值”，如果指定的“键”不存在，get() 方法会返回空值或指定的默认值。

（8）字典对象支持元素迭代，可以将其转换为列表或元组，也可以使用 for 循环遍历其中的元素。在这样的场合中，默认情况下是遍历字典的“键”，如果需要遍历字典的元素必须使用字典对象的 items() 方法明确说明，如果需要遍历字典的“值”则必须使用字典对象的 values() 方法明确说明。当使用 len()、max()、min()、sum()、sorted()、enumerate()、map()、filter() 等内置函数以及成员测试运算符 in 对字典对象进行操作时，也遵循同样的约定。

（9）可以使用字典对象的 pop() 删除指定“键”对应的元素，同时返回对应的“值”。字典方法 popitem() 方法用于按 LIFO（后进先出）的顺序删除并返回一个包含两个元素的元组，其中的两个元素分别是字典元素的“键”和“值”。

习　题

1. 判断题：字典中元素的“键”不能重复。（　　）
2. 判断题：列表可以作为字典中元素的“键”。（　　）
3. 判断题：列表可以作为字典中元素的“值”。（　　）
4. 判断题：元组可以作为字典中元素的“键”。（　　）
5. 判断题：字典中元素的“值”可以是另一个字典。（　　）
6. 判断题：字典对象的 index() 方法用于获取某个“值”对应的“键”。（　　）
7. 判断题：使用字典方法 update() 进行更新时，会自动忽略已有的“键”。（　　）
8. 判断题：语句 x = dict(a=97) 执行后对象 x 是个字典。（　　）
9. 判断题：已知 x = {'a':97, 'b':98}，那么语句 x['a'] = 65 会引发异常。（　　）
10. 填空题：已知 x = {'a':97, 'b':98}，那么表达式 x.get('a', 65) 的值

为________。

11. 填空题：已知 x = {'a':97, 'b':98}，那么表达式 sum(x.values()) 的值为________。

12. 填空题：已知 x = {'a':97, 'b':98}，那么表达式 max(x) 的值为________。

13. 编程题：重做例 5-1，只输出出现次数最多的前 3 个字符及其出现次数。

14. 编程题：编写程序，构造一个嵌套的字典，形式为 { 姓名 1:{ 课程名称 1: 分数 1, 课程名称 2: 分数 2,...},...}，输入一些数据，然后计算每个同学的总分、各科平均分。

实验项目 3：电影打分与推荐

实验内容

假设有大量用户对若干电影的打分数据，数据格式为嵌套的字典：{ 用户 1:{ 电影名称 1: 打分 1, 电影名称 2: 打分 2,……}, 用户 2:{……}}。现有某用户，也看过一些电影并进行过评分，数据格式为字典：{ 电影名称 1: 打分 1, 电影名称 2: 打分 2,……}。

要求编写程序，根据已有打分数据为该用户推荐一个电影。

实验目的

（1）了解字典推导式的语法和使用；

（2）理解嵌套的字典中元素访问的过程；

（3）熟练掌握字典的 keys()、values()、items()、get() 方法的功能和使用；

（4）理解并熟练掌握内置函数 max()、min()、sorted() 以及列表方法 sort() 中 key 参数的含义和功能；

（5）了解 lambda 表达式的语法含义；

（6）了解使用 lambda 定义具名函数的用法；

（7）理解基于用户的协同过滤算法原理；

（8）了解字符串的 center() 以及其他常用方法；

（9）理解内置函数 print() 的 sep 参数含义；

（10）熟练掌握内置函数 len()、sum() 的功能和使用；

（11）熟练掌握集合的交集、并集、差集等基本运算。

实验步骤

（1）下载并安装 Python 开发环境，下面的步骤在 Spyder 中完成，其他开发环境根据实际情况稍作调整。

（2）在项目“Python 程序设计实用教程”中创建程序文件“电影推荐.py”，完成后如图 5-2 所示。

图 5-2　创建文件“电影推荐.py”

（3）分析问题，画出业务逻辑和程序流程草图，如图 5-3 所示。确定采用基于用户的协同过滤算法，也就是根据用户喜好来确定与当前用户最相似的用户，然后再根据最相似用户对电影的打分情况为当前用户进行推荐。两个用户的相似度根据共同打分的电影数量以及打分的相似程度来计算，对于两人共同打分过的电影，每个电影二人打分之差的平方和越小，则二人打分越接近。

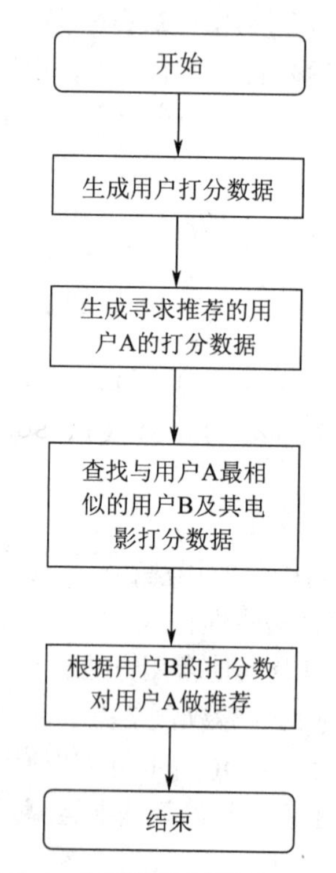

图 5-3　电影推荐主要流程示意图

（4）在文件“电影推荐.py”中编写下面的代码，实现要求的功能。

```
from random import randrange

# 历史电影打分数据
data = {f'user{i}':{f'film{randrange(1, 15)}':randrange(1, 6)
```

```
                for j in range(randrange(3, 10))}
        for i in range(10)}

# 当前用户打分数据
user = {f'film{randrange(1, 15)}':randrange(1,6)
        for i in range(5)}
# 最相似的用户及其对电影打分情况
# 两个用户共同打分的电影最多
# 并且所有电影打分差值的平方和最小
# 字典的 keys() 方法返回的 dict_keys 对象可以直接和集合进行运算
rule = lambda item:(-len(item[1].keys()&user),
                    sum(((item[1].get(film)-user.get(film))**2
                        for film in user.keys()&item[1].keys())))
similarUser, films = min(data.items(), key=rule)
print('known data'.center(50, '='))
for item in data.items():
    print(len(item[1].keys()&user.keys()),
          sum(((item[1].get(film)-user.get(film))**2
              for film in user.keys()&item[1].keys())),
          item,
          sep=':')
print('current user'.center(50, '='))
print(user)
print('most similar user and his films'.center(50, '='))
print(similarUser, films, sep=':')
print('recommended film'.center(50, '='))
# 在当前用户没看过的电影中选择打分最高的进行推荐
result = max(films.keys()-user.keys(),
             key=lambda film: films[film])
print(result)
```

（5）保存文件，运行程序，由于数据是使用随机数模拟的，所以每次运行结果会有所不同。连续两次运行的结果如图 5-4 和图 5-5 所示。在输出结果的 known data 一栏中，第一个冒号前面的数字表示寻求推荐的用户和当前用户共同打分过的电影数量；第一个冒号和第二个冒号之间的数字表示寻求推荐的用户与当前用户共同打分过的电影相似度，值越小表示越相似；第二个冒号后面的数据是当前用户名及其电影打分情况。从结果中可以看出，程序优先推荐共同打分电影数量最多的用户，如果有多个用户并列最多，再从这些用户中选择与寻求推荐的用户相似度最高的一个，也就是第一个冒号和第二个冒号之间的数字最小的一个。选择了最相似的用户之后，再选择寻求推荐的用户还没有看过的电影中打分最高的一个作为最终推荐结果。

```
In [5]: runfile('F:/教学课件/Python程序设计实用教程/电影推荐.py', wdir='F:/教学课件/Python程序设计实用教程')
====================known data====================
1:0:('user0', {'film2': 2, 'film6': 2, 'film9': 5, 'film4': 3, 'film3': 1, 'film11': 1, 'film10': 3, 'film7': 2})
2:2:('user1', {'film13': 2, 'film7': 1, 'film1': 4, 'film3': 2, 'film2': 2, 'film10': 5, 'film12': 5})
2:25:('user2', {'film13': 5, 'film8': 1, 'film12': 1, 'film2': 3})
3:6:('user3', {'film12': 3, 'film8': 3, 'film7': 4, 'film1': 3, 'film14': 3, 'film9': 5, 'film13': 2})
0:0:('user4', {'film5': 5, 'film9': 5, 'film10': 1, 'film7': 1})
2:10:('user5', {'film7': 1, 'film14': 2, 'film8': 1})
3:10:('user6', {'film8': 5, 'film6': 5, 'film4': 2, 'film10': 4, 'film13': 1, 'film3': 4, 'film11': 4})
0:0:('user7', {'film12': 1, 'film9': 4, 'film2': 3, 'film10': 3, 'film5': 2})
2:13:('user8', {'film7': 5, 'film13': 4, 'film3': 3, 'film4': 4, 'film2': 3})
1:1:('user9', {'film2': 1, 'film12': 5, 'film9': 3, 'film11': 3, 'film14': 2})
==================current user==================
{'film13': 1, 'film14': 1, 'film8': 4, 'film3': 1}
=========most similar user and his films=========
user3:{'film12': 3, 'film8': 3, 'film7': 4, 'film1': 3, 'film14': 3, 'film9': 5, 'film13': 2}
================recommended film================
film9
```

图 5-4　电影推荐结果（1）

```
In [6]: runfile('F:/教学课件/Python程序设计实用教程/电影推荐.py', wdir='F:/教学课件/Python程序设计实用教程')
====================known data====================
1:16:('user0', {'film8': 4, 'film4': 1, 'film3': 3})
0:0:('user1', {'film12': 5, 'film8': 3})
0:0:('user2', {'film13': 5, 'film12': 2, 'film6': 4, 'film11': 2})
2:9:('user3', {'film10': 4, 'film8': 3, 'film9': 3, 'film6': 1})
1:0:('user4', {'film1': 1, 'film5': 1, 'film2': 3, 'film7': 1})
0:0:('user5', {'film6': 2, 'film1': 5, 'film5': 5})
1:4:('user6', {'film3': 1, 'film4': 3, 'film12': 4, 'film8': 2})
1:1:('user7', {'film5': 5, 'film11': 2, 'film3': 5, 'film7': 5, 'film10': 2})
3:5:('user8', {'film11': 1, 'film14': 2, 'film9': 2, 'film4': 3, 'film8': 5, 'film1': 2, 'film12': 5})
4:26:('user9', {'film14': 5, 'film4': 2, 'film8': 1, 'film9': 1, 'film11': 3, 'film10': 3, 'film7': 1})
==================current user==================
{'film9': 3, 'film2': 3, 'film14': 2, 'film4': 5, 'film10': 1}
=========most similar user and his films=========
user9:{'film14': 5, 'film4': 2, 'film8': 1, 'film9': 1, 'film11': 3, 'film10': 3, 'film7': 1}
================recommended film================
film11
```

图 5-5　电影推荐结果（2）

（6）与同学合作，找一些真实的数据替换程序中随机生成的模拟数据，然后重新运行程序并观察结果。

第6章

集　合

本章学习目标

- 理解集合元素无序、不重复的特点；
- 熟练掌握创建集合的不同形式；
- 理解并熟练掌握集合常见运算；
- 熟练掌握集合对象的常用方法；
- 熟练掌握集合对运算符和内置函数的支持；
- 能够使用集合解决实际问题。

6.1 基本概念

Python 语言中的集合是无序的、可变的容器类对象，所有元素放在一对大括号中，元素之间使用英文半角逗号分隔，同一个集合内的每个元素都是唯一的，不允许重复。

集合中只能包含数字、字符串、元组等不可变类型或可哈希的数据，不能包含列表、字典、集合等可变类型或不可哈希的数据，包含列表或其他可变类型数据的元组也不能作为集合的元素。

集合中的元素是无序的，元素存储顺序和添加顺序并不一致，先放入集合的元素不一定存储在前面。集合中的元素不存在“位置”或“索引”的概念，不支持使用下标直接访问指定位置上的元素，不支持使用切片访问其中的元素，也不支持使用 random 中的 choice() 和 choices() 函数从集合中随机选取元素，但支持使用 random 模块中的 sample() 函数随机选取不重复的部分元素。

6.2 集合创建与删除

除了把若干可哈希对象放在一对大括号内创建集合，也可以使用 set() 函数将列表、元组、字符串、range 对象等其他可迭代对象转换为集合，如果原来的数据中存在重复元素，在转换为集合的时候只保留一个，自动去除重复元素。如果原序列或可迭代对象中有可变类型的数据，无法转换成为集合，抛出 TypeError 异常并提示对象不可哈希。当不再使用某个集合时，可以使用 del 语句删除整个集合。下面的代码演示了创建集合的不同形式和方法。

```
data = {'red', 'green', 'blue'}
# 注意，{} 表示空字典，不能用来创建空集合
# 应使用 set() 创建空集合
data = set()
data = set(range(5))
# 把列表转换为集合，自动去除重复的元素
data = set([1, 2, 3, 4, 3, 5, 3])
print(data)
# 把字符串转换为集合，注意，不用在意集合中元素的顺序
data = set('Python')
print(data)
# 把 zip 对象转换为集合，集合中可以包含元组
data = set(zip('abcd', '1234'))
print(data)
```

运行结果为：

```
{1, 2, 3, 4, 5}
{'y', 'P', 'o', 'n', 't', 'h'}
{('d', '4'), ('a', '1'), ('b', '2'), ('c', '3')}
```

6.3 集合常用方法

Python 内置集合类 set 支持内置函数 len()、max()、min()、sum()、sorted()、map()、filter()、enumerate()、all()、any() 等内置函数和并集运算符“|”、交集运算符“&”、差集运算符“-”、对称差集运算符“^”、成员测试运算符“in”、同一性测试运算符“is”，不支持内置函数 reversed()，相关内置函数和运算符的介绍详见本书第 2 章。另外，set 类自身还提供了大量方法，如表 6-1 所示。

表 6-1　Python 内置集合类提供的方法

方法	功能简介
add(...)	往当前集合中增加一个可哈希元素，如果集合中已经存在该元素，直接忽略该操作，如果参数不可哈希，抛出 TypeError 异常并提示参数不可哈希。该方法没有返回值
clear()	删除当前集合对象中所有元素，没有返回值
copy()	返回当前集合对象的浅复制
difference(...)	接收一个或多个集合（或其他可迭代对象），返回当前集合对象与所有参数对象的差集，功能类似于差集运算符“-”
difference_update(...)	接收一个或多个集合（或其他可迭代对象），从当前集合中删除所有参数对象中的元素，对当前集合进行更新，该方法没有返回值，功能类似于运算符“-=”
discard(...)	接收一个可哈希对象作为参数，从当前集合中删除该元素，如果参数元素不在当前集合中则直接忽略该操作。该方法没有返回值
intersection(...)	接收一个或多个集合对象（或其他可迭代对象），返回当前集合与所有参数对象的交集，功能类似于交集运算符“&”
intersection_update(...)	接收一个或多个集合（或其他可迭代对象），使用当前集合与所有参数对象的交集更新当前集合对象，功能类似于运算符“&=”
isdisjoint(...)	接收一个集合（或其他可迭代对象），如果当前集合与参数对象的交集为空则返回 True
issubset(...)	接收一个集合（或其他可迭代对象），测试当前集合是否为参数对象的子集，是则返回 True，否则返回 False，等价于关系运算符“<=”
issuperset(...)	接收一个集合（或其他可迭代对象），测试当前集合是否为参数对象的超集，是则返回 True，否则返回 False，等价于关系运算符“>=”
pop()	不接收参数，删除并返回当前集合中的任意一个元素，如果当前集合为空则抛出 KeyError 异常
remove(...)	从当前集合中删除一个元素，如果参数指定的元素不在集合中，抛出 KeyError 异常
symmetric_difference(...)	接收一个集合（或其他可迭代对象），返回当前集合与参数对象的对称差集，等价于对称差集运算符“^”
symmetric_difference_update(...)	接收一个集合（或其他可迭代对象），使用当前集合与参数对象的对称差集更新当前集合，等价于运算符“^=”
union(...)	接收一个或多个集合（或其他可迭代对象），返回当前集合与所有参数对象的并集，功能类似于并集运算符“|”
update(...)	接收一个或多个集合（或其他可迭代对象），把参数对象中所有元素添加到当前集合对象中，没有返回值，功能类似于运算符“|=”

6.3.1 原地增加 / 删除集合元素

集合方法 add()、update() 可以用于向集合中添加新元素，difference_update()、intersection_update()、pop()、remove()、symmetric_difference_update()、clear() 可以用于删除集合中的元素，这些方法都是对集合对象原地进行修改。下面的代码演示了部分方法的用法。

```
data = {1, 2, 3, 4, 5}
# 集合中已存在，忽略该操作
data.add(5)
# 忽略已有的元素，增加新元素 6 和 7
data.update({3,4,5,6}, {1,2,7})
print(data)
data.difference_update({1}, {5})
print(data)
# pop() 方法有返回值
print(data.pop())
print(data)
# remove() 方法有可能引发异常，最好配合选择结构或异常处理结构
if 3 in data:
    data.remove(3)
print(data)
# discard() 不会抛出异常，可以直接使用
data.discard(7)
print(data)
data.intersection_update({3,4,5,6})
print(data)
data.clear()
print(data)
```

运行结果为：

```
{1, 2, 3, 4, 5, 6, 7}
{2, 3, 4, 6, 7}
2
{3, 4, 6, 7}
{4, 6, 7}
{4, 6}
{4, 6}
set()
```

6.3.2 计算交集 / 并集 / 差集 / 对称差集返回新集合

集合方法 difference()、intersection()、union() 分别用来返回当前集合与另外一个或多个集合（或其他可迭代对象）的差集、交集、并集，方法 symmetric_

difference()用来返回当前集合与另外一个集合（或其他可迭代对象）的对称差集。下面的代码演示了这几个方法的用法。

```
data = {1, 2, 3, 4, 5}
print(data.difference({1},(2,),map(int,'3')))
print(data.intersection({1,2,3},[3]))
print(data.union({0,1},(2,3),[4,5,6],range(5,9)))
print(data.symmetric_difference({3,4,5,6,7}))
print(data.symmetric_difference([3,4,5,6,7]))
print(data.symmetric_difference(range(3,8)))
```

运行结果为：

```
{4, 5}
{3}
{0, 1, 2, 3, 4, 5, 6, 7, 8}
{1, 2, 6, 7}
{1, 2, 6, 7}
{1, 2, 6, 7}
```

6.3.3 集合测试

集合方法 issubset()、issuperset()、isdisjoint() 分别用来测试当前集合是否为另一个集合的子集、是否为另一个集合的超集、是否与另一个集合不相邻（或交集是否为空）。下面的代码演示了这几个方法的用法。

```
print({3,4,5}.issubset({5,6,7}))
print({3,4,5}.issubset({3,4,5,6,7}))
print({3,4,5}.issubset({3,4,5}))
print({3,4,5}.issuperset({3,4,5}))
print({3,4,5,6}.issuperset({3,4,5}))
print({3,4,5}.isdisjoint({5,6,7}))
print({3,4,5}.isdisjoint({6,7}))
print({3,4,5}.isdisjoint(set()))
```

运行结果为：

```
False
True
True
True
True
False
True
True
```

6.4 综合例题解析

例 6-1 编写程序，求解买啤酒问题。一位酒商共有 5 桶葡萄酒和 1 桶啤酒，6 个桶的容量分别为 30 L、32 L、36 L、40 L 和 62 L，并且只卖整桶酒，不零卖。第一位顾客买走了 2 整桶葡萄酒，第二位顾客买走的葡萄酒是第一位顾客的 2 倍。计算有多少升啤酒。

解析： 逐个遍历每一桶并假设这个桶里是啤酒，从剩余几桶中任选两桶并假设是第一位顾客购买的葡萄酒的数量，如果这两桶葡萄酒恰好是剩余几桶总容量的三分之一，说明本次假设的啤酒是正确的。

```
from itertools import combinations

buckets = {30, 32, 36, 38, 40, 62}
for beer in buckets:
    rest = buckets-{beer}
    # 第一个人买的两桶葡萄酒，所有可能的组合
    for wine in combinations(rest, 2):
        # 剩下的葡萄酒是第一个人购买的 2 倍
        if sum(rest) == 3*sum(wine):
            # 一种可能的解
            print(beer)
```

例 6-1 讲解

例 6-1 代码运行演示

运行结果为：

```
40
```

例 6-2 编写程序，输入包含任意数据的列表，检查列表中数据的重复情况。如果列表内所有元素都是一样的，输出“完全重复”；如果列表内所有元素都互相不一样，输出“完全不重复”；否则输出“部分重复”。

解析： 利用集合能够自动去除重复的特点，把列表转换为集合，然后比较列表和集合的长度。如果二者相等，表示原列表中的数据无重复；如果转换为集合后只有一个元素，表示原列表中的数据是完全重复的；如果转换为集合后数据数量减少但没有减少为 1，说明原列表中的数据有一部分是重复的。

```
data = eval(input('请输入一个包含任意内容的列表：'))
if isinstance(data, list):
    len_data = len(data)
    len_set = len(set(data))
    if len_set == 1:
        print('完全重复')
    elif len_set == len_data:
        print('完全不重复')
    else:
        print('部分重复')
```

```
else:
    print('输入的不是列表')
```

第一次运行结果为：

```
请输入一个包含任意内容的列表：(1,2,3)
输入的不是列表
```

第二次运行结果为：

```
请输入一个包含任意内容的列表：[1,2,3]
完全不重复
```

第三次运行结果为：

```
请输入一个包含任意内容的列表：[1,1,2]
部分重复
```

第四次运行结果：

```
请输入一个包含任意内容的列表：[1,1,1]
完全重复
```

本章知识要点

（1）Python 集合是无序的、可变的容器类对象。

（2）集合中只能包含数字、字符串、元组等不可变类型的数据，不能包含列表、字典、集合等可变类型的数据，包含列表等可变类型数据的元组也不能作为集合的元素。

（3）除了把若干可哈希对象放在一对大括号内创建集合，也可以使用 set() 函数将列表、元组、字符串、range 对象等其他可迭代对象转换为集合，如果原来的数据中存在重复元素，在转换为集合的时候只保留一个，自动去除重复元素。

（4）集合方法 add()、update() 可以用于向集合中添加新元素，difference_update()、intersection_update()、pop()、remove()、symmetric_difference_update()、clear() 可以用于删除集合中的元素，这些方法都是对集合对象原地进行修改。

（5）集合方法 difference()、intersection()、union() 分别用来返回当前集合与另外一个或多个集合（或其他可迭代对象）的差集、交集、并集，方法 symmetric_difference() 用来返回当前集合与另外一个集合（或其他可迭代对象）的对称差集。

（6）集合方法 issubset()、issuperset()、isdisjoint() 分别用来测试当前集合是否为另一个集合的子集、是否为另一个集合的超集、是否与另一个集合不相邻。

习　题

1. 判断题：集合中的元素是无序的，先放进去的元素不一定存储在前面。 （ ）

2. 判断题：集合中的每个元素都是唯一的，同一个集合中的元素不会重复。（ ）

3. 判断题：集合中的元素都必须是可哈希的。（ ）

4. 判断题：列表可以作为集合中的元素。（ ）

5. 判断题：集合不支持下标，无法直接访问某个位置上的元素，但集合支持切片，可以访问集合中的一部分元素。（ ）

6. 判断题：在把列表、元组或其他容器类对象转换为集合时，会自动去除重复的元素。（ ）

7. 判断题：一对空的大括号 {} 既可以表示空字典也可以表示空集合。（ ）

8. 判断题：在使用 add() 方法往集合中增加新元素时，如果元素已经存在于当前集合中，add() 方法会抛出异常。（ ）

9. 判断题：在使用 remove() 方法从集合中删除元素时，如果要删除的元素不存在，remove() 方法会抛出异常。（ ）

10. 编程题：设计一个字典里嵌套集合的数据结构，形式为 { 用户名 1:{ 电影名 1, 电影名 2,...}, 用户名 2:{ 电影名 3,...},...}，表示若干用户分别喜欢看的电影名称。往设计好的数据结构中输入一些数据，然后计算并输出爱好最相似的两个人，也就是共同喜欢的电影数量最多的两个人。

实验项目 4：蒙蒂·霍尔悖论游戏

实验内容

假设你正参加一个有奖游戏节目，面前有 3 道门（编号分别为 0、1、2），其中一个门的后面是汽车，另外两个门的后面是山羊。你选择一个门，比如说 1 号门，主持人当然知道每个门后面是什么并且打开了另一个门（他知道这个门后面是山羊并且故意打开这一个门），比如说 2 号门。然后主持人问你“你想改选 0 号门吗？”你可以根据自己的判断来决定坚持原来的选择还是改选剩下的一个门作为最终的选择，如果最终选择的门后面是山羊，你就输了，否则就是主持人输了。这就是著名的蒙蒂·霍尔悖论游戏。

编写程序，模拟这个游戏，由计算机完成主持人的工作，玩家通过键盘输入来参与这个游戏。

实验目的

（1）熟练掌握函数的定义与使用；

（2）熟练掌握标准库 random 中 randrange() 函数的使用；

（3）熟练掌握字典的常用方法；

（4）了解字典的 keys() 方法返回值可以与集合参与运算；

（5）熟练掌握选择结构、循环结构、异常处理结构的用法；

（6）理解关键字 assert 的作用及工作原理；

（7）熟练掌握 while 循环结合异常处理结构对用户输入进行约束的用法；

（8）熟练掌握使用“键”作为下标访问字典元素值的语法。

实验步骤

（1）下载并安装 Python 开发环境，下面的步骤在 Spyder 中完成，其他开发环境根据实际情况稍作调整。

（2）在项目“Python 程序设计实用教程”中创建程序文件“蒙蒂霍尔悖论.py”，完成后效果如图 6-1 所示。

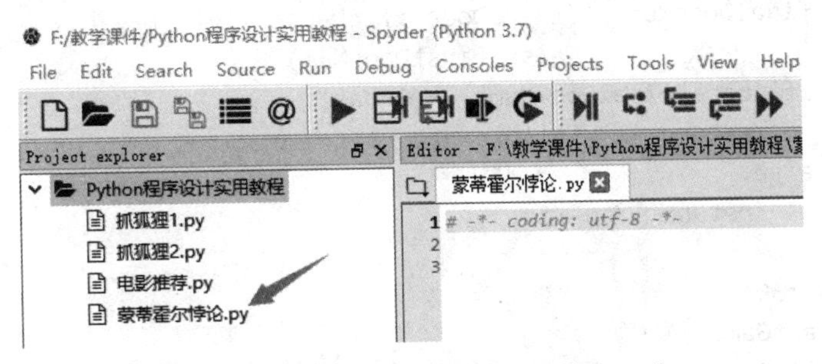

图 6-1　创建程序文件“蒙蒂霍尔悖论.py”

（3）分析问题和题目要求，确定使用字典来存储和表示数据，字典中每个元素对应一个门，使用字典的“键”表示门的编号，使用字典的“值”表示门后的物品（山羊或汽车）。确定好数据结构之后可以参考前面的实验简单画一个程序流程图来帮助理顺自己的思路，方便后面代码的编写。

（4）在文件“蒙蒂霍尔悖论.py”中编写下面的代码，完成要求的功能。

```
from random import randrange

def init():
    '''返回一个字典，键为 3 个门号，值为门后面的物品'''
    result = {i: 'goat' for i in range(3)}
    r = randrange(3)
    # 在某个随机的门后面放一辆汽车，其他两个门后面仍然是山羊
    result[r] = 'car'
    return result

def startGame():
    # 获取本次游戏中每个门的情况
    doors = init()
    # 获取玩家选择的门号
    while True:
        try:
            firstDoorNum = int(input('Choose a door to open:'))
            assert 0 <= firstDoorNum <= 2
            break
        except:
            print('Door number must be between 0 and 2')

    # 主持人查看另外两个门后的物品情况
    # 字典的 keys() 方法返回结果可以当作集合使用，支持使用减法计算差集
```

```
    for door in doors.keys()-{firstDoorNum}:
        # 打开其中一个后面为山羊的门
        if doors[door] == 'goat':
            print('"goat" behind the door', door)
            # 获取第三个门号，让玩家纠结
            thirdDoor = (doors.keys()-{door,firstDoorNum}).pop()
            change = input(f'Switch to {thirdDoor}?(y/n)')
            finalDoorNum = (thirdDoor if change=='y'
                            else firstDoorNum)
            if doors[finalDoorNum] == 'goat':
                return 'I Win!'
            else:
                return 'You Win.'
while True:
    print('='*30)
    print(startGame())
    r = input('Do you want to try once more?(y/n)')
    if r == 'n':
        break
```

（5）保存文件，运行程序，运行结果如图 6-2 所示。

```
In [9]: runfile('F:/教学课件/Python程序设计实用教程/蒙蒂霍尔悖论.py',
wdir='F:/教学课件/Python程序设计实用教程')
==============================

Choose a door to open:1
"goat" behind the door 2

Switch to 0?(y/n)n
I Win!

Do you want to try once more?(y/n)y
==============================

Choose a door to open:1
"goat" behind the door 2

Switch to 0?(y/n)y
You Win.

Do you want to try once more?(y/n)y
==============================

Choose a door to open:2
"goat" behind the door 0

Switch to 1?(y/n)y
I Win!

Do you want to try once more?(y/n)y
==============================

Choose a door to open:0
"goat" behind the door 1

Switch to 2?(y/n)y
I Win!

Do you want to try once more?(y/n)n
```

图 6-2　蒙蒂霍尔悖论游戏运行结果

（6）尝试修改一下游戏代码，改为 4 个门，重新运行并观察运行结果。

第 7 章

字符串、正则表达式、文本处理

本章学习目标

- ➢ 了解字符串不同编码格式的区别；
- ➢ 熟练掌握字符串编码方法 encode() 与字节串解码方法 decode() 的使用；
- ➢ 熟练掌握字符串格式化方法与格式化字符串字面值的使用；
- ➢ 熟练掌握字符串方法 split()、join() 的使用；
- ➢ 熟练掌握字符串方法 strip()、lstrip()、rstrip() 的使用；
- ➢ 熟练掌握字符串方法 startswith()、endswith() 的使用；
- ➢ 熟练掌握字符串方法 replace()、maketrans()、translate() 的使用；
- ➢ 熟练掌握字符串方法 ljust()、rjust()、center() 的使用；
- ➢ 熟练掌握字符串方法 lower()、upper() 的使用；
- ➢ 了解标准库 string、zlib、json、textwrap 的基本用法；
- ➢ 了解正则表达式的基本语法和工作原理；
- ➢ 了解正则表达式 re 中常用函数的用法；
- ➢ 了解扩展库 jieba、pypinyin 的基本用法；
- ➢ 了解繁体中文与简体中文互相转换的原理和使用。

7.1 字符串方法及应用

字符串、转义字符与原始字符串的基本概念在 2.1.3 节已经介绍过了，不再赘述。运算符、内置函数以及切片对字符串的操作请结合第 2 章和第 4 章进行理解，本节重点介绍字符串自身提供的方法以及部分标准库函数和扩展库函数对字符串的处理和操作。

7.1.1 字符串常用方法清单

Python 内置类型 str 实现了字符串及其操作，str 类常用方法如表 7-1 所示，表格中的“当前字符串”指调用该方法的字符串对象。在表中没有列出以双下划线开始并以双下划线结束的特殊方法，那些方法主要用来实现字符串对某些运算符或内置函数的支持，一般不直接调用。例如，__add__() 方法使得字符串支持加法运算符，__contains__() 方法使得字符串支持成员测试运算符“in”，__eq__() 方法使得字符串支持关系运算符“==”，__ge__() 方法使得字符串支持关系运算符“>=”，__gt__() 方法使得字符串支持关系运算符“>”，__getitem__() 方法使得字符串支持使用下标访问指定位置上的字符，__mul__() 方法使得字符串支持与整数相乘，这里不一一列举这些特殊方法了，请参考本书第 2 章关于内置函数和运算符的描述。

本节给出字符串对象的全部方法及其功能简介，后面几节详细介绍其中比较常用的一部分。

表 7-1 Python 字符串类 str 的方法

方法	功能简介
capitalize()	返回首字母大写（如果是字母）、其余字母全部小写的新字符串，不影响原字符串
casefold()	返回原字符串所有字符都变为小写的字符串，比 lower() 功能强大一些。例如，'ß'.casefold() 的结果为 'ss'，而 'ß'.lower() 的结果仍为 'ß'
center(width, fillchar=' ', /) ljust(width, fillchar=' ', /) rjust(width, fillchar=' ', /)	返回指定长度的新字符串，当前字符串所有字符在新字符串中居中 / 居左 / 居右，如果指定的新字符串长度大于当前字符串长度就在两侧 / 右侧 / 左侧使用参数 fillchar 指定的字符进行填充
count(sub[, start[, end]])	返回子串 sub 在当前字符串下标范围 [start,end) 内出现的次数
encode(encoding='utf-8', errors='strict')	返回当前字符串使用参数 encoding 指定的编码格式编码后的字节串
endswith(suffix[, start[, end]]) startswith(prefix[, start[, end]])	如果当前字符串下标范围 [start,end) 的子串以某个字符串 suffix/prefix 或元组 suffix/prefix 指定的几个字符串之一结束 / 开始则返回 True，否则返回 False
expandtabs(tabsize=8)	返回当前字符串中所有 Tab 键都替换为指定数量的空格之后的新字符串，不影响原字符串
find(sub[, start[, end]]) rfind(sub[, start[, end]])	返回子串 sub 在当前字符串下标范围 [start,end) 内出现的最小 / 最大下标位置，不存在时返回 -1

续表

方法	功能简介
format(*args, **kwargs) format_map(mapping)	返回对当前字符串进行格式化后的新字符串，其中 args 表示位置参数，kwargs 表示关键参数；mapping 一般为字典形式的参数，例如 '{a},{b}'.format_map({'a':3,'b':5})
index(sub[, start[, end]]) rindex(sub[, start[, end]])	返回子串 sub 在当前字符串下标范围 [start,end) 内出现的最小 / 最大下标位置，不存在时抛出 ValueError 异常
isalnum()、isalpha()、isascii()、isprintable()、islower()、isupper()、isspace()、isnumeric()、isdecimal()、isdigit()	测试当前字符串（要求至少包含一个字符）是否所有字符都是字母或数字、字母、ASCII 字符、可打印字符、小写字母、大写字母、空白字符（包括空格、换行符、制表符）、数字字符，是则返回 True，否则返回 False
isidentifier()	如果当前字符串可以作为标识符（变量名、函数名、类名）则返回 True，否则返回 False
istitle()	如果当前字符串中每个单词（一段连续的英文字母）的第一个字母为大写而其他字母都为小写则返回 True，否则返回 False。例如，'3Ab1324Cd' 和 '3Ab Cd' 都符合这样的要求
join(iterable, /)	使用当前字符串作为连接符把参数 iterable 中的所有字符串连接成为一个长字符串并返回连接之后的长字符串
lower() upper()	返回当前字符串中所有字符都变为小写 / 大写之后的新字符串
lstrip(chars=None, /) rstrip(chars=None, /) strip(chars=None, /)	返回当前字符串删除左侧 / 右侧 / 两侧的空白字符或参数 chars 中所有字符之后的新字符串
maketrans(...)	根据参数给定的字典或者两个等长字符串对应位置的字符构造并返回字符映射表（形式上是字典），如果指定了第三个参数（必须为字符串），则该参数中所有字符都被映射为空值 None
partition(sep, /) rpartition(sep, /)	在当前字符串中从左向右 / 从右向左查找参数字符串 sep 的第一次出现，然后把当前字符串切分为 3 部分并返回包含这 3 部分的元组（原字符串中 sep 前的子串 ,sep, 原字符串中 sep 后面的子串）。如果当前字符串中没有子串 sep，返回包含当前字符串和 2 个空串的元组
replace(old, new, count=-1, /)	返回当前字符串中所有子串 old 都被替换为子串 new 之后的新字符串，参数 count 用来指定最大替换次数，-1 表示全部替换
rsplit(sep=None, maxsplit=-1) split(sep=None, maxsplit=-1)	使用参数 sep 指定的字符串对当前字符串从后向前 / 从前向后进行切分，返回包含切分后所有子串的列表。参数 sep=None 时表示使用所有空白字符作为分隔符并丢弃切分结果中的所有空字符串，参数 maxsplit 表示最大切分次数，-1 表示没有限制

续表

方法	功能简介
splitlines(keepends=False)	使用换行符作为分隔符把当前字符串切分为多行并返回包含每行字符串的列表，参数 keepends=True 时得到的每行字符串最后包含换行符，默认情况下不包含换行符
swapcase()	返回当前字符串大小写交换（也就是大写字母变为小写字母，小写字母变为大写字母）之后的新字符串
title()	返回当前字符串中每个单词都变为首字母大写而其他字母都小写的新字符串。例如，'1abc234de5f ghi'.title() 的结果为 '1Abc234De5F Ghi'
translate(table, /)	根据参数 table 指定的映射表对当前字符串中的字符进行替换并返回替换后的新字符串，不影响原字符串，参数 table 一般为字符串方法 maketrans() 创建的映射表，其中映射为空值 None 的字符将会被删除而不出现在新字符串中
zfill(width, /)	功能相当于参数 fillchar 为字符 '0' 的 rjust() 方法

7.1.2 字符串编码与解码

在计算机内部，文本、图像、音视频等所有形式的数据最终都以二进制形式进行存储和表示，每种类型的数据与对应的二进制数据之间的互相转换都必须有严格的规范。

字符串编码格式用来确定如何把字符串转换为二进制数据进行存储，以及如何把二进制数据还原为字符串。最早的字符串编码是美国标准信息交换码 ASCII，采用 1 个字节进行编码，表示能力非常有限，仅对 10 个数字、26 个大写英文字母、26 个小写英文字母及一些其他符号进行了编码。在 ASCII 码表中，数字字符是连续编码的，字符 0 的 ASCII 码是 48，字符 1 的 ASCII 是 49，以此类推。大写字母也是连续编码的，大写字母 A 的 ASCII 码是 65，大写字母 B 的 ASCII 码是 66，以此类推。小写字母也是连续编码的，小写字母 a 的 ASCII 码是 97，小写字母 b 的 ASCII 码是 98，以此类推。

GB 2312 是我国制定的编码规范，使用 1 个字节兼容 ASCII 码，使用 2 个字节表示中文。GBK 是 GB 2312 的扩充，而 CP936 是微软在 GBK 基础上开发的编码方式。GB 2312、GBK 和 CP936 都是使用 2 个字节表示中文，一般不对这三种编码格式进行区分。

UTF-8 对全世界所有国家的文字符进行了编码，使用 1 个字节兼容 ASCII 码，使用 3 个字节表示常用汉字。

GB 2312、GBK、CP936、UTF-8 对 ASCII 字符的处理方式是一样的，同一串 ASCII 字符使用这几种编码方式编码得到的字节串是一样的。

对于中文字符，不同编码格式之间的实现细节相差很大，同一个中文字符串使用不同编码格式得到的字节串是完全不一样的。在理解字节串内容时必须清楚使用的编码规则并进行正确的解码，如果解码方法不正确就无法还原信息，代码抛出 UnicodeDecodeError 异常。同样的中文字符串存入使用不同编码格式的文本文件时，实际写入的二进制串可能会不同，

但这并不影响我们使用，绝大部分文本编辑器都能自动识别和处理。

字符串方法 encode() 使用指定的编码格式把字符串编码为字节串，默认使用 UTF-8 编码格式。与之对应，字节串方法 decode() 使用指定的编码格式把字节串解码为字符串，默认使用 UTF-8 编码格式。由于不同编码格式的规则不一样，使用一种编码格式编码得到的字节串一般无法使用另一种编码格式进行正确解码。下面的代码演示了字符串方法 encode() 和字节串方法 decode() 的用法。

```
book_name = '《Python 程序设计（第 3 版）》，董付国编著'
print(book_name.encode())
print(book_name.encode('gbk'))
print(book_name.encode().decode())
print(book_name.encode('gbk').decode('gbk'))
```

运行结果如下，很明显可以看出，同一个中文字符串使用 GBK 编码得到的字节串比 UTF-8 编码得到的字节串短很多，这在网络传输时会节约带宽，存储为二进制文件时也会占用更少的存储空间。

```
b'\xe3\x80\x8aPython\xe7\xa8\x8b\xe5\xba\x8f\xe8\xae\xbe\xe8\xae\xa1\xef\xbc\x88\xe7\xac\xac3\xe7\x89\x88\xef\xbc\x89\xe3\x80\x8b\xef\xbc\x8c\xe8\x91\xa3\xe4\xbb\x98\xe5\x9b\xbd\xe7\xbc\x96\xe8\x91\x97'
b'\xa1\xb6Python\xb3\xcc\xd0\xf2\xc9\xe8\xbc\xc6\xa3\xa8\xb5\xda3\xb0\xe6\xa3\xa9\xa1\xb7\xa3\xac\xb6\xad\xb8\xb6\xb9\xfa\xb1\xe0\xd6\xf8'
《Python 程序设计（第 3 版）》，董付国编著
《Python 程序设计（第 3 版）》，董付国编著
```

7.1.3　字符串格式化

在 Python 目前的主流版本中，主要支持三种字符串格式化的语法：运算符“%”、format() 方法和格式化字符串字面值（简称 f-字符串），本节将逐一进行介绍。

1）运算符“%”

运算符“%”除了计算余数之外，还可以进行字符串格式化，不过这种用法已经很少用了。该运算符用于字符串格式化时的语法如图 7-1 所示，如果需要同时对多个值进行格式化，应把这些值放到元组中，也就是图中最后的 x。

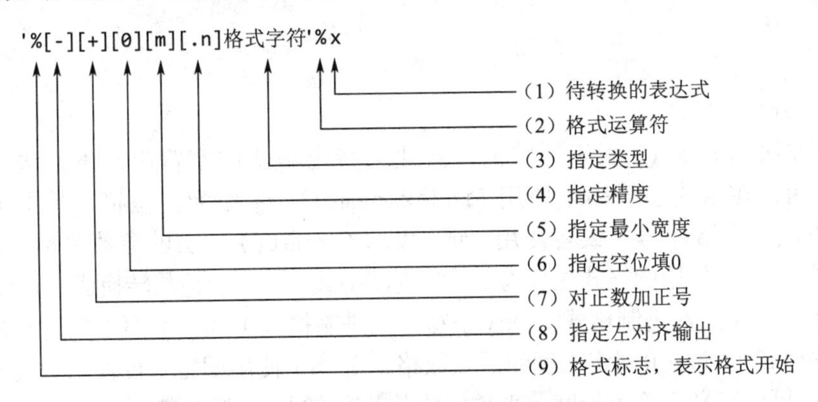

图 7-1　字符串格式化运算符“%”的语法

其中常用的格式字符如表 7-2 所示。

表 7-2　常用格式字符

格式字符	简要说明
%s	字符串（等价于内置函数 str()）
%r	字符串（等价于内置函数 repr()）
%c	单个字符
%d	十进制整数
%i	十进制整数
%o	八进制整数
%x	十六进制整数
%e	指数（基底写为 e）
%E	指数（基底写为 E）
%f、%F	浮点数
%g	指数 (e) 或浮点数（根据显示长度）
%G	指数 (E) 或浮点数（根据显示长度）
%%	一个字符 %

下面的代码演示了这个运算符的用法。

```
print('%d,%c,%#o,%#x'%(33891,33891,33891,33891))
print('%d,%c,%o,%x'%(33891,33891,33891,33891))        # 注意和上一行输出结果的区别
print('%e'%99999)
print('%g'%999999999999)
```

运行结果为：

```
33891, 董 ,0o102143,0x8463
33891, 董 ,102143,8463
9.999900e+04
1e+12
```

2）format() 方法

字符串方法 format() 用于把数据格式化为特定格式的字符串，该方法通过格式字符串进行调用，在格式字符串中使用 {index/name:fmt} 作为占位符，其中 index 表示 format() 方法的参数序号，或者使用 name 表示 format() 方法的参数名称，fmt 表示格式以及相应的修饰。常用的格式主要有 b（二进制格式）、c（把整数转换成 Unicode 字符）、d（十进制格式）、o（八进制格式）、x（小写十六进制格式）、X（大写十六进制格式）、e/E（科学计数法格式）、f/F（固定长度的浮点数格式）、%（使用固定长度浮点数显示百分数），除此之外，还可以定义字符串长度、小数位数及对齐方式。

Python 3.6.x 之后的版本支持在数字常量的中间位置使用单个下划线作为分隔符来提高可读性，相应的，字符串格式化方法 format() 也提供了对下划线的支持。

```
# 0 表示 format() 方法的参数下标，对应于第一个参数
# .4f 表示格式化为实数，保留 4 位小数
print('{0:.4f}'.format(10/3))
print('{0:.2%}'.format(1/3))
# 格式化为百分数字符串，总宽度为 10，保留 2 位小数
# < 表示左对齐，^ 表示居中，> 表示右对齐
print('{0:<10.2%},{0:^10.2%},{0:>10.2%}'.format(1/3))
# 逗号表示在数字字符串中插入逗号作为千分符，#x 表示格式化为十六进制数
print('{0:,} in hex is:{0:#x}, in oct is:{0:#o}'.format(66666))
# 可以先格式化下标为 1 的参数，再格式化下标为 0 的参数
# 格式 o 表示八进制数，但不带前面的引导符 0o
# 格式 #x 表示格式化为十六进制，并且以 0x 开始
print('{1} in hex is:{1:#x},{0} in oct is:{0:o}'.format(6666, 66666))
# _ 表示在数字中插入下划线作为千分符
print('{0:_},{0:#_x}'.format(10000000))
print('{name},{age}'.format(name='Zhang San', age=40))
```

运行结果为：

```
3.3333
33.33%
33.33%    ,  33.33%  ,     33.33%
66,666 in hex is:0x1046a, in oct is:0o202152
66666 in hex is:0x1046a,6666 in oct is:15012
10_000_000,0x98_9680
Zhang San,40
```

3）格式化字符串字面值

从 Python 3.6.x 开始支持一种新的字符串格式化方式，官方叫作 Formatted String Literals，简称 f-字符串，其含义与字符串对象的 format() 方法类似，但形式更加简洁。其中大括号里面的变量名表示占位符，在进行格式化时，使用前面定义的同名变量的值对格式化字符串中的占位符进行替换。如果当前作用域中没有该变量的定义，代码会抛出异常。

```
width = 8
height = 6
print(f'Rectangle of {width}*{height}\nArea:{width*height}')
# 下面的用法只有 Python 3.8 以上版本才支持，低版本需要删除大括号中的等于号
print(f'{width=},{height=},Area={width*height}')
print(f'{width/height=:<10.3f},')
print(f'{width**height=:#o}')
print(f'{width**height=:#x}')
```

运行结果为：

```
Rectangle of 8*6
Area:48
```

```
width=8,height=6,Area=48
width/height=1.333     ,
width**height=0o1000000
width**height=0x40000
```

7.1.4 find()、rfind()、index()、rindex()

7.1.4 讲解

字符串方法 find() 和 rfind() 分别用来查找另一个字符串在当前字符串中首次和最后一次出现的位置，如果不存在则返回 -1。index() 和 rindex() 方法用来返回另一个字符串在当前字符串中首次和最后一次出现的位置，如果不存在则抛出异常，最好结合选择结构或异常处理结构使用这两个方法。下面的代码演示了这一组方法的用法。

```
text = '''
Beautiful is better than ugly.
Explicit is better than implicit.
Simple is better than complex.
Complex is better than complicated.
Flat is better than nested.
Sparse is better than dense.
Readability counts.'''
# 这种赋值运算符 := 只有 Python 3.8 以上版本才支持
if (position:=text.find('ugly')) != -1:
    print(position)
else:
    print('不存在')
# 从下标 30 往后查找
if (position:=text.find('ugly',30)) != -1:
    print(position)
else:
    print('不存在')
if (position:=text.find('better')) != -1:
    print(f'第一次出现位置：{position}')
else:
    print('不存在')
if (position:=text.rfind('better')) != -1:
    print(f'最后一次出现位置：{position}')
else:
    print('不存在')
sub = 'ugly'
if sub in text:
    print(text.index(sub))
else:
    print('不存在')
try:
    print(text.index(sub, 30))
```

```
except:
    print('不存在')
```

运行结果为:

```
26
不存在
第一次出现位置: 14
最后一次出现位置: 171
26
不存在
```

7.1.5　split()、rsplit()、splitlines()、join()

字符串对象的 split() 和 rsplit() 方法以指定的字符串为分隔符，分别从左往右和从右往左把字符串分隔成多个字符串，返回包含分隔结果的列表。如果不指定分隔符，那么字符串中的任何空白符号（包括空格、换行符、制表符等）的连续出现都将被认为是分隔符，返回包含最终分隔结果的列表，并自动丢弃列表中的空字符串。但是，明确传递参数指定 split() 使用的分隔符时，不会丢弃分隔结果列表中的空字符串。

字符串对象的 splitlines() 使用换行符作为分隔符把当前字符串切分为多行并返回包含每行字符串的列表，参数 keepends=True 时得到的每行字符串最后包含换行符，默认情况下不包含换行符。

字符串对象的 join() 方法以调用该方法的当前字符串作为连接符将只包含字符串的可迭代对象中所有字符串进行连接并返回连接后的新字符串。

下面的代码演示了这几个方法的用法。

```
text = '''Beautiful is better than ugly.
   red \t\t green    blue
one,two,,three,,,four,,,,'''
lines = text.splitlines()
print(lines[0].split())
print(lines[1].split())
print(lines[1].split(' '))
print(lines[2].split(','))
print(','.join(lines[1].split()))
print(':'.join(lines[1].split()))
print(eval('*'.join(map(str, range(1,8)))))
```

7.1.5 讲解

运行结果为:

```
['Beautiful', 'is', 'better', 'than', 'ugly.']
['red', 'green', 'blue']
['', '', '', 'red', '\t\t', 'green', '', '', '', 'blue']
['one', 'two', '', 'three', '', '', 'four', '', '', '', '']
red,green,blue
red:green:blue
5040
```

7.1.6 replace()、maketrans()、translate()

字符串对象的 replace() 方法用来把当前字符串中子串 old 替换为另一个字符串 new 并返回替换后的新字符串，如果不指定替换次数 count 则全部替换，如果指定参数 count 的值则只把前 count 个子串 old 替换为 new。在替换时，replace() 方法把参数 old 和 new 指定的字符串分别作为整体进行替换。

字符串对象的 maketrans() 方法根据参数给定的字典或者两个等长字符串对应位置的字符构造并返回字符映射表（形式上是字典），如果指定了第三个参数（必须为字符串）则该参数中所有字符都被映射为空值 None。

字符串对象的 translate() 方法根据参数 table 指定的映射表对当前字符串中的字符进行替换并返回替换后的新字符串，不影响原字符串，参数 table 一般为字符串方法 maketrans() 创建的映射表,其中映射为空值 None 的字符将会被删除而不出现在新字符串中。

下面的代码演示了这几个方法的用法。

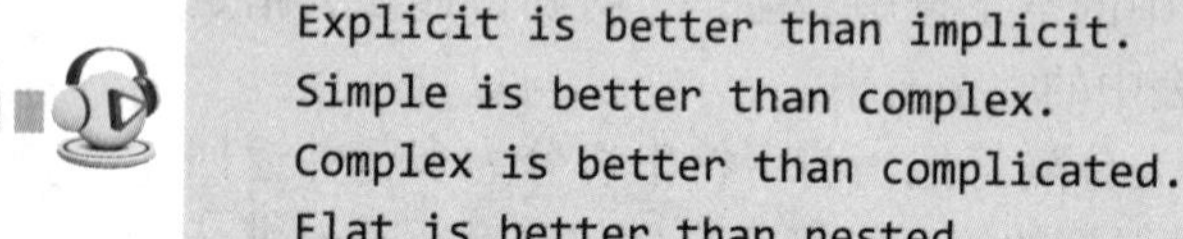

```
text = '''Beautiful is better than ugly.
Explicit is better than implicit.
Simple is better than complex.
Complex is better than complicated.
Flat is better than nested.
Sparse is better than dense.
Readability counts.'''
print(text.replace('better', 'BETTER'), end='\n===\n')
print(text.replace('better', 'BETTER', 3), end='\n===\n')
table = str.maketrans('Python', '@#$%&*')
print(f'{table=}')
print(text.translate(table), end='\n===\n')
table = str.maketrans('Python', '@#$%&*', 'abcd')
print(f'{table=}')
print(text.translate(table))
```

7.1.6 讲解

运行结果为：

```
Beautiful is BETTER than ugly.
Explicit is BETTER than implicit.
Simple is BETTER than complex.
Complex is BETTER than complicated.
Flat is BETTER than nested.
Sparse is BETTER than dense.
Readability counts.
===
Beautiful is BETTER than ugly.
Explicit is BETTER than implicit.
Simple is BETTER than complex.
Complex is better than complicated.
Flat is better than nested.
```

```
Sparse is better than dense.
Readability counts.
===
table={80: 64, 121: 35, 116: 36, 104: 37, 111: 38, 110: 42}
Beau$iful is be$$er $%a* ugl#.
Explici$ is be$$er $%a* implici$.
Simple is be$$er $%a* c&mplex.
C&mplex is be$$er $%a* c&mplica$ed.
Fla$ is be$$er $%a* *es$ed.
Sparse is be$$er $%a* de*se.
Readabili$# c&u*$s.
===
table={80: 64, 121: 35, 116: 36, 104: 37, 111: 38, 110: 42, 97: None, 98: None,
99: None, 100: None}
Beu$iful is e$$er $%* ugl#.
Explii$ is e$$er $%* implii$.
Simple is e$$er $%* &mplex.
C&mplex is e$$er $%* &mpli$e.
Fl$ is e$$er $%* *es$e.
Sprse is e$$er $%* e*se.
Reili$# &u*$s.
```

7.1.7　center()、ljust()、rjust()

这几个方法用于对字符串进行排版，返回指定宽度的新字符串，原字符串分别居中、居左或居右出现在新字符串中，如果指定的宽度大于原字符串长度，使用指定的字符（默认是空格）进行填充。

例 7-1　编写程序，输出九九乘法表，要求每列左侧垂直对齐。

解析：在九九乘法表中，由于乘积有的是 1 位数字有的是 2 位数字，如果直接输出会对不齐影响美观。代码中使用字符串方法 ljust() 把每个乘法表达式都统一成 7 个字符宽度的居左字符串，避免了这个问题。

```
for i in range(1,10):
    for j in range(1,i+1):
        print(f'{i}*{j}={i*j}'.ljust(7), end='')
    print()
```

运行结果如图 7-2 所示。

```
1*1=1
2*1=2  2*2=4
3*1=3  3*2=6  3*3=9
4*1=4  4*2=8  4*3=12 4*4=16
5*1=5  5*2=10 5*3=15 5*4=20 5*5=25
6*1=6  6*2=12 6*3=18 6*4=24 6*5=30 6*6=36
7*1=7  7*2=14 7*3=21 7*4=28 7*5=35 7*6=42 7*7=49
8*1=8  8*2=16 8*3=24 8*4=32 8*5=40 8*6=48 8*7=56 8*8=64
9*1=9  9*2=18 9*3=27 9*4=36 9*5=45 9*6=54 9*7=63 9*8=72 9*9=81
```

图 7-2　九九乘法表

7.1.8 字符串测试

字符串方法 startswith() 和 endswith() 用来测试字符串是否以指定的字符串开始或结束。如果当前字符串下标范围 [start,end) 的子串以某个字符串或几个字符串之一开始 / 结束则返回 True，否则返回 False。

字符串方法 isidentifier() 用来测试一个字符串是否可以作为标识符，如果当前字符串可以作为标识符（变量名、函数名、类名）则返回 True，否则返回 False。

字 符 串 方 法 isalnum()、isalpha()、islower()、isupper()、isspace()、isdigit() 用来测试字符串的类型，如果当前字符串（要求至少包含一个字符）中所有字符都是字母或数字、字母、小写字母、大写字母、空白字符（包括空格、换行符、制表符）、数字字符，如果是则返回 True，否则返回 False。

下面的代码演示了这几个方法的用法，其中标准库 os 中的函数 listdir() 返回包含指定文件夹（默认为当前文件夹）中所有文件和子文件夹名字的列表，标准库 keyword 中的函数 iskeyword() 用来测试一个字符串是否为 Python 关键字。

```
from os import listdir
from keyword import iskeyword

print(f"{'3name'.isidentifier()=}")
print(f"{'name3'.isidentifier()=}")
print(f"{(not iskeyword('def') and 'def'.isidentifier())=}")
print(f"{'123abc'.islower()=}")
print(f"{'123ABC'.isupper()=}")
print(f"{''.islower()=}")
print(f"{''.isupper()=}")
for fn in listdir(r'C:\windows'):
    if fn.startswith('r') and fn.endswith(('.txt','.exe')):
        print(fn)
```

运行结果为：

```
'3name'.isidentifier()=False
'name3'.isidentifier()=True
(not iskeyword('def') and 'def'.isidentifier())=False
'123abc'.islower()=True
'123ABC'.isupper()=True
''.islower()=False
''.isupper()=False
regedit.exe
```

7.1.9 strip()、rstrip()、lstrip()

这几个方法分别用来删除当前字符串两端、右端或左端的连续空白字符或指定字符串中的所有字符，一层一层地从外往里扒。下面的代码演示了这一组方法的用法。

```
print('  Beautiful is BETTER than ugly.   '.strip()+'!')
print('  Beautiful is BETTER than ugly.   '.rstrip()+'!')
print('  Beautiful is BETTER than ugly.   '.lstrip()+'!')
print('  Beautiful is BETTER than ugly.   '.strip(' B.guyl')+'!')
print('  Beautiful is BETTER than ugly.   '.lstrip(' B.guyl')+'!')
print('  Beautiful is BETTER than ugly.   '.rstrip(' B.guyl')+'!')
```

运行结果为：

```
Beautiful is BETTER than ugly.!
  Beautiful is BETTER than ugly.!
Beautiful is BETTER than ugly.   !
eautiful is BETTER than!
eautiful is BETTER than ugly.   !
  Beautiful is BETTER than!
```

7.2　部分标准库对字符串的处理

7.2.1　标准库 string

标准库 string 中提供了常用的一些字符串常量。例如，ascii_lowercase（包含所有小写英文字母的字符串 'abcdefghijklmnopqrstuvwxyz'）、ascii_uppercase（包含所有大写英文字母的字符串 'ABCDEFGHIJKLMNOPQRSTUVWXYZ'）、ascii_letters（包含所有小写和大写英文字母的字符串）、digits（包含所有阿拉伯数字的字符串 '0123456789'）、hexdigits（字符串 '0123456789abcdefABCDEF'）、octdigits（字符串 '01234567'）、punctuation（包含标点符号的字符串：!"#$%&'()*+,-./:;<=>?@[\]^_`{|}~）、whitespace（包含所有空白字符的字符串）、printable（包含字母、数字、标点符号、空白字符等所有可打印字符的字符串）。

例 7-2　编写程序，输入一个正整数 *n*，然后输出一个 *n* 位随机密码字符串，要求每个密码字符只能是英文字母、数字、下划线、英文逗号或英文句点。

解析：使用标准库 string 中提供的字符串常量构造候选字符集，然后使用标准库 random 中的 choices() 函数从候选字符集中随机选择指定数量的字符，最后使用字符串方法 join() 连接起来。

```
from random import choices
from string import ascii_letters, digits

n = int(input('请输入密码长度：'))
characters = ascii_letters+digits+'_,.'
print(''.join(choices(characters, k=n)))
```

连续三次运行结果如下：

```
请输入密码长度：12
GwhUv06KlSsZ
请输入密码长度：10
ddEdBZquLg
请输入密码长度：16
yaEb7h1Fik.sbNAw
```

例 7-3 编写程序，输入一个正整数 *n*，然后输出所有可能的 *n* 位密码字符串，要求每个密码字符只能是英文字母、数字、下划线、英文逗号或英文句点。

解析： 使用标准库 string 中提供的字符串常量构造候选字符集，然后使用标准库 itertools 中的 permutations() 函数得到所有 *n* 个字符的全排列，最后使用字符串方法 join() 把每种排列的所有字符连接起来成为一个字符串。由于输出内容较多，请自行运行和测试下面的代码。

```
from itertools import permutations
from string import ascii_letters, digits

n = int(input('请输入密码长度：'))
characters = ascii_letters+digits+'_,.'
for item in permutations(characters, n):
    print(''.join(item))
# 下面的代码与上面的 for 循环功能等价
print(*map(''.join, permutations(characters,n)), sep='\n')
```

7.2.2 标准库 zlib 与文本压缩

Python 标准库 zlib 中的 compress() 和 decompress() 函数可以实现数据压缩和解压缩，要求参数为字节串，字符串可以首先使用 encode() 方法进行编码。

```
from zlib import compress, decompress

texts = ['《Python 程序设计实用教程》，董付国编著',
         '这句话里有重复重复重复重复重复重复的信息',
         '赞'*32]
for encoding in ('utf8', 'gbk'):
    print(encoding, end='=====\n')
    for text in texts:
        bytes_text = text.encode(encoding)
        compressed_text = compress(bytes_text)
        print(decompress(compressed_text).decode(encoding)==text,
              end=',')
        print(len(bytes_text), len(compressed_text), sep=',')
```

运行结果为：

```
utf8=====
True,54,65
True,60,42
```

```
True,96,14
gbk=====
True,38,49
True,40,32
True,64,13
```

7.2.3　标准库 json 与序列化

JSON 是一种轻量级数据交换格式，Python 标准库 json 提供了相关的支持，可以把 Python 对象转换为 JSON 格式的字符串。下面的代码演示了相关的用法，详见 9.2 节。

```
from json import dumps, loads

print(dumps([1, 2, 3, 4]))
print(dumps((1, 2, 3, 4)))
print(dumps(str({1, 2, 3, 4})))
print(eval(loads(dumps(str({1, 2, 3, 4})))))
print(dumps({'c':99, 'a':97, 'b':98, 'd':100}))
print(dumps({'c':99, 'a':97, 'b':98, 'd':100},
            sort_keys=True))                    # 按“键”排序
print(dumps({'c':99, 'a':97, 'b':98, 'd':100},
            separators=(',',':')))              # 指定分隔符，不含空格，压缩空间
print(dumps({'c':99, 'a':97, 'b':98, 'd':100},
            indent=4))                          # 修改布局，缩进 4 个空格
print(loads(dumps({'c':99, 'a':97, 'b':98, 'd':100},
                  indent=4)))
```

运行结果为：

```
[1, 2, 3, 4]
[1, 2, 3, 4]
"{1, 2, 3, 4}"
{1, 2, 3, 4}
{"c": 99, "a": 97, "b": 98, "d": 100}
{"a": 97, "b": 98, "c": 99, "d": 100}
{"c":99,"a":97,"b":98,"d":100}
{
    "c": 99,
    "a": 97,
    "b": 98,
    "d": 100
}
{'c': 99, 'a': 97, 'b': 98, 'd': 100}
```

7.2.4　标准库 textwrap

Python 标准库 textwrap 中提供了更加友好的排版函数。

（1）wrap(text, width=70) 函数对一段文本进行自动换行，每一行不超过 width 个字符。

```
>>> import textwrap
>>> doc = '''Beautiful is better than ugly.
Explicit is better than implicit.
Simple is better than complex.
Complex is better than complicated.
Flat is better than nested.
Sparse is better than dense.
Readability counts.
Special cases aren't special enough to break the rules.
Although practicality beats purity.'''
>>> import pprint
>>> pprint.pprint(textwrap.wrap(doc))        # 默认长度最大为 70
['Beautiful is better than ugly. Explicit is better than implicit.',
 'Simple is better than complex. Complex is better than complicated.',
 'Flat is better than nested. Sparse is better than dense. Readability',
 "counts. Special cases aren't special enough to break the rules.",
 'Although practicality beats purity.']
```

（2）fill(text, width=70) 函数对一段文本进行排版和自动换行，等价于 '\n'.join(wrap(text,...))。

```
>>> print(textwrap.fill(doc, width=20))     # 按指定宽度进行排版
Beautiful is better
than ugly. Explicit
is better than
implicit. Simple is
better than complex.
Complex is better
than complicated.
Flat is better than
nested. Sparse is
better than dense.
Readability counts.
Special cases aren't
special enough to
break the rules.
Although
practicality beats
purity.
>>> print(textwrap.fill(doc, width=80))      # 按指定宽度进行排版
'Beautiful is better than ugly. Explicit is better than implicit. Simple
is better than complex. Complex is better than complicated. Flat is better
than nested. Sparse is better than dense. Readability counts. Special cases
aren't special enough to break the rules. Although practicality beats purity.
```

（3）shorten(text, width, **kwargs) 函数截断文本以适应指定的宽度。该函数首先把文本中的所有连续空白字符替换（或折叠）为一个空白字符，如果能够适应指定的宽度就返回，否则就在文本尾部丢弃足够多的单词并替换为指定的占位符。

```
>>> from textwrap import shorten
>>> shorten('Hello    world!', width=15)       # 宽度足以容纳所有字符
'Hello world!'
>>> shorten('Hello    world!', width=10)       # 指定的宽度太小
'[...]'
>>> shorten('Hello    world!', width=11)
'Hello [...]'
>>> shorten('Hello    world!', width=11, placeholder='.')
                                               # 指定占位符
'Hello.'
>>> shorten('Hello    world!', width=11, placeholder='...')
                                               # 使用不同的占位符
'Hello...'
>>> shorten('Hello    world!', width=5, placeholder='...')
                                               # 指定的宽度太小
'...'
```

（4）indent(text, prefix, predicate=None) 函数对文本进行缩进并为所有非空行增加指定的前导字符或前缀，通过 predicate 可以更加灵活地控制为哪些行增加前导字符。

```
>>> from textwrap import indent
>>> example = '''
hello
  world
  a

good'''
>>> print(indent(example, '+'*4))              # 默认为所有非空行增加前缀
++++hello
++++  world
++++  a

++++good
>>> print(indent(example, '+'*4, lambda line:True))
                                               # 为所有行增加前缀
++++
++++hello
++++  world
++++  a
++++
++++good
>>> print(indent(example, '+'*4, lambda line:len(line)<3))
```

```
                                        # 只为长度小于 3 的行增加前缀
++++
hello
  world
  a
++++
good
```

（5）dedent(text) 函数用来删除文本中每一行的所有公共前导空白字符。

```
>>> from textwrap import dedent
>>> example = '''
   hello
     world
   good'''
>>> print(dedent(example))
hello
  world
good
```

（6）TextWrapper 类。

前面介绍的 wrap()、fill()、shorten() 函数在内部都是先创建一个 TextWrapper 类的实例，然后再调用该实例的方法。如果需要频繁调用这几个函数，就会重复创建 TextWrapper 类的实例，严重影响效率，可以采用先创建 TextWrapper 类的实例，然后再调用该实例的方法。

```
>>> from textwrap import TextWrapper
>>> wrapper = TextWrapper(width=70, initial_indent='+', placeholder='...')
>>> print(wrapper.wrap('hello world'*40))
['+hello worldhello worldhello worldhello worldhello worldhello',
'worldhello worldhello worldhello worldhello worldhello worldhello',
'worldhello worldhello worldhello worldhello worldhello worldhello',
'worldhello worldhello worldhello worldhello worldhello worldhello',
'worldhello worldhello worldhello worldhello worldhello worldhello',
'worldhello worldhello worldhello worldhello worldhello worldhello',
'worldhello worldhello worldhello worldhello world']
>>> print(wrapper.fill('hello world'*40))
+hello worldhello worldhello worldhello worldhello worldhello
worldhello worldhello worldhello worldhello worldhello worldhello
worldhello worldhello worldhello worldhello worldhello worldhello
worldhello worldhello worldhello worldhello worldhello worldhello
worldhello worldhello worldhello worldhello worldhello worldhello
worldhello worldhello worldhello worldhello worldhello worldhello
worldhello worldhello worldhello worldhello world
```

7.2.5 标准库 re 与正则表达式

正则表达式由元字符及其不同组合来构成，通过巧妙地构造一类规则匹配符合该规则的字符串，完成查找、替换、分隔等复杂的字符串处理任务。

1. 正则表达式元字符及含义

常用的正则表达式元字符如表 7-3 所示。

表 7-3　正则表达式常用元字符

元字符	含义
.	匹配除换行符以外的任意单个字符
*	匹配位于 * 之前的字符或子模式的 0 次或多次重复
+	匹配位于 + 之前的字符或子模式的 1 次或多次重复
-	在 [] 之内用来表示范围
|	匹配位于 | 之前或之后的字符
^	（1）匹配以 ^ 后面的字符或模式开头的字符串 （2）在方括号开始处表示不匹配方括号里的字符
$	匹配以 $ 前面的字符或模式结束的字符串
?	（1）表示问号之前的字符或子模式是可选的 （2）当紧随 *、+、?、{n}、{n,}、{n,m} 这几个元字符后面时，表示匹配模式是“非贪心的”。“非贪心的”模式匹配搜索到的、尽可能短的字符串，而默认的“贪心的”模式匹配搜索到的、尽可能长的字符串
\num	正整数 num，表示前面子模式的编号。例如，“(.)\1” 匹配两个连续的相同字符，\1 表示当前正则表达式中编号为 1 的子模式内容在这里又出现了一次。整个正则表达式编号为 0，肉眼可见的第一对圆括号是编号为 1 的子模式，肉眼可见的第二对圆括号是编号为 2 的子模式，以此类推
\f	匹配一个换页符
\n	匹配一个换行符
\r	匹配一个回车符
\b	匹配单词头或单词尾，注意，该符号与转义字符冲突，需要使用原始字符串
\B	与 \b 含义相反
\d	匹配任何数字，相当于 [0-9]
\D	与 \d 含义相反，相当于 [^0-9]
\s	匹配任何空白字符，包括空格、制表符、换页符、换行符，与 [\f\n\r\t\v] 等效
\S	与 \s 含义相反
\w	匹配任何字母、数字以及下划线，相当于 [a-zA-Z0-9_]
\W	与 \w 含义相反，与 [^A-Za-z0-9_] 等效
()	将位于 () 内的内容作为一个整体来对待，称为一个子模式
{m,n}	按 {} 中指定的次数进行匹配，例如，{3,8} 表示前面的字符或模式至少重复 3 而最多重复 8 次，注意逗号后面不要有空格
[]	匹配位于 [] 中的任意一个字符，例如，[a-zA-Z0-9] 可以匹配单个任意大小写字母或数字

如果以反斜线 \ 开头的元字符与转义字符相同，则需要使用两个反斜线 \\，或者在引号前面加上字母 r 或 R 使用原始字符串，例如 '\\b' 或 r'\b'。在字符串前加上字符 r 或 R 之后表示原始字符串，字符串中任意字符都不再进行转义。原始字符串可以减少用户的输入，主要用于正则表达式、文件路径或 url 字符串的场合，但如果字符串以一个反斜线结束的话，则需要多写一个反斜线，例如 r'C:\Windows\system32\\'。

2. re 模块常用函数

Python 标准库 re 中提供了正则表达式的支持，表 7-4 中列出了常用的几个函数。

表 7-4 re 模块常用函数

函数	功能说明
findall(pattern, string[, flags])	列出字符串 string 中所有能够匹配模式 pattern 的子串，返回包含所有匹配结果字符串的列表，如果参数 pattern 中包含子模式的话返回的列表中只包含子模式匹配到的内容
match(pattern, string[, flags])	从字符串 string 的开始处匹配模式 pattern，匹配成功返回 Match 对象，否则返回 None
search(pattern, string[, flags])	在整个字符串 string 中寻找第一个符合模式 pattern 的子串，匹配成功返回 Match 对象，否则返回 None
split(pattern, string[, maxsplit=0])	所有符合模式 pattern 的子串都作为分隔符，返回包含分隔后若干子串的列表
sub(pat, repl, string[, count=0])	将字符串中所有符合模式 pat 的子串使用 repl 替换，返回新字符串，repl 可以是字符串或返回字符串的可调用对象，该可调用对象作用于每个匹配的 Match 对象

其中函数参数"flags"的值可以是 re.I（表示忽略大小写）、re.L（支持本地字符集的字符）、re.M（多行匹配模式）、re.S（使元字符"."匹配任意字符，包括换行符）、re.U（匹配 Unicode 字符）、re.X（忽略模式中的空格，并可以使用 # 注释）的不同组合（使用"|"进行组合）。

下面的代码演示了直接使用 re 模块中的方法和正则表达式处理字符串的用法。

7.2.5 讲解

```
import re

text = '''Beautiful is better than ugly.
Explicit is better than implicit.
Simple is better than complex.
Complex is better than complicated.
Flat is better than nested.
Sparse is better than dense.
Readability counts.'''

print('所有单词：\n', re.findall(r'\w+', text))
print('以字母 y 结尾的单词：\n',
      re.findall(r'\b\w*y\b', text))
```

```
print('中间包含字母 a 和 i 的单词：\n',
      re.findall(r'\b\w+[ai]\w+\b', text))
print('含有连续相同字母的单词：')
for item in re.findall(r'(\b\w*(\w)\2\w*)', text):
    print(item[0])
print('使用换行符切分的结果：\n',
      re.split(r'\n', text))
print('使用数字切分字符串：\n',
      re.split(r'\d+',
               r'one1two22three333four4444five'))
print('把小写 better 全部替换为大写：\n',
      re.sub('better', 'BETTER', text))
```

运行结果为：

```
所有单词：
 ['Beautiful', 'is', 'better', 'than', 'ugly', 'Explicit', 'is', 'better', 'than', 'implicit', 'Simple', 'is', 'better', 'than', 'complex', 'Complex', 'is', 'better', 'than', 'complicated', 'Flat', 'is', 'better', 'than', 'nested', 'Sparse', 'is', 'better', 'than', 'dense', 'Readability', 'counts']
以字母 y 结尾的单词：
 ['ugly', 'Readability']
中间包含字母 a 和 i 的单词：
 ['Beautiful', 'than', 'Explicit', 'than', 'implicit', 'Simple', 'than', 'than', 'complicated', 'Flat', 'than', 'Sparse', 'than', 'Readability']
含有连续相同字母的单词：
better
better
better
better
better
better
使用换行符切分的结果：
 ['Beautiful is better than ugly.', 'Explicit is better than implicit.', 'Simple is better than complex.', 'Complex is better than complicated.', 'Flat is better than nested.', 'Sparse is better than dense.', 'Readability counts.']
使用数字切分字符串：
 ['one', 'two', 'three', 'four', 'five']
把小写 better 全部替换为大写：
 Beautiful is BETTER than ugly.
Explicit is BETTER than implicit.
Simple is BETTER than complex.
Complex is BETTER than complicated.
Flat is BETTER than nested.
Sparse is BETTER than dense.
Readability counts.
```

7.3 部分扩展库对字符串的处理

7.3.1 中英文分词

分词是指把长文本切分成若干单词或词组的过程。Python 扩展库 jieba 和 snownlp 支持中英文分词，可以使用 pip 命令进行安装。在自然语言处理领域经常需要对文字进行分词，分词的准确度直接影响了后续文本处理和挖掘算法的最终效果。下面的代码在 IDLE 中演示了扩展库 jieba 的基本用法。

```
>>> import jieba
>>> text = 'Python之禅中有句话非常重要，Readability counts.'
>>> jieba.lcut(text)                       # lcut()函数返回分词后的列表
Building prefix dict from the default dictionary ...
Loading model from cache C:\Users\d\AppData\Local\Temp\jieba.cache
Loading model cost 0.821 seconds.
Prefix dict has been built succesfully.
['Python', '之禅', '中', '有', '句', '话', '非常', '重要', ',', 'Readability', ' ',
'counts', '.']
>>> jieba.lcut('花纸杯')
['花', '纸杯']
>>> jieba.add_word('花纸杯')                # 增加一个词条
>>> jieba.lcut('花纸杯')
['花纸杯']
>>> import snownlp
>>> snownlp.SnowNLP(text).words
['Python', '之禅', '中', '有', '句', '话', '非常', '重要', ', Readability', 'counts.']
```

7.3.2 中文拼音处理

Python 扩展库 pypinyin 支持汉字到拼音的转换，并且可以和分词扩展库配合使用。下面的代码在 IDLE 中演示了相关的用法。

```
>>> from pypinyin import lazy_pinyin, pinyin
>>> lazy_pinyin('董付国')                    # 返回拼音
['dong', 'fu', 'guo']
>>> lazy_pinyin('董付国', 1)                 # 带声调的拼音
['dǒng', 'fù', 'guó']
>>> lazy_pinyin('董付国', 2)                 # 另一种拼音形式
                                             # 数字表示前面字母的声调
['do3ng', 'fu4', 'guo2']
>>> lazy_pinyin('董付国', 3)                 # 只返回拼音首字母
['d', 'f', 'g']
>>> lazy_pinyin('重要', 1)                   # 能够根据词组智能识别多音字
```

```
['zhòng', 'yào']
>>> lazy_pinyin('重阳', 1)
['chóng', 'yáng']
>>> pinyin('重阳')                          # 返回拼音
[['chóng'], ['yáng']]
>>> pinyin('重阳节', heteronym=True)        # 返回多音字的所有读音
[['chóng'], ['yáng'], ['jié', 'jiē']]
>>> import jieba
>>> x = '中英文混合 test123'
>>> lazy_pinyin(x)                          # 自动调用已安装的 jieba 扩展库分词功能
['zhong', 'ying', 'wen', 'hun', 'he', 'test123']
>>> lazy_pinyin(jieba.cut(x))
['zhong', 'ying', 'wen', 'hun', 'he', 'test123']
>>> x = '山东烟台的大樱桃真好吃啊'
>>> sorted(x, key=lambda ch: lazy_pinyin(ch))
                                            # 按拼音对汉字进行排序
['啊', '吃', '大', '的', '东', '好', '山', '台', '桃', '烟', '樱', '真']
```

7.3.3 繁体中文与简体中文的互相转换

下载扩展库文件 langconv.py 和 zh_wiki.py 并保存到自己的 Python 程序文件所在文件夹，然后就可以使用其中的功能了，不需要使用 pip 进行安装。下面的代码演示了相关的用法。

```
from langconv import Converter

def convert(text, flag=0):
    '''text: 要转换的文本 ,flag=0 表示简转繁, flag=1 表示繁转简 '''
    rule = 'zh-hans' if flag else 'zh-hant'
    return Converter(rule).convert(text)

text = '乌龟与龙，春天夏天秋天冬天，好好学习天天向上，快乐'
print(convert(text))

text = '烏龜與龍，春天夏天秋天冬天，好好學習天天向上，快樂'
print(convert(text, 1))
```

运行结果为：

```
烏龜與龍，春天夏天秋天冬天，好好學習天天向上，快樂
乌龟与龙，春天夏天秋天冬天，好好学习天天向上，快乐
```

7.4 综合例题解析

例 7-4 编写程序，输入一个任意中文字符串，进行分词，然后把长度为 2 的词语中的两个字交换顺序，再把这些词语按原来的顺序连接起来，输出连接之后的字符串。

解析：在程序中定义了一个辅助函数 swap() 用来交换长度为 2 的单词中的 2 个字，其他长度的单词不做任何处理直接返回，然后使用内置函数 map() 把这个辅助函数 swap() 映射到分词结果中的每一个词语，最后使用字符串方法 join() 把处理后的所有词语连接起来。

例 7-4 讲解

```
from jieba import cut

def swap(word):
    ''' 交换长度为 2 的单词中的两个字顺序 '''
    if len(word) == 2:
        word = word[1]+word[0]
    return word

text = input('请输入一段中文：')
words = cut(text)
print(''.join(map(swap, words)))
```

运行结果如下，中间一段英语是扩展库 jieba 加载自带词库的提示，可以忽略。

```
请输入一段中文：由于人们阅读时一目十行的特点，有时候个别词语交换一下顺序并不影响，甚至无法察觉这种变化。更有意思的是，即使发现了顺序的调整，也不影响对内容的理解。
Building prefix dict from the default dictionary ...
Loading model from cache C:\Users\d\AppData\Local\Temp\jieba.cache
Loading model cost 0.864 seconds.
Prefix dict has been built successfully.
于由们人读阅时一目十行的点特，有时候别个语词换交下一序顺并不响影，至甚法无觉察种这化变。更有意思的是，使即现发了序顺的整调，也不响影对容内的解理。
```

例 7-5 编写程序，输入一段任意中文文本，进行分词，删除其中长度小于等于 1 的词语，把剩余词语按原来的顺序连接起来，输出连接之后的字符串。

解析：使用内置函数 filter() 和 lambda 表达式对分词结果进行过滤，只保留长度大于 1 的词语，然后使用字符串方法 join() 把符合条件的词语连接起来。

```
from jieba import cut

text = input('请输入一段中文：')
words = cut(text)
print(''.join(filter(lambda word:len(word)>1, words)))
```

运行结果为：

```
请输入一段中文：由于人们阅读时一目十行的特点，有时候个别词语交换一下顺序并不影响，甚至无法察觉这种变化。更有意思的是，即使发现了顺序的调整，也不影响对内容的理解。
Building prefix dict from the default dictionary ...
Loading model from cache C:\Users\d\AppData\Local\Temp\jieba.cache
Loading model cost 0.825 seconds.
Prefix dict has been built successfully.
由于人们阅读一目十行特点有时候个别词语交换一下顺序影响甚至无法察觉这种变化有意思即使发现顺序调整影响内容理解
```

例 7-6　编写程序，输入一个任意字符串，计算并输出该字符串作为密码的安全强度。要求该字符串中只包含英文大小写字母、数字、下划线、英文逗号、英文句号，如果输入的内容不符合要求则提示“不适合作密码”并结束程序。

解析：代码中通过把字符串转换为集合提高了处理速度，通过集合运算快速判断输入的字符串中是否包含规定之外的字符。另外，在 Python 把 True 当作 1 对待、把 False 当作 0 对待，可以对包含若干 True/False 的 map 对象进行求和。请自行运行和测试下面的代码。

```
from string import ascii_lowercase, ascii_uppercase, digits

possible = [set(ascii_lowercase), set(ascii_uppercase),
            set(digits), set('.,_')]
# 如果密码字符串包含小写字母、大写字母、数字、标点符号中的 4 种，强密码
# 包含 3 种表示中高强度，2 种表示中低强度，1 种为弱密码
security = {1:'weak', 2:'below middle',
            3:'above middle', 4:'strong'}
password = set(input('请输入一个字符串：'))
# 空字符串不能作密码
# 有字母、数字、规定标点符号之外的符号也不能作密码
if (not password) or (password-set().union(*possible)) or\
   (len(password)<6):
    print('不适合作密码')
else:
    # 检查密码字符串集合与小写字母、大写字母、
    # 数字字符、标点符号等集合的交集情况
    num = sum(map(lambda x: bool(password&x), possible))
    print(security.get(num))
```

例 7-7　编写程序，输入一个任意字符串，提取其中的唯一字符，并按每个唯一字符在原字符串中首次出现的位置从小到大进行连接，输出连接之后的字符串。

解析：通过把字符串转化为集合来提取唯一字符，然后对集合中的唯一字符按其在原字符串中首次出现的位置从小到大进行排序，最后连接排序后的字符。内置函数 sorted() 的 key 参数可以为任意可调用对象，在程序中使用的是字符串方法 index()。

```
text = input('请输入任意字符串：')
print(''.join(sorted(set(text), key=text.index)))
```

运行结果为：

```
请输入任意字符串：Beautiful is better than ugly.
Beautifl sbrhngy.
```

例 7-8　编写程序，使用正则表达式从一段文本中提取 ABAC 和 AABB 形式的四字成语。

解析：在正则表达式中，一对括号表示子模式，\num 表示当前正则表达式中编号为 num 的子模式内容在当前位置又出现一次。本例代码中正则表达式的子模式编号如图 7-3 所示。

```
from re import findall

text = '''行尸走肉、金蝉脱壳、百里挑一、金玉满堂、
背水一战、霸王别姬、天上人间、不吐不快、海阔天空、
情非得已、满腹经纶、兵临城下、春暖花开、插翅难逃、
黄道吉日、天下无双、偷天换日、两小无猜、卧虎藏龙、
珠光宝气、簪缨世族、花花公子、绘声绘影、国色天香、
相亲相爱、八仙过海、金玉良缘、掌上明珠、皆大欢喜 \
浩浩荡荡、平平安安、秀秀气气、斯斯文文、高高兴兴 '''

pattern = r'(((.).\3.)|((.)\5(.)\6))'
for item in findall(pattern, text):
    print(item[0])
```

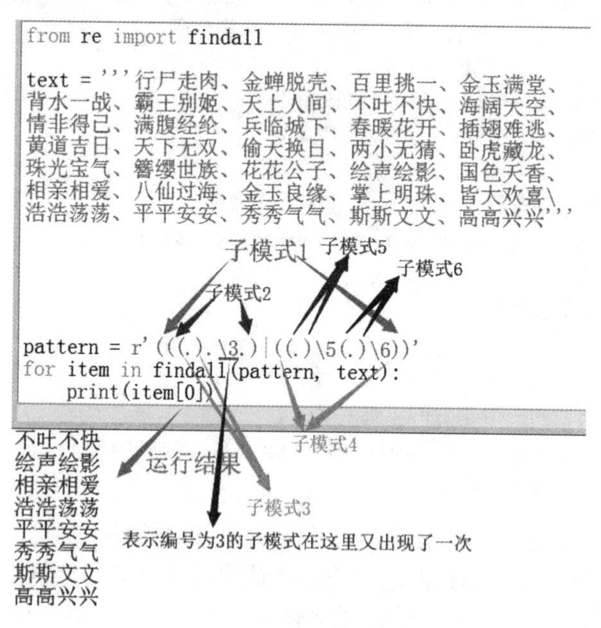

图 7-3　正则表达式子模式编号

例 7-9　编写程序，输入两个字符串 s1 和 s2，统计两个字符串中对应位置上字符相同的数量。

解析：使用标准库 operator 中的运算符“eq”和内置函数比较两个字符串对应位置上的字符是否相同。请自行运行和测试下面的代码。

```
from operator import eq

s1 = input('请输入一个任意字符串：')
s2 = input('再输入一个任意字符串：')
print(sum(map(eq, s1, s2)))
```

例 7-10　编写程序，输入任意字符串，输出其中最长的数字子串。

解析：使用正则表达式提取输入的字符串中所有数字子串，然后使用内置函数 max()

提取所有数字子串中最长的一个。

```
from re import findall

s = input('请输入一个任意字符串：')
digits = findall(r'\d+', s)
if digits:
    print('最长数字子串为：', max(digits,key=len))
else:
    print('没有数字子串')
```

运行结果为：

```
请输入一个任意字符串：1234aaa8888888j;werouiansf;lwer87234
最长数字子串为：8888888
```

例 7-11　编写程序，接收若干表示成绩的整数或实数，每次输入完成一个成绩之后都询问用户是否还要继续输入，如果用户不再输入则计算输入的所有成绩的平均值，最多保留 2 位小数。

解析：使用 while 循环结合异常处理结构对输入内容进行检查，使用字符串方法 lower() 结合成员测试运算符“in”适当放宽对用户输入的要求（如输入 YES 和 yes 是等价的）。

例 7-11 讲解

```
numbers = []                                # 使用列表存放输入的每个成绩
while True:
    x = input('请输入一个成绩：')
    try:
        x = float(x)
        assert x>0
        numbers.append(x)
    except:
        print('不是合法成绩')
    while True:
        flag = input('继续输入吗？ (yes/no)').lower()
        # 限定用户输入内容必须为 yes 或 no
        if flag not in ('yes', 'no'):
            print('只能输入 yes 或 no')
        else:
            break
    if flag=='no':
        break

print(round(sum(numbers)/len(numbers), 2))
```

运行结果为：

```
请输入一个成绩：89
继续输入吗？（yes/no）y
只能输入 yes 或 no
```

```
继续输入吗？（yes/no）yes
请输入一个成绩：-3
不是合法成绩
继续输入吗？（yes/no）yes
请输入一个成绩：80
继续输入吗？（yes/no）yes
请输入一个成绩：90
继续输入吗？（yes/no）no
86.33
```

例 7-12 研究发现，不少经常出行的人在候车厅之类的场合选择长椅上的座位休息时，一般倾向于选择最长空座位串的中间位置。例如，下面的过程（x 表示有人，_ 表示没有人）：

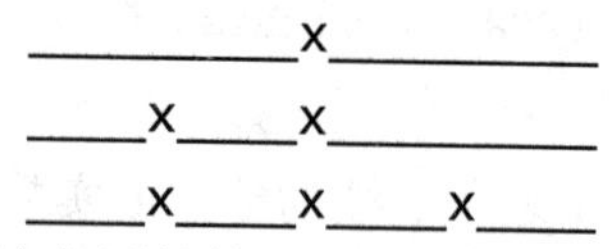

编写程序，模拟长椅上座位被占用的情况和先后顺序。

解析：使用正则表达式查找所有空闲的座位串，使用内置函数 max() 查找最长的一个串，然后计算中间位置。

```
import re

try:
    n = int(input('请输入座位的数量：'))
    assert n>0
except:
    print('座位数量必须为大于 1 的正整数')
else:
    seats = '_' * n
    for _ in range(n):
        t = max(re.findall('_+', seats), key=len)
        index = seats.index(t) + len(t)//2
        seats = seats[:index] + 'x' + seats[index+1:]
        print(seats)
```

两次运行结果分别如图 7-4 和图 7-5 所示。

```
请输入座位的数量：6
___x__
_x_x__
_x_x_x
xx_x_x
xxxx_x
xxxxxx
```

图 7-4 座位数为 6

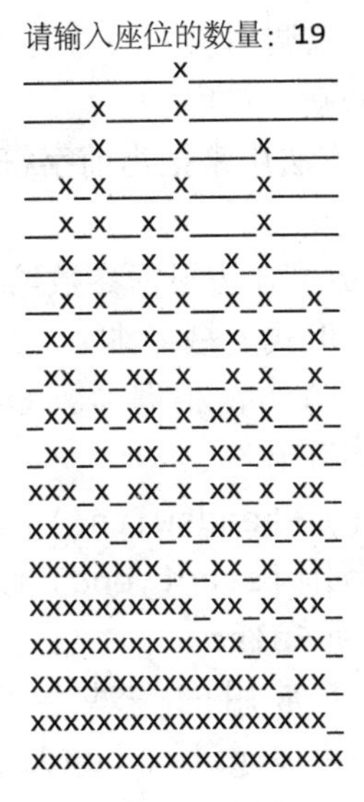

图 7-5　座位数为 19

本章知识要点

（1）GB 2312 是我国制定的中文编码规范，使用 1 个字节兼容 ASCII 码，使用 2 个字节表示中文。GBK 是 GB 2312 的扩充，CP936 是微软在 GBK 基础上开发的编码方式。GB 2312、GBK 和 CP936 都是使用 2 个字节表示中文，一般不对这三种编码格式进行区分。

（2）UTF-8 对全世界所有国家的文字符进行了编码，使用 1 个字节兼容 ASCII 码，使用 3 个字节表示常用汉字。

（3）GB 2312、GBK、CP936、UTF-8 对 ASCII 字符的处理方式是一样的，同一串 ASCII 字符使用不同编码方式编码得到的字节串是一样的。对于中文字符，不同编码格式之间的实现细节相差很大，同一个中文字符串使用不同编码格式得到的字节串是完全不一样的。

（4）字符串方法 encode() 使用指定的编码格式把字符串编码为字节串，默认使用 UTF-8 编码格式。与之对应，字节串方法 decode() 使用指定的编码格式把字节串解码为字符串，默认使用 UTF-8 编码格式。

（5）字符串方法 format() 用于把数据格式化为特定格式的字符串，该方法通过格式字符串进行调用，在格式字符串中使用 {index/name:fmt} 作为占位符，其中 index 表示 format() 方法的参数序号，或者使用 name 表示 format() 方法的参数名称，fmt 表示格式以及相应的修饰。

（6）字符串方法 find() 和 rfind() 分别用来查找另一个字符串在当前字符串中首次和最后一次出现的位置，如果不存在则返回 -1。index() 和 rindex() 方法用来返回另一个字符串在当前字符串中首次和最后一次出现的位置，如果不存在则抛出异常。

（7）字符串对象的 split() 和 rsplit() 方法以指定的字符串为分隔符，分别从左往右和从右往左把字符串分隔成多个字符串，返回包含分隔结果的列表。

（8）字符串对象的 join() 方法以调用该方法的当前字符串作为连接符将可迭代对象中所有字符串进行连接并返回连接后的新字符串。

（9）字符串对象的 replace() 方法用来把当前字符串中子串 old 替换为另一个字符串 new 并返回替换后的新字符串。

（10）字符串对象的 maketrans() 方法根据参数给定的字典或者两个等长字符串对应位置的字符构造并返回字符映射表（形式上是字典）。

（11）字符串对象的 translate() 方法根据参数 table 指定的映射表对当前字符串中的字符进行替换并返回替换后的新字符串。

（12）字符串方法 startswith() 和 endswith() 用来测试字符串是否以指定的字符串开始或结束。如果当前字符串下标范围 [start,end) 的子串以某个字符串或几个字符串之一开始 / 结束则返回 True，否则返回 False。

（13）标准库 string 中提供了常用的一些字符串常量，如 ascii_lowercase、ascii_uppercase、ascii_letters、digits、hexdigits、octdigits、punctuation、whitespace、printable。

（14）Python 标准库 zlib 中的 compress() 和 decompress() 函数可以实现数据压缩和解压缩，要求参数为字节串，字符串可以首先使用 encode() 方法进行编码。

（15）JSON 是一种轻量级数据交换格式，Python 标准库 json 提供了相关的支持，可以把 Python 对象转换为 JSON 格式的字符串。

（16）正则表达式由元字符及其不同组合来构成，通过巧妙地构造一类规则匹配符合该规则的字符串，完成查找、替换、分隔等复杂的字符串处理任务，Python 标准库 re 中提供了正则表达式的支持。

（17）Python 扩展库 jieba 和 snownlp 支持中英文分词。

（18）Python 扩展库 pypinyin 支持汉字到拼音的转换，并且可以与分词扩展库配合使用。

习　题

1. 判断题：以双下划线开始并以双下划线结束的特殊方法主要用来实现字符串对某些运算符或内置函数的支持，并不直接调用。例如，__add__() 方法使得字符串支持加法运算符，__contains__() 方法使得字符串支持成员测试运算符“in”。（　　）

2. 判断题：Python 字符串方法 replace() 对字符串进行原地修改。（　　）

3. 判断题：Python 3.x 中字符串对象的 encode() 方法默认使用 UTF-8 作为编码方式。（　　）

4. 判断题：假设 re 模块已成功导入，并且有 pattern = '^'+'\.'.join([r'\d{1,3}' for i in range(4)])+'$'，那么表达式 re.match(pattern,'192.168.1.103') 的值为 None。（　　）

5. 判断题：正则表达式只进行形式上的检查，并不保证一定合法有效。（　　）

6. 填空题：表达式 'abc' in ('abcdefg') 的值为________。

7. 填空题：已知列表对象 x = ['11', '2', '3']，则表达式 max(x) 的值

为________。

8. 填空题：表达式 'apple.peach,banana,pear'.find('ppp') 的值为________。

9. 填空题：表达式 r'c:\windows\notepad.exe'.endswith(('.jpg', '.exe')) 的值为________。

10. 填空题：假设已导入正则表达式模块re，那么表达式 ''.join(re.split('[sd]','asdssfff')) 的值为________。

11. 填空题：当在字符串前加上小写字母________或大写字母________表示原始字符串，不对其中的任何字符进行转义。

12. 填空题：表达式 eval('3+5') 的值为________。

13. 填空题：表达式 'aaasdf'.lstrip('af') 的值为________。

14. 填空题：表达式 len('abc 你好') 的值为________。

15. 填空题：假设已成功导入 Python 标准库 string，那么表达式 len(string.digits) 的值为________。

16. 单选题：假设已导入正则表达式模块 re，那么表达式 max(re.findall('\d+', 'abcdefg'), key=len, default='no') 的值为（　　）。

A. 'n'　　B. 'o'　　C. 0　　D. 'no'

17. 单选题：假设已导入正则表达式模块 re，那么表达式 max(re.findall('\d+', 'abc1d22e333fg'), key=len, default='no') 的值为（　　）。

A. '33'　　B. '333'　　C. 3　　D. 333

18. 单选题：假设已导入正则表达式模块 re，且有 example = 'ShanDong Institute of Business and Technology'，那么表达式 re.findall(r'\b\w*?g\b', example) 的值为（　　）。

A. ['ShanDong']　　B. 'ShanDong'

C. ['Technology']　　D. 'Technology'

19. 单选题：假设已导入正则表达式模块 re，且有 example = 'ShanDong Institute of Business and Technology'，那么表达式 re.findall(r'\b\w+?g\w+?\b', example) 的值为（　　）。

A. ['ShanDong']　　B. 'ShanDong'

C. ['Technology']　　D. 'Technology'

20. 单选题：假设已导入正则表达式模块 re，且有 example = 'ShanDong Institute of Business and Technology'，那么表达式 re.findall(r'\b\w*?g\w*?\b', example) 的值为（　　）。

A. ['ShanDong']　　B. ['ShanDong', 'Technology']

C. ['Technology']　　D. ['ShanDong Technology']

21. 单选题：假设已导入正则表达式模块 re，且有 example = 'ShanDong Institute of Business and Technology'，那么表达式 re.findall(r'\bB\w+?\b', example) 的值为（　　）。

A. ['Business']　　B. 'Business'

C. ['B']　　D. 'B'

22. 单选题：假设已导入正则表达式模块 re，且有 example = 'Beautiful is better than ugly.'，那么表达式 re.findall(r'\bb\w+?\b', example, re.I) 的值为（　　）。

A. ['Beautiful']　　B. ['better']

C. ['Beautiful', 'better']　　D. ['Beautiful better']

23. 单选题：假设已导入正则表达式模块 re，且有 example = r'one1two2three3four4five5555six6seven7eight88nine999ten'，那么表达式 len(re.split('\d+', example)) 的值为（　　）。

A. 9　　B. 10　　C. 54　　D. 15

24. 单选题：假设已导入正则表达式模块 re，且有 example = r'one1two2three3four4five5555six6seven7eight88nine999ten'，那么表达式 len(re.sub(r'\d+', '', example)) 的值为（　　）。

A. 10　　B. 39　　C. 54　　D. 15

25. 编写程序：重做例 7-11，不使用列表保存每个有效成绩，改为使用两个变量分别记录已输入的有效成绩之和与数量，停止输入后计算并输出平均分。

26. 编写程序：重做例 7-11，仍使用列表保存每个有效成绩，但每次输入一个有效成绩之后不再提示是否继续输入，而是使用 0 表示输入结束，停止输入后计算并输出平均分。

第 8 章

函数定义与使用

本章学习目标

- ➢ 熟练掌握函数定义与调用的语法；
- ➢ 理解递归函数执行过程；
- ➢ 理解嵌套定义函数的执行过程；
- ➢ 理解位置参数、默认值参数、关键参数和可变长度参数的原理并能够熟练使用；
- ➢ 熟练掌握变量作用域的概念和使用；
- ➢ 理解不同作用域的搜索顺序；
- ➢ 熟练掌握 lambda 表达式语法与应用；
- ➢ 理解生成器函数的工作原理；
- ➢ 理解修饰器函数的工作原理。

8.1　函数定义与调用

函数是复用代码的重要方式之一。函数只是一种封装代码的方式，在函数内部用到的仍然是前面章节学习的内置函数、运算符、内置类型、选择结构、循环结构、异常处理结构以及后面章节将会学习的内容，只是把这些功能代码封装起来然后提供一个接收输入和返回结果的接口。把用来解决某一类问题的功能代码封装成函数，如求和、最大值、排序等，可以在不同的程序中重复利用这些功能，使得代码更加精炼，更加容易维护。除了内置函数，Python 也允许用户自定义函数，扩展库函数、标准库函数也是自定义函数的一种。

8.1.1 基本语法

在 Python 中，使用关键字 def 定义函数，语法形式如下：

```
def 函数名([参数列表]):
    '''注释'''
    函数体
```

定义函数时需要注意的问题主要有：

（1）不需要说明形参类型，Python 解释器会根据实参的值自动推断和确定形参类型；

（2）不需要指定函数返回值类型，这由函数中 return 语句返回的值来确定；

（3）即使该函数不需要接收任何参数，也必须保留一对空的圆括号；

（4）函数头部括号后面的冒号必不可少；

（5）函数体相对于 def 关键字必须保持一定的空格缩进；

（6）函数体前面三引号和里面的注释可以不写，但最好写上，用简短语言描述函数功能；

（7）在函数体中使用 return 语句指定返回值，如果函数没有 return 语句、函数有 return 语句但是没有执行到或者函数有 return 也执行到了但是没有返回任何值，Python 都认为返回的是空值 None。

例 8-1 编写函数，接收一个大于 0 的整数或实数 *r* 表示圆的半径，返回一个包含圆的周长与面积的元组，小数位数最多保留 3 位。然后编写程序，调用刚刚定义的函数。

解析：一般来说，在函数中应该首先对接收的参数进行有效性检查，保证参数完全符合条件之后再执行正常的功能代码，不能假设参数的值总是合理的、有效的。

```
from math import pi

def get_area(r):
    '''接收圆的半径为参数，返回包含周长和面积的元组'''
    if not isinstance(r, (int,float)):
        return '半径必须为整数或实数'
    if r <= 0:
        return '半径必须大于0'
    return (round(2*pi*r,3), round(pi*r*r,3))

r = input('请输入圆的半径：')
try:
    r = float(r)
    assert r>0
except:
    print('必须输入大于0的整数或实数')
else:
    print(get_area(r))
```

例 8-1 讲解

运行结果为：

```
请输入圆的半径：4
(25.133, 50.24)
```

本例程序中各部分代码的说明如图 8-1 所示。

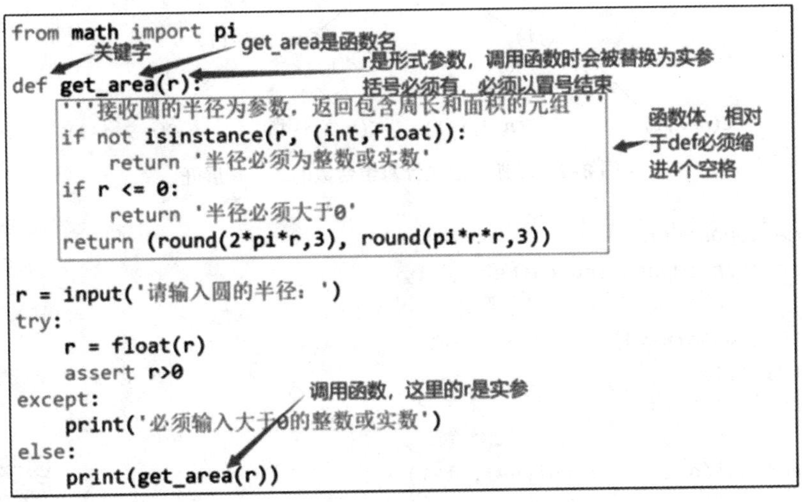

```
from math import pi
def get_area(r):
    '''接收圆的半径为参数，返回包含周长和面积的元组'''
    if not isinstance(r, (int,float)):
        return '半径必须为整数或实数'
    if r <= 0:
        return '半径必须大于0'
    return (round(2*pi*r,3), round(pi*r*r,3))

r = input('请输入圆的半径：')
try:
    r = float(r)
    assert r>0
except:
    print('必须输入大于0的整数或实数')
else:
    print(get_area(r))
```

关键字
get_area是函数名
r是形式参数，调用函数时会被替换为实参
括号必须有，必须以冒号结束
函数体，相对于def必须缩进4个空格
调用函数，这里的r是实参

图 8-1　函数各部分说明

8.1.2　递归函数定义与调用

如果一个函数在执行过程中又调用了这个函数自己，叫作递归调用。函数递归通常用来把一个大型的复杂问题层层转化为一个与原来问题本质相同但规模很小、很容易解决或描述的问题，只需要很少的代码就可以描述解决问题过程中需要的大量重复计算。在编写递归函数时，应注意：

- 每次递归应保持问题性质不变；
- 每次递归应使得问题规模变小或使用更简单的输入；
- 必须有一个能够直接处理而不需要再次进行递归的特殊情况来保证递归过程可以结束；
- 函数递归深度不能太大，否则会引起内存崩溃。

例 8-2　编写函数，根据帕斯卡公式$C_n^i=C_{n-1}^i+C_{n-1}^{i-1}$计算组合数，然后编写程序调用刚刚定义的函数。

解析：根据帕斯卡公式计算组合数的过程可以展开为一棵二叉树，如图 8-2 所示。这是一个典型的递归问题，每个节点分裂时问题规模变小但性质不变，最终所有叶子节点都会变为 C_i^i 或 C_k^0 这样的形式，而这两个值都为 1，不需要再继续递归，可以直接返回。另外，继续对图 8-2 的二叉树进行展开会发现，在树上有大量重复的节点，这些节点意味着重复计算。为了减少这些重复计算，可以借助于一个缓冲区记录已经计算出来的结果，从而提高整体计算速度。在程序中，使用标准库 functools 中的修饰器函数 lru_cache() 实现了缓冲区的功能，程序中设置的缓冲区大小最多能记录 64 个中间结果，如果满了就把使用次数最少的数字移出缓冲区。作为参考和对比，大家可以尝试把代码中第三行的修饰器删除或者注释去掉再运行程序，会发现运行速度大幅度降低。关于修饰器函数更详细的内容请参考本书 8.6 节。

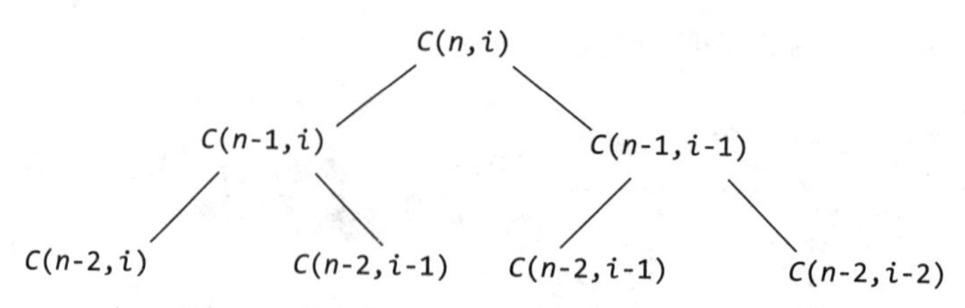

图 8-2　帕斯卡公式计算组合数的二叉树展开

```
from time import time
from functools import lru_cache

@lru_cache(maxsize=64)
def cni(n, i):
    if n==i or i==0:
        return 1
    return cni(n-1, i) + cni(n-1, i-1)

start = time()
print('计算结果:', cni(300, 100))
print(f'用时:{time()-start}秒')
```

例 8-2 代码运行演示

运行结果为:

```
计算结果: 415825146325856474478338352632640558028046600574364870866303365730475632832400862O
```

```
计算结果: 4158251463258564744783383526326405580280466005743648708663033657304756328324008620
用时:0.8218057155609131秒
```

8.1.3　函数嵌套定义

在 Python 中，允许函数的嵌套定义，也就是在一个函数的定义中再定义另一个函数。在内层定义的函数中，除了可以使用内层函数内定义的变量，还可以访问外层函数的参数和外层函数定义的变量以及全局变量和内置对象。除非特别必要，一般不建议过多使用嵌套定义函数，因为每次调用外部函数时，都会重新定义内层函数，运行效率较低。

例 8-3　编写函数，接收一个正偶数为参数，输出两个素数，并且这两个素数之和等于原来的正偶数。如果存在多组符合条件的素数，则全部输出。

解析：在程序中，首先对参数进行有效性检查，然后定义内部嵌套的函数 isPrime() 用来判断一个正整数是否为素数，最后调用这个内部函数来判断相加等于数字 n 的两个正整数是否都为素数。在内部定义的函数 isPrime() 中，使用了一种高效判断素数的算法，可以参考代码中的注释进行理解。

```
def demo(n):
    if not (isinstance(n,int) and n>0 and n%2==0):
        return '数据不合适'
    def isPrime(p):
        if p in (2,3,5):
            return True
```

例 8-3 讲解

```
        # 对于大于 6 的素数，对 6 的余数必然是 1 或 5
        if p%6 not in (1,5):
            return False
        # 但对 6 的余数为 1 或 5 的正整数不一定都是素数，需要进一步判断
        m = int(p**0.5) + 1
        for i in range(3, m, 2):
            if p%i==0:
                return False
        return True

    for i in range(3, n//2+1):
        if isPrime(i) and isPrime(n-i):
            print(f'{i}+{n-i}={n}')

demo(60)
demo(120)
```

运行结果为：

```
7+53=60
13+47=60
17+43=60
19+41=60
23+37=60
29+31=60
7+113=120
11+109=120
13+107=120
17+103=120
19+101=120
23+97=120
31+89=120
37+83=120
41+79=120
47+73=120
53+67=120
59+61=120
```

嵌套定义函数时，外层函数使用内层函数的形式有两种：一种是像上面的代码演示的一样调用内层函数并使用或返回内层函数的返回值，另一种是返回内层函数对象。在第二种形式中，外层函数返回的是内层函数对象，是一个可调用对象，也就是说外层函数的返回值又可以像函数一样进行调用并传入参数。下面的代码演示了这两种用法，更多内容请参考 8.6 节修饰器函数的有关介绍。

```
def outer1(a, b):
    def inner(x):
        return x*(a+b)
    # 返回内层函数的返回值
```

```
    return inner(3)

print(outer1(3,5))
print(outer1(3,6))

def outer2(a, b):
    def inner(x):
        return x*(a+b)
    # 返回内层函数对象
    return inner

# 外层函数的返回值可以像函数一样被调用
print(outer2(3,5)(3))
print(outer2(5,8)(0.5))
```

运行结果为：

```
24
27
24
6.5
```

8.2 函 数 参 数

函数定义时圆括号内是使用逗号分隔开的形参列表，函数可以有多个参数，也可以没有参数，但定义和调用时必须要有一对圆括号，表示这是一个函数。在函数内部，形参相当于局部变量，直接修改形参的引用不会对实参造成影响。调用函数时向其传递实参，将实参的引用传递给形参，在完成函数调用进入函数内部的瞬间，形参和实参引用的是同一个对象。

8.2.1 位置参数

位置参数是比较常用的形式，调用函数时不需要对实参进行任何说明，直接放在括号内即可，第一个实参传递给第一个形参，第二个实参传递给第二个形参，以此类推。实参和形参的顺序必须严格一致，并且实参和形参的数量必须相同，否则会导致逻辑错误得到不正确结果或者抛出 TypeError 异常并提示参数数量不对。下面的代码演示了位置参数的用法。

```
def func(a, b, c):
    return sum((a,b,c))

print(func(1,2,3))
print(func(4,5,6))
```

运行结果为：

```
6
15
```

很多内置函数、标准库函数和扩展库函数的底层实现要求部分参数或者全部参数必须是位置参数，例如，内置函数 sum(iterable, /, start=0) 的参数 iterable，内置函数 sorted(iterable, /, *, key=None, reverse=False) 的参数 iterable，内置函数 input(prompt=None, /) 的参数 prompt，标准库 math 中函数 gcd(x, y, /) 的参数 x 和 y（在 Python 3.9 中该函数的定义为 gcd(*integers)，可以计算多个整数的最大公约数，另外在 Python 3.9 中还提供了用来计算多个整数的最小公倍数的函数 lcm(*integers)）。

在 Python 3.8 之前的版本中，不允许在 Python 自定义函数中声明参数必须使用位置参数的形式进行传递。在 Python 3.8 以及更新的版本中，允许在定义函数时设置一个斜线“/”作为参数，斜线参数“/”本身并不是真正的参数，仅用来说明该位置之前的所有参数必须以位置参数的形式进行传递。下面的代码在 IDLE 中演示了这个用法。

```
>>> def func(a, b, c, /):
	return sum((a,b,c))

>>> func(3, 5, 7)
15
>>> func(3, 5, c=7)
Traceback (most recent call last):
  File "<pyshell#249>", line 1, in <module>
    func(3,5,c=7)
TypeError: func() got some positional-only arguments passed as keyword arguments: 'c'
```

8.2.2 默认值参数

Python 支持默认值参数，在定义函数时可以为形参设置默认值。在调用带有默认值参数的函数时，可以不用为设置了默认值的形参进行传值，此时函数将会直接使用函数定义时设置的默认值，当然也可以通过显式赋值来替换其默认值。很多内置函数、标准库函数和扩展库函数也支持默认值参数，例如，print() 函数的 sep 和 end 参数，sorted() 函数的 key 和 reverse 参数，sum() 函数和 enumerate() 函数的 start 参数，标准库 math 中 isclose() 函数的参数 rel_tol 和 abs_tol。

在定义带有默认值参数的函数时，任何一个默认值参数右边都不能再出现没有默认值的普通位置参数，否则会抛出 SyntaxError 异常并提示“non-default argument follows default argument”。带有默认值参数的函数定义语法如下：

```
def 函数名(……, 形参名=默认值):
    函数体
```

下面的代码演示了带默认值参数的函数用法。

```
def func(message, times=3):
    return message*times

print(func('重要的事情说三遍！'))
print(func('不重要的事情只说一遍！', 1))
print(func('特别重要的事情说五遍！', 5))
```

运行结果为：

```
重要的事情说三遍！重要的事情说三遍！重要的事情说三遍！
不重要的事情只说一遍！
特别重要的事情说五遍！特别重要的事情说五遍！特别重要的事情说五遍！特别重要的事情说五遍！
特别重要的事情说五遍！
```

8.2.3 关键参数

关键参数是指调用函数时按参数名字进行传递的形式，明确指定哪个实参传递给哪个形参。通过这样的调用方式，实参顺序可以和形参顺序不一致，但不影响参数的传递结果，避免了用户需要牢记参数位置和顺序的麻烦，使得函数的调用和参数传递更加灵活方便。下面的代码演示了关键参数的用法。

```
def func(a, b, c):
    return f'{a=},{b=},{c=}'

print(func(a=3, c=5, b=8))
print(func(c=5, a=3, b=8))
```

运行结果为：

```
a=3,b=8,c=5
a=3,b=8,c=5
```

有些内置函数和标准库函数的底层实现要求部分参数必须以关键参数的形式进行传递，例如，内置函数 sorted(iterable, /, *, key=None, reverse=False) 的参数 key 和 reverse，列表方法 sort(*, key=None, reverse=False) 的参数 key 和 reverse，标准库 random 中函数 choices(population, weights=None, *, cum_weights=None, k=1) 的参数 cum_weights 和 k。

在 Python 3.8 之前的版本中，不允许自定义函数声明某个或某些参数必须以关键参数的形式进行传递。在 Python 3.8 以及更新的版本中,允许在自定义函数中使用单个星号“*”作为参数，这时单个星号并不是真正的参数，仅用来说明该位置后面的所有参数必须以关键参数的形式进行传递。下面的代码在 IDLE 中演示了这个用法。

```
>>> def func(a, *, b, c):
    return f'{a=},{b=},{c=}'

>>> print(func(3, 5, 8))
Traceback (most recent call last):
  File "<pyshell#271>", line 1, in <module>
    print(func(3, 5, 8))
TypeError: func() takes 1 positional argument but 3 were given
>>> print(func(3, b=5, c=8))
a=3,b=5,c=8
>>> print(func(3, c=5, b=8))
a=3,b=8,c=5
```

在 Python 3.8 以上的版本中，可以同时使用单个斜线和星号作参数来明确要求其他参数的传递形式。下面的代码在 IDLE 中演示了这个用法，参数 *a* 必须使用位置参数进行传递，参数 *b* 和 *c* 必须以关键参数的形式进行传递，否则会抛出异常 TypeError。

```
>>> def func(a, /, *, b, c):
    return f'{a=},{b=},{c=}'

>>> print(func(3, b=5, c=8))
a=3,b=5,c=8
>>> print(func(a=3, b=5, c=8))
Traceback (most recent call last):
  File "<pyshell#282>", line 1, in <module>
    print(func(a=3, b=5, c=8))
TypeError: func() got some positional-only arguments passed as keyword
arguments: 'a'
>>> print(func(3, 5, 8))
Traceback (most recent call last):
  File "<pyshell#283>", line 1, in <module>
    print(func(3, 5, 8))
TypeError: func() takes 1 positional argument but 3 were given
```

8.2.4　可变长度参数

可变长度参数是指形参对应的实参数量不确定，一个形参可以接收多个实参。在定义函数时主要有两种形式：*parameter 和 **parameter，前者用来接收任意多个位置实参并将其放在一个元组中，后者接收任意多个关键参数并将其放入字典中。

下面的代码在 IDLE 中演示了第一种形式可变长度参数的用法，无论调用该函数时传递了多少位置实参，都是把前 3 个按位置顺序分别传递给形参变量 *a*、*b*、*c*，剩余的所有位置实参按先后顺序存入元组 p 中。

```
>>> def demo(a, b, c, *p):
    print(a, b, c)
    print(p)

>>> demo(1, 2, 3, 4, 5, 6)
1 2 3
(4, 5, 6)
>>> demo(1, 2, 3, 4, 5, 6, 7, 8)
1 2 3
(4, 5, 6, 7, 8)
```

下面的代码在 IDLE 中演示了第二种形式可变长度参数的用法，在调用该函数时自动将接收的多个关键参数转换为字典中的元素，每个元素的“键”是实参的名字，“值”是实参的值。

```
>>> def demo(**p):
    for item in p.items():
```

```
        print(item)

>>> demo(x=1, y=2, z=3)
('y', 2)
('x', 1)
('z', 3)
```

与可变长度参数相反，在调用函数并且使用可迭代对象作为实参时，在列表、元组、字符串、集合以及 map 对象、zip 对象、filter 对象或类似的实参前面加一个星号表示把可迭代对象中的元素转换为普通的位置参数；在字典前面加一个星号表示把字典中的“键”转换为普通的位置参数；在字典前加两个星号表示把其中的所有元素都转换为关键参数，元素的“键”作为实参的名字,元素的“值”作为实参的值。这样的形式也属于序列解包的语法，可以参考 4.5 节和 8.4 节的介绍。

8.3 变量作用域

8.3.1 变量作用域的分类

变量起作用的代码范围称为变量的作用域,不同作用域内变量名字可以相同,互不影响。从变量作用域或者搜索顺序的角度来看，Python 有局部变量、nonlocal 变量、全局变量和内置对象。

如果在函数内只有引用某个变量值而没有为其赋值的操作，该变量默认为全局变量，如果不存在就报错。如果在函数内有为变量赋值的操作，该变量就被认为是局部变量，除非在函数内赋值操作之前用关键字 global 进行了声明。

Python 关键字 global 有两个作用：① 一个变量已在函数外定义，如果在函数内需要为这个变量赋值，并要将这个赋值结果反映到函数外，可以在函数内使用关键字 global 声明要使用这个全局变量。② 如果一个变量在函数外没有定义，在函数内部也可以直接将一个变量声明为全局变量，该函数执行后，将增加一个新的全局变量。下面的代码演示了这两种用法。

```
def demo():
    global x              # 声明或创建全局变量，必须在使用 x 之前执行该语句
    x = 3                 # 修改全局变量的值
    y = 4                 # 局部变量
    print(x, y)

x = 5                     # 在函数外部定义了全局变量 x
demo()                    # 本次调用修改了全局变量 x 的值
print(x)
try:
    print(y)
```

```
except:
    print('不存在变量 y')
del x                          # 删除全局变量 x
try:
    print(x)
except:
    print('不存在变量 x')
demo()                         # 本次调用创建了全局变量
print(x)
```

运行结果为：

```
3 4
3
不存在变量 y
不存在变量 x
3 4
3
```

除了局部变量和全局变量，Python 还支持使用 nonlocal 关键字定义一种介于二者之间的变量。关键字 nonlocal 声明的变量一般用于嵌套函数定义的场合，会引用距离最近的非全局作用域的变量（例如，在嵌套函数定义的场合中，内层函数可以把外层函数中的变量定义为 nonlocal 变量），要求声明的变量已经存在，关键字 nonlocal 不会创建新变量。下面的代码演示了局部变量、nonlocal 变量和全局变量的用法。

```
def scope_test():
    def do_local():
        spam = "我是局部变量"

    def do_nonlocal():
        nonlocal spam                    # 这时要求 spam 必须是已存在的变量
        spam = "我不是局部变量，也不是全局变量"

    def do_global():
        global spam                      # 如果全局作用域内没有 spam，自动新建
        spam = "我是全局变量"

    spam = "原来的值"
    do_local()
    print("局部变量赋值后：", spam)
    do_nonlocal()
    print("nonlocal 变量赋值后：", spam)
    do_global()
    print("全局变量赋值后：", spam)

scope_test()
print("全局变量：", spam)
```

运行结果为：

```
局部变量赋值后：原来的值
nonlocal 变量赋值后：我不是局部变量，也不是全局变量
全局变量赋值后：我不是局部变量，也不是全局变量
全局变量：我是全局变量
```

8.3.2 作用域的搜索顺序

在 Python 程序中试图访问一个变量时，搜索顺序遵循 LEGB 原则，也就是优先在当前局部作用域（Local）中查找变量，如果能找到就使用；在局部作用域中找不到就继续到闭包作用域（嵌套函数定义中的外层函数，Enclosing）查找，如果能找到就使用；如果不存在外层函数或在外层作用域中仍不存在就尝试到全局作用域（Global）中查找，如果找到就使用；如果全局作用域中仍不存在就尝试到内置命名空间或内置作用域（Builtin）查找，如果找到就使用，仍不存在就抛出 NameError 异常提示标识符没有定义。

这样的搜索顺序意味着，局部作用域内的变量会隐藏后面 3 个作用域的同名变量，闭包作用域的变量会隐藏后面 2 个作用域的同名变量，全局作用域的变量会隐藏内置作用域的同名变量。下面的代码演示了这个搜索顺序。

```
x = 3
def outer():
    y = 5

    # 这个自定义函数和内置函数名字相同
    # 会在当前作用域和更内层作用域中影响内置函数 map() 的正常使用
    def map():
        return '我是假的 map() 函数'

    def inner():
        x = 7
        y = 9
        # 最内层的作用域内，局部变量（Local）x,y 优先被访问
        # 在局部作用域、闭包作用域、全局作用域内都不存在函数 max,
        # 最后在内置作用域（Builtin）内搜索到函数 max
        # 当前作用域中不存在 map，但在外层的闭包作用域内搜索到了，
        # 并没有调用内置函数 map，被拦截了
        print('inner:', x, y, max(x,y), map())

    inner()
    # 在当前作用域（闭包，Enclosing）内，y 可以直接访问
    # 在当前作用域内不存在 x，继续到全局作用域（Global）去搜索
    # 当前作用域内不存在函数 max，外层全局作用域也不存在，
    # 最后在内置作用域（Builtin）内搜索到函数 max
    # 当前作用域中有个 map，直接调用了，没有调用内置函数 map()
    print('outer:', x, y, max(x,y), map())
```

```
outer()
# 在当前作用域中没有 map() 函数的定义，在内置作用域中搜索到函数并调用
print(list(map(str, range(5))))
# 当前作用域中有 x，可以直接访问，但不存在 y
# 由于当前处于全局作用域，按 Python 变量搜索顺序，继续在内置作用域搜索
# 不会去搜索 Enclosing 和 Local 作用域，但在内置作用域内也不存在 y，
# 代码引发异常
print('outside:', x, y, max(x,y))
```

运行结果为（上面的代码保存为程序文件“测试.py”）：

```
inner: 7 9 9 我是假的 map() 函数
outer: 3 5 5 我是假的 map() 函数
['0', '1', '2', '3', '4']
Traceback (most recent call last):
  File "C:\Python38\测试.py", line 35, in <module>
    print('outside:', x, y, max(x,y))
NameError: name 'y' is not defined
```

在 1.6 节介绍标识符命名规则时曾经提到，不建议使用内置函数作为自定义变量的名字，是因为当前作用域中的变量名会暂时隐藏同名的闭包变量、全局变量和内置对象，就是由于本节介绍的作用域搜索顺序的影响。如果是在程序中不小心使用了内置函数的名字作为自定义变量的名字，只需要修改程序并重新运行即可。如果是在交互模式中这样用，后面的代码无法正常使用内置函数时会引发异常，这时可以使用 del 语句删除自定义变量，就可以再次使用内置函数了。下面的代码在 IDLE 中演示了这种情况。

```
>>> values = [3, 5, 7, 11, 9, 11]
>>> max(values)
11
>>> max = 11
>>> min(values)
3
>>> max(values) - min(values)
Traceback (most recent call last):
  File "<pyshell#23>", line 1, in <module>
    max(values) - min(values)
TypeError: 'int' object is not callable
>>> max
11
>>> type(max)
<class 'int'>
>>> del max
>>> max(values) - min(values)
8
```

8.4 lambda 表达式语法与应用

lambda 表达式常用来声明匿名函数，也就是没有名字的、临时使用的小函数，虽然也可以使用 lambda 表达式定义具名函数，但很少这样使用。lambda 表达式只能包含一个表达式，表达式的值相当于函数的返回值。例如，下面代码中的函数 func 和 lambda 表达式 func 在功能上是完全等价的。

```
def func(a, b, c):
    return sum((a,b,c))

func = lambda a,b,c: sum((a,b,c))
```

lambda 表达式常用在临时需要一个函数的功能但又不想定义函数的场合，例如，内置函数 sorted()、max()、min() 和列表方法 sort() 的 key 参数，内置函数 map()、filter() 以及标准库 functools 中 reduce() 函数的第一个参数，lambda 表达式是 Python 函数式编程的重要体现。下面的代码演示了 lambda 表达式的常见应用场景，调用 print() 函数时在实参前面加一个星号属于序列解包的一种用法，用来把可迭代对象中的所有元素取出来作为普通位置参数传递给函数，如果单个星号作用于字典表示把字典中所有的“键”取出来作为普通位置参数。另外，如果使用字典作为实参并且在字典前面加两个星号，表示把字典转换为关键参数，其中字典的“键”作为参数名，“值”作为参数的值。

```
from random import sample
from functools import reduce

data = [sample(range(100), 10) for i in range(5)]
print(*data, sep='\n', end='\n===\n')
print(*sorted(data), sep='\n', end='\n===\n')
print(*sorted(data, key=lambda row:row[1]),
      sep='\n', end='\n===\n')                        # 按每行第 2 个元素升序输出
print(reduce(lambda x,y:x*y, data[0]), end='\n===\n')
                                                      # 第一行所有数字相乘
print(reduce(lambda x,y:x*y, data[1]), end='\n===\n')
                                                      # 第二行所有数字相乘
print(list(map(lambda row:row[0], data)), end='\n===\n')
                                                      # 获取每行第一个元素
print(list(map(lambda row:row[data.index(row)], data)),
      end='\n===\n')                                  # 获取对角线上的元素

print(max(data, key=lambda row:row[-1]),
      end='\n===\n')                                  # 最后一个元素最大的行
print(*filter(lambda row:sum(row)%2==0, data),
      sep='\n', end='\n===\n')                        # 所有元素之和为偶数的行
```

```
print(reduce(lambda x,y:[xx+yy for xx,yy in zip(x,y)], data))
                                          # 每列元素求和
```

运行结果为：

```
[85, 90, 95, 32, 71, 77, 36, 24, 94, 30]
[10, 3, 66, 24, 20, 33, 22, 85, 69, 29]
[98, 57, 63, 15, 51, 58, 25, 3, 35, 0]
[6, 16, 58, 44, 90, 30, 59, 31, 94, 93]
[59, 78, 44, 94, 46, 3, 82, 52, 75, 20]
===
[6, 16, 58, 44, 90, 30, 59, 31, 94, 93]
[10, 3, 66, 24, 20, 33, 22, 85, 69, 29]
[59, 78, 44, 94, 46, 3, 82, 52, 75, 20]
[85, 90, 95, 32, 71, 77, 36, 24, 94, 30]
[98, 57, 63, 15, 51, 58, 25, 3, 35, 0]
===
[10, 3, 66, 24, 20, 33, 22, 85, 69, 29]
[6, 16, 58, 44, 90, 30, 59, 31, 94, 93]
[98, 57, 63, 15, 51, 58, 25, 3, 35, 0]
[59, 78, 44, 94, 46, 3, 82, 52, 75, 20]
[85, 90, 95, 32, 71, 77, 36, 24, 94, 30]
===
309775412136960000
===
117357017184000
===
[85, 10, 98, 6, 59]
===
[85, 3, 63, 44, 46]
===
[6, 16, 58, 44, 90, 30, 59, 31, 94, 93]
===
[85, 90, 95, 32, 71, 77, 36, 24, 94, 30]
===
[258, 244, 326, 209, 278, 201, 224, 195, 367, 172]
```

8.5　生成器函数定义与使用

生成器函数

如果函数中包含 yield 语句，那么调用这个函数得到的返回值不是单个值，而是一个“包含”若干值的生成器对象，这样的函数也称生成器函数。代码每次执行到 yield 语句时，返回一个值，然后暂停执行，当通过内置函数 next()、for 循环遍历生成器对象元素或其他方式显式“索要”数据时再恢复执行。生成器函数得到的生成器对象和 4.3 节生成器表达式得到的生成器对象一样，只能从前向后逐个访问其中的元素，并且每个元素只能使用一次。

下面的代码演示了生成器函数的几种形式。

```
def fib():
    a, b = 1, 1                          # 序列解包，同时为多个元素赋值
    while True:
        yield a                          # 产生一个元素，暂停执行
        a, b = b, a+b                    # 序列解包，继续生成新元素

gen = fib()                              # 创建生成器对象
for i in range(10):                      # 斐波那契数列中前 10 个元素
    print(next(gen), end=' ')
print()

for i in fib():                          # 斐波那契数列中第一个大于 100 的元素
    if i > 100:
        print(i, end=' ')
        break
print()

def func():
    yield from 'abcdefg'                 # 使用 yield 表达式创建生成器

gen = func()
print(next(gen))                         # 使用内置函数 next() 获取下一个元素
print(next(gen))
for item in gen:                         # 遍历剩余的所有元素
    print(item)

def gen():
    yield 1
    yield 2
    yield 3

x, y, z = gen()                          # 生成器对象支持序列解包
print(x, y, z)
print(*gen())                            # 这也是序列解包的用法
```

运行结果为：

```
1 1 2 3 5 8 13 21 34 55
144
a
b
c
d
e
f
g
```

```
1 2 3
1 2 3
```

例 8-4　编写生成器函数，模拟标准库 itertools 中 cycle() 函数工作原理。

解析： 标准库 itertools 中的 cycle() 函数用来把有限长度可迭代对象中的元素首尾相接构成并返回一个无限循环的环，类似于原可迭代对象中的元素进行无限次的重复。在程序中，使用外层的 while 循环实现无限次重复，使用内层的 for 循环实现原可迭代对象中所有元素从头到尾的一次遍历。在生成器函数 myCycle() 开始把参数 iterable 转换为元组，是为了避免参数为 map 对象、生成器对象之类的惰性求值对象时每个元素只能使用一次的特点带来的错误。

```
def myCycle(iterable):
    iterable = tuple(iterable)
    while True:
        for item in iterable:
            yield item

c = myCycle('abcd')
for i in range(22):
    print(next(c), end=',')
print(next(c))
```

运行结果为：

```
a,b,c,d,a,b,c,d,a,b,c,d,a,b,c,d,a,b,c,d,a,b,c
```

8.6　修饰器函数定义与使用

修饰器是函数嵌套定义的一个重要应用。修饰器本质上也是一个函数，只不过这个函数接收其他函数作为参数并对其进行一定改造之后返回新函数。修饰器函数返回的是内部定义的函数，外层函数中的代码并没有调用内层函数，这一点和 8.1.3 节的例子是有本质区别的。下面的代码演示了修饰器函数定义与调用的语法。

```
users = {'zhangsan':'111',
         'lisi':'222',
         'wangwu':'333',
         'zhaoliu':'444'}
servers = ('server1', 'server2', 'server3')

def login(username, password, server):
    if password==users.get(username) and server in servers:
        print(f'{username} 您好，欢迎来到 {server}！ ')

def partial(func, *args1, **kwargs1):
    def wrapped(*args, **kwargs):
```

```
        return func(*args1, *args, **{**kwargs,**kwargs1})
    return wrapped

login_server1 = partial(login, server='server1')
login_server2 = partial(login, server='server2')
login_server3 = partial(login, server='server3')
login_server1('zhangsan', '111')
login_server2('zhangsan', '111')
login_server2('zhangsan', '111')
login_server3('wangwu', '333')
```

运行结果为：

```
zhangsan 您好，欢迎来到 server1！
zhangsan 您好，欢迎来到 server2！
zhangsan 您好，欢迎来到 server2！
wangwu 您好，欢迎来到 server3！
```

8.7 综合例题解析

例 8-5 编写函数，接收两个整数，返回这两个整数的最大公约数。

解析： 计算最大公约数的常用算法是辗转相除法，以 128 和 56 为例，其原理如图 8-3 所示。在标准库 math 中提供了 gcd() 函数专门用来计算最大公约数，在下面的程序中，对 gcd() 函数和自定义的函数进行了对比。要注意的是，函数 demo() 中的 while 循环使用到了 Python 3.8 的新特性，低版本的 Python 不支持这个语法。

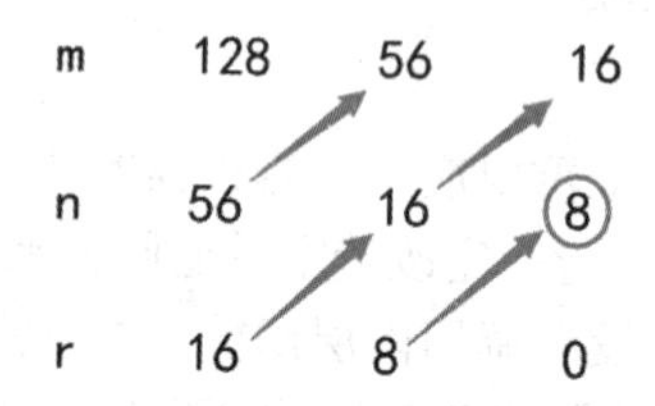

图 8-3 使用辗转相除法计算 128 和 56 的最大公约数

```
from math import gcd
from random import choices

def demo(m, n):
    assert isinstance(m,int) and isinstance(n,int)
    while (r:=m%n) != 0:
        m, n = n, r
    return n

for _ in range(20):
    data = choices(range(1,1000000), k=2)
```

```
    print(demo(*data)==demo(*data), end=' ')
```

运行结果为：

```
True True True True True True True True True True True True True True True True
True True True True
```

例 8-6　编写函数，模拟猜数游戏。系统随机在参数指定的范围内产生一个数，玩家最大猜测次数也由参数指定，每次猜测之后系统会根据玩家的猜测进行提示，玩家则可以根据系统的提示对下一次的猜测进行适当调整，直到猜对或者次数用完。

解析：在程序中用到了“value1 if condition else values”这样形式的表达式，相当于简易形式的双分支选择结构，当 condition 的值等价于 True 时表达式的值为 value1，否则为 value2。另外，这个程序演示了 else 在选择结构、循环结构、异常处理结构这三种不同结构中的用法，应注意体会。

例 8-6 讲解

```
from random import randint

def guess(start, stop, maxTimes):
    # 随机生成一个整数
    value = randint(start, stop)
    for i in range(maxTimes):
        prompt = '开始猜吧：' if i==0 else '再猜一次：'
        try:                                        # 防止输入不是数字的情况
            x = int(input(prompt))
        except:
            print('必须输入数字')
        else:
            if x == value:
                print('恭喜，猜对了！')
                break
            elif x > value:
                print('太大了。')
            else:
                print('太小了。')
    else:
        print('次数用完了，游戏结束。')
        print('正确的数字是：', value)

guess(100, 110, 3)
```

运行结果为：

```
开始猜吧：105
太大了。
再猜一次：103
太小了。
再猜一次：104
恭喜，猜对了！
```

例 8-7 编写函数，计算形式如 a + aa + aaa + aaaa + ... + aaa...aaa 的表达式前 n 项的值，其中 a 为小于 10 的自然数。

解析：表达式中，相邻两项的后一项为前一项乘以 10 再加 a 的值。在程序中，充分利用这个关系来提高运算效率。

```
def demo(a, n):
    assert type(a)==int and 0<a<10, '参数 a 必须介于 [1,9] 区间'
    assert isinstance(n,int) and n>1, '参数 n 必须为正整数'
    result, t = 0, 0
    for i in range(n):
        t = t*10 + a
        result = result + t
    return result

print(demo(3, 4))
print(demo(6, 6))
```

例 8-7 讲解

例 8-7 代码运行演示

运行结果为：

```
3702
740736
```

例 8-8 假设有一段很长的楼梯，小明一步最多能上 3 个台阶，编写程序使用递归法计算小明到达第 n 个台阶有多少种上楼梯的方法？

解析：以 n=15 为例，从第 15 个台阶上往回看，有 3 种方法可以上来（从第 14 个台阶上一步迈 1 个台阶上来，从第 13 个台阶上一步迈 2 个台阶上来，从第 12 个台阶上一步迈 3 个台阶上来），同理，第 14 个、13 个、12 个台阶都可以这样推算，从而得到公式 $f(n) = f(n-1) + f(n-2) + f(n-3)$，其中 n=15，14，13，...，5，4。然后就是确定这个递归公式的结束条件了，第一个台阶只有 1 种上法，第二个台阶有 2 种上法（一步迈 2 个台阶上去、一步迈 1 个台阶分两步上去），第三个台阶有 4 种上法（一步迈 3 个台阶上去、一步迈 2 个台阶 + 一步迈 1 个台阶、一步迈 1 个台阶 + 一步迈 2 个台阶、一步迈 1 个台阶分三步上去）。

```
def climbStairs(n):
    first3 = {1:1, 2:2, 3:4}
    if n in first3.keys():
        return first3[n]
    else:
        return climbStairs(n-1) + \
               climbStairs(n-2) + \
               climbStairs(n-3)

print(climbStairs(15))
print(climbStairs(18))
print(climbStairs(30))
```

运行结果为：

```
5768
35890
53798080
```

例 8-9　把一个自然数分解成最多 4 个平方数的和，要求越短越好。例如，7 604=2 704+4 900=52^2+70^2。

解析：本例主要演示嵌套函数定义的用法。在内层，第一个函数 generate() 用来生成若干正整数组成的列表 pingfangshu，每个正整数都是平方数，并且都不超过外层函数参数 data 中的最大值。内层第二个函数 getResult() 用来处理 data 列表中每个数字 num，使用组合函数 combinations() 在列表 pingfangshu 中查找所有相加之和等于 num 的组合并返回其中最短的一个。

```
from random import sample
from itertools import combinations

def shortestPingFang(data):
    ''' 对于任意自然数 n，都能分解成若干平方数的和，求其最短 '''
    # 计算所有小于最大数 n 的平方数，每个数字重复 4 次
    pingfangshu = [1]
    def generate():
        n = max(data)
        for num in range(2, int(n**0.5)+1):
            pingfangshu.extend([num**2]*4)
    generate()

    def getResult(num):
        temp = int(num**0.5)**2
        index = pingfangshu.index(temp)+1
        # 切片，不考虑后面比 num 大的数，适当优化
        tempPingFangShu = pingfangshu[:index]
        # 寻找最短组合
        for length in range(1, 5):
            for item in combinations(tempPingFangShu, length):
                if sum(item) == num:
                    return item
    for num in data:
        print(num, ':', getResult(num))

data = sample(range(1,100000), 10)
shortestPingFang(data)
```

运行结果为：

```
1588 : (144, 1444)
19234 : (1, 7569, 11664)
17309 : (4, 144, 17161)
1954 : (729, 1225)
```

```
36707 : (1, 225, 36481)
57082 : (3721, 53361)
34915 : (49, 5625, 29241)
65450 : (1, 6400, 59049)
11188 : (784, 10404)
66421 : (1, 2916, 63504)
```

例 8-10 使用秦九韶算法求解多项式的值。

解析： 秦九韶算法是一种高效计算多项式值的算法。该算法的核心思想是通过改写多项式来减少计算量。例如，对于多项式 $f(x)=3x^5+8x^4+5x^3+9x^2+7x+1$，如果直接计算，需要 15 次乘法和 5 次加法。改写成 $f(x)=((((3x+8)x+5)x+9)x+7)x+1$ 这样的形式之后，只需要 5 次乘法和 5 次加法就可以了，大幅度提高了计算速度。下面代码中的函数 func() 接收一个元组，其中的元素分别表示从高阶到低阶各项的系数，缺少的项用系数 0 表示，然后函数使用秦九韶算法计算多项式的值并返回。

```
from functools import reduce

def func(factors, x):
    result = reduce(lambda a, b: a*x+b, factors)
    return result

factors = [(3, 8, 5, 9, 7, 1),
           (5, 0, 0, 0, 0, 1), (5,), (5, 1)]
for factor in factors:
    print(func(factor, 2))
```

运行结果为：

```
315
161
5
11
```

例 8-11 编写生成器函数，模拟伪随机数生成器。

解析： 伪随机数生成有很多种方法，其中一个公式是这样的：rNew = (a*rOld + b) % (end-start) + start，然后设置 rOld = rNew。在使用时，一般要求用户指定种子数 rOld 以及用来限定随机数范围的 start 和 end。另外，公式中 a 和 b 确定了随机数的规律，这两个数如果选择不好，可能会影响数字的随机性。

```
def randint(start, end, seed=999999):
    a = 32310901
    b = 1729
    rOld = seed
    m = end-start
    while True:
        rNew = (a*rOld+b)%m + start
        yield rNew
        rOld = rNew
```

```
# 模拟5次，每次使用不同的种子
for _ in range(5):
    rnd = randint(1, 10000, _)
    # 生成指定序列的前10个伪随机数
    for _ in range(10):
        print(next(rnd), end=' ')
    print()
```

运行结果为：

```
1730 805 8322 1673 5257 5826 7169 7000 8622 1397
5862 5936 1735 1467 3980 8734 4227 9440 1711 2289
9994 1068 5147 1261 2703 1643 1285 1881 4799 3181
4127 6199 8559 1055 1426 4551 8342 4321 7887 4073
8259 1331 1972 849 149 7459 5400 6761 976 4965
```

例 8-12　编写生成器函数，模拟内置函数 filter() 工作原理。

解析：内置函数 filter() 工作原理请参考 2.3.11 节。

```
def myFilter(func, seq):
    if func is None:
        func = bool
    for item in seq:
        if func(item):
            yield item

print(list(myFilter(None, range(-3, 5))))
print(list(myFilter(str.isdigit, '123bcdse45')))
print(list(myFilter(lambda x:x>5, range(10))))
```

运行结果为：

```
[-3, -2, -1, 1, 2, 3, 4]
['1', '2', '3', '4', '5']
[6, 7, 8, 9]
```

例 8-13　编写函数，使用蒙特·卡罗方法计算圆周率近似值。

解析：蒙特·卡罗方法是一种通过概率来得到问题近似解的方法，在很多领域都有重要的应用，其中包括圆周率近似值的计算问题。假设有一块边长为 2 的正方形木板，在上面画一个单位圆，然后随意往木板上扔飞镖，如果扔的次数足够多，那么落在单位圆内的次数除以总次数再乘以 4，这个数字会无限逼近圆周率的值，因为$\frac{圆的面积}{木板的面积}=\frac{\pi r^2}{(2r)^2}=\frac{\pi}{4}$。这就是蒙特·卡罗发明的用于计算圆周率近似值的方法，如图 8-4 所示。

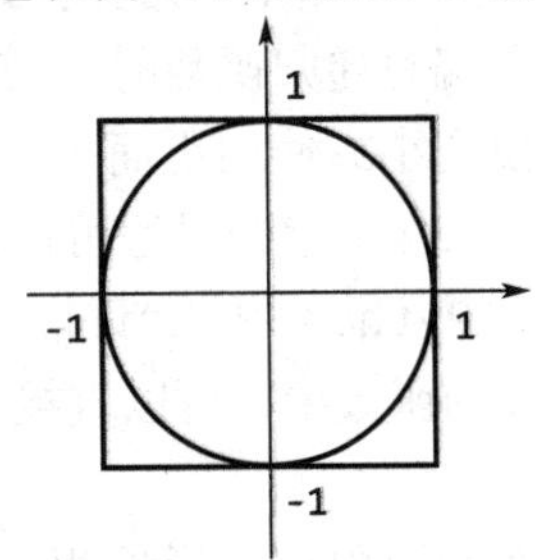

图 8-4　蒙特·卡罗方法计算圆周率近似值的原理

```
from random import random

def estimatePI(times):
    hits = 0
    for i in range(times):
        # random() 生成介于 0 和 1 之间的小数
        # 该数字乘以 2 再减 1，则介于 -1 和 1 之间
        x = random()*2 - 1
        y = random()*2 - 1
        # 落在圆内或圆周上
        if x*x + y*y <= 1:
            hits += 1
    return 4.0 * hits/times

print(estimatePI(10000))
print(estimatePI(1000000))
print(estimatePI(100000000))
print(estimatePI(1000000000))
```

例 8-13 代码运行演示

运行结果为：

```
3.1468
3.141252
3.14152528
3.141496524
```

说明：为了避免在服务器上运行时间太长，二维码运行演示中删除了最后两行代码，因此 APP 中运行出的结果与上面的结果不完全一致，建议使用本地 Python 环境测试完整代码。

本章知识要点

（1）函数只是一种封装代码的方式，在函数内部用到的仍然是内置函数、运算符、内置类型、选择结构、循环结构、异常处理结构等内容，只是把这些功能代码封装起来然后提供一个接收输入和返回结果的接口。

（2）一般来说，在函数中应该首先对接收的参数进行有效性检查，保证参数完全符合条件之后再执行正常的功能代码，不能假设参数的值总是合理的、有效的。

（3）在编写递归函数时，应注意：① 每次递归应保持问题性质不变；② 每次递归应使得问题规模变小或使用更简单的输入；③ 必须有一个能够直接处理而不需要再次进行递归的特殊情况来保证递归过程可以结束；④ 函数递归深度不能太大，否则会引起内存崩溃。

（4）在 Python 中，允许嵌套定义函数，也就是在一个函数的定义中再定义另一个函数。在内部定义的函数中，可以直接访问外部函数的参数和外部函数定义的变量以及全局变量和内置对象。

（5）在函数内部，形参相当于局部变量。调用函数时向其传递实参，将实参的引用传

递给形参。

（6）在函数调用完成的瞬间，形参和对应的实参引用的是同一个对象。

（7）位置参数是比较常用的形式，调用函数时不需要对实参进行任何说明，直接放在括号内即可，第一个实参传递给第一个形参，第二个实参传递给第二个形参，以此类推。实参和形参的顺序必须严格一致，并且实参和形参的数量必须相同，否则会导致逻辑错误得到不正确结果或者抛出 TypeError 异常并提示参数数量不对。

（8）在 Python 3.8 以上的版本中，允许在定义函数时设置一个斜线“/”作为参数，斜线参数“/”本身并不是真正的参数，仅用来说明该位置之前的所有参数必须以位置参数的形式进行传递。类似地，在 Python 3.8 以上的版本中允许使用一个星号“*”作为参数，表示该位置之后的所有参数都必须以关键参数的形式进行传递。

（9）在调用带有默认值参数的函数时，可以不用为设置了默认值的形参进行传值，此时函数将会直接使用函数定义时设置的默认值，当然也可以通过显式赋值来替换其默认值。

（10）关键参数指调用函数时按参数名字传递值，明确指定哪个实参传递给哪个形参。通过这样的调用方式，实参顺序可以和形参顺序不一致，但不影响参数值的传递结果。

（11）可变长度参数是指形参对应的实参数量不确定，一个形参可以接收多个实参。在定义函数时主要有两种形式：*parameter 和 **parameter，前者用来接收任意多个位置实参并将其放在一个元组中，后者接收任意多个关键参数并将其放入字典中。

（12）变量起作用的代码范围称为变量的作用域，不同作用域内变量名字可以相同，互不影响。从变量作用域或者搜索顺序的角度来看，Python 有局部变量、nonlocal 变量、全局变量和内置对象。

（13）Python 关键字 global 有两个作用：① 一个变量已在函数外定义，如果在函数内需要为这个变量赋值，并要将这个赋值结果反映到函数外，可以在函数内使用 global 声明为要使用这个全局变量。② 如果一个变量在函数外没有定义，在函数内部也可以直接将一个变量声明为全局变量，该函数执行后，将增加一个新的全局变量。

（14）关键字 nonlocal 声明的变量一般用于嵌套函数定义的场合，会引用距离最近的非全局作用域的变量，要求声明的变量已经存在，关键字 nonlocal 不会创建新变量。

（15）在 Python 程序中试图访问一个变量时，搜索顺序遵循 LEGB 原则。

（16）lambda 表达式常用来声明匿名函数，也就是没有名字的、临时使用的小函数，也可以使用 lambda 表达式定义具名函数。lambda 表达式只能包含一个表达式，表达式的值等价于函数的返回值。

（17）如果函数中包含 yield 语句，那么这个函数的返回值不是单个值，而是一个生成器对象，这样的函数称生成器函数。代码每次执行到 yield 语句时，返回一个值，然后暂停执行，当通过内置函数 next()、for 循环遍历生成器对象元素或其他方式显式“索要”数据时再恢复执行。

（18）标准库 itertools 中的 cycle() 函数用来把有限长度可迭代对象中的元素首尾相接构成并返回一个无限循环的环，类似于原可迭代对象中的元素进行无限次的重复。

（19）修饰器本质上也是一个函数，只不过这个函数接收其他函数作为参数并对其进行一定改造之后返回新函数。

习　题

1. 判断题：编写函数时，一般建议先对参数进行合法性检查，然后再编写正常的功能代码。（　　）

2. 判断题：在调用函数时，把实参的引用传递给形参，也就是说，在函数体语句执行之前的瞬间，形参和实参引用的是同一个对象。（　　）

3. 判断题：函数中必须包含 return 语句。（　　）

4. 判断题：在函数内部，既可以使用 global 来声明使用外部全局变量，也可以使用 global 直接声明全局变量。（　　）

5. 判断题：调用带有默认值参数的函数时，不能为默认值参数传递任何值，必须使用函数定义时设置的默认值。（　　）

6. 判断题：在调用函数时，必须牢记函数形参顺序才能正确传值。（　　）

7. 判断题：g = lambda x: 3 不是一个合法的赋值语句。（　　）

8. 判断题：在函数中，如果有为变量赋值的语句并且没有使用 global 对该变量进行声明，那么该变量一定是局部变量。（　　）

9. 判断题：在函数中 yield 语句的作用和 return 完全一样。（　　）

10. 判断题：在同一个作用域内，局部变量会隐藏同名的全局变量。（　　）

11. 填空题：如果函数中没有 return 语句或者 return 语句不带任何返回值，那么该函数的返回值为________。

12. 填空题：表达式 list(map(lambda x: x+5, [1, 2, 3, 4, 5])) 的值为________。

13. 填空题：已知 g = lambda x, y=3, z=5: x*y*z，则语句 print(g(1)) 的输出结果为________。

14. 填空题：已知函数定义 def demo(x, y, op):return eval(str(x)+op+str(y))，那么表达式 demo(3, 5, '-') 的值为________。

15. 填空题：已知函数定义 def func(**p):return ''.join(sorted(p))，那么表达式 func(x=1, y=2, z=3) 的值为________。

16. 填空题：已知 f = lambda x: 5，那么表达式 f(3) 的值为________。

17. 思考题：阅读下面的代码，分析其执行结果。

```
def demo(*p):
    return sum(p)
print(demo(1,2,3,4,5))
print(demo(1,2,3))
```

18. 思考题：阅读下面的代码，分析其执行结果。

```
def demo(a, b, c=3, d=100):
    return sum((a,b,c,d))
print(demo(1, 2, 3, 4))
print(demo(1, 2, d=3))
```

19. 思考题：阅读以下冒泡法排序代码，尝试写出优化代码，提高代码运行效率。

```
from random import randint

def bubbleSort(lst):
    length = len(lst)
    for i in range(0, length):
        for j in range(0, length-i-1):
            # 比较相邻两个元素大小，并根据需要进行交换
            if lst[j] > lst[j+1]:
                lst[j], lst[j+1] = lst[j+1], lst[j]

lst = [randint(1, 100) for i in range(20)]
print('Before sort:\n', lst)
bubbleSort(lst)
print('After sort:\n', lst)
```

20. 编程题：编写程序，用户输入若干带有千分位逗号的数字字符串，每输入一个立刻输出不带千分位逗号的数字字符串。如果输入字符串 '0' 则退出程序。

21. 编程题：编写程序，用户输入若干不带千分位逗号的数字字符串，每输入一个立刻输出带千分位逗号的数字字符串。如果输入字符串 '0' 则退出程序。

22. 编程题：编写程序，重做例 3-14，使用标准库 functools 中的 reduce() 函数实现原来代码中 for 循环的功能。

第 9 章

文件与文件夹操作

本章学习目标

- ➢ 熟练掌握内置函数 open() 的用法与参数含义；
- ➢ 熟练掌握文件对象方法读写文件内容的使用；
- ➢ 熟练掌握上下文管理语句 with 的用法；
- ➢ 熟练掌握 json 模块的使用；
- ➢ 熟练掌握 csv 模块的使用；
- ➢ 理解 pickle 和 struct 序列化的原理以及这两个模块的简单使用；
- ➢ 熟练掌握 os、os.path、shutil 模块的使用；
- ➢ 熟练掌握 Python 操作 docx、xlsx、pptx 格式文件的方法和扩展库使用；
- ➢ 了解 Python 操作 PDF 文件的方法和扩展库。

9.1 文件操作基础

文件是长久保存信息并支持重复使用和反复修改的重要方式，同时也是信息交换的重要途径。记事本文件、日志文件、各种配置文件、数据库文件、图像文件、音频视频文件、可执行文件、Office 文档、动态链接库文件等，都以不同的文件形式存储在各种存储设备（如磁盘、U 盘、光盘、云盘、网盘等）上。

按数据组织形式的不同，可以把文件分为文本文件和二进制文件两大类。

1）文本文件

文本文件可以使用记事本、Notepad++、vim、gedit、ultraedit、Emacs、Sublime

Text3 等字处理软件直接进行显示和编辑，并且人类能够直接阅读和理解。文本文件由若干文本行组成，每行以换行符结束，文件中包含英文字母、汉字、数字字符串、标点符号等。扩展名为.txt、.log、.ini、.c、.cpp、.py、.pyw、.html、.js、.css 的文件都属于文本文件。

2）二进制文件

数据库文件、图像文件、可执行文件、动态链接库文件、音频文件、视频文件、Office 文档等均属于二进制文件。二进制文件无法用记事本或其他普通字处理软件正常显示和编辑，人类也无法直接阅读和理解，需要使用正确的软件进行解码或反序列化之后才能正确地读取、显示、修改或执行。

9.1.1　内置函数 open()

操作文件内容一般需要三步：首先打开文件并创建文件对象，然后通过该文件对象对文件内容进行读取、写入、删除、修改等操作，最后关闭并保存文件内容。

Python 内置函数 open() 使用指定的模式和编码格式打开指定文件并创建文件对象，完整语法为：

```
open(file, mode='r', buffering=-1, encoding=None, errors=None,
    newline=None, closefd=True, opener=None)
```

该函数的主要参数含义如下。

- 参数 file 指定要操作的文件名称，如果该文件不在当前文件夹或子文件夹中，建议使用绝对路径，如果使用相对路径需要确保从当前工作文件夹出发可以访问到该文件。为了减少路径中分隔符“\”符号的输入，可以使用原始字符串。在书写文件路径时要注意，Windows 平台上大部分软件使用反斜线“\”作为路径分隔符，但在其他有些平台上是使用斜线“/”，Windows 平台上也有个别软件使用斜线作为路径分隔符。
- 参数 mode（取值范围见表 9-1）指定打开文件后的处理方式，如 'r'（文本文件只读模式）、'w'（文本文件只写模式）、'a'（文本文件追加模式）、'rb'（二进制文件只读模式）、'wb'（二进制文件只写模式）等，默认为 'rt'（文本只读模式）。使用 'r'、'w'、'x' 以及这几个模式衍生的模式打开文件时文件指针位于文件头；而使用 'a'、'ab'、'a+' 这样的模式打开文件时文件指针位于文件尾。另外，'w' 和 'x' 都是写模式，在目标文件不存在时是一样的，目标文件已存在时 'w' 模式会清空原有内容而 'x' 模式会抛出异常。如果需要同时进行读写，不是使用 'rw' 模式，而是使用 'r+'、'w+' 或 'a+' 的组合方式（或对应的 'rb+'、'wb+'、'ab+'）打开。
- 参数 encoding 指定对文本进行编码和解码的方式，只适用于文本模式（如 'r'、'r+'、'w'、'w+'、'a'），可以使用 Python 支持的任何格式，如 GBK、UTF-8、CP936 等，在 Windows 系统中 Python 3.x 默认使用 GBK 编码格式。为了保证代码具有较好的可移植性，一般建议在代码中明确指定编码格式。
- 参数 buffering 指定读写文件时的缓存模式。0 表示不缓存，1 表示缓存，大于 1 的数字表示缓冲区的大小，默认值 -1 表示由系统管理缓存。

如果执行成功，open() 函数返回 1 个文件对象，通过该文件对象可以对文件进行读写操作。如果指定文件不存在、访问权限不够、磁盘空间不够或其他原因导致创建文件对象失败则抛出 IOError 异常。

对文件内容操作完以后，一定要关闭文件。然而，即使我们写了关闭文件的代码，也无法保证文件一定能够正常关闭。例如，如果在打开文件之后和关闭文件之前的代码发生了错误导致程序崩溃，这时文件就无法正常关闭。在管理文件对象时推荐使用 with 关键字，可以避免这个问题（参见 9.1.3 内容）。

表 9-1　文件打开模式

模式	说明
r	读模式（默认模式，可省略），文件不存在或没有访问权限时抛出异常，成功打开时文件指针位于文件头部开始处
w	写模式，如果文件已存在就先清空原有内容，文件不存在时创建新文件，成功打开时文件指针位于文件头部开始处
x	写模式，创建新文件，如果文件已存在则抛出异常，成功打开时文件指针位于文件头部开始处
a	追加模式，文件已存在时不覆盖文件中原有内容，成功打开时文件指针位于文件尾部；文件不存在时创建新文件
b	二进制模式（可与 r、w、x 或 a 模式组合使用），使用二进制模式打开文件时不允许指定 encoding 参数
t	文本模式（默认模式，可省略）
+	读、写模式（可与其他模式组合使用）

9.1.2　文件对象常用方法

如果执行成功，open() 函数返回 1 个文件对象，通过该文件对象可以对文件进行读写操作，文件对象常用方法如表 9-2 所示。

使用 read()、readline() 和 write() 方法读写文件内容时，都是从当前位置开始读写，并且读写完成之后表示当前位置的文件指针会自动向后移动。例如，使用 'r' 模式打开文件之后文件指针位于文件头，调用方法 read(5) 读取 5 个字符，此时文件指针指向第 6 个字符，当再次使用 read() 方法读取内容时，从第 6 个字符开始。

表 9-2　文件对象的常用方法

方法	功能说明
close()	把缓冲区的内容写入文件，同时关闭文件，释放文件对象
read(size=-1, /)	从以 'r'、'r+' 模式打开的文本文件中读取并返回最多 size 个字符，或从以 'rb'、'rb+' 模式打开的二进制文件中读取并返回最多 size 个字节，参数 size 的默认值 -1 表示读取文件中全部内容。每次读取时从文件指针当前位置开始读，读取完成后自动修改文件指针到本次读取结束的位置

续表

方法	功能说明
`readline(size=-1, /)`	参数 size=-1 时从以 'r'、'r+' 模式打开的文本文件中读取并返回一行内容，如果已经到达文件尾就返回空字符串。如果指定 size 为正整数则读取 size 个字符，和 read() 方法一样。每次读取时从文件指针当前位置开始读，读取完成后自动修改文件指针到读取结束的位置
`readlines(hint=-1, /)`	参数 hint=-1 时从以 'r'、'r+' 模式打开的文本文件中读取所有内容，返回包含每行字符串的列表，读取完成之后把文件指针移动到文件尾部；参数 hint 为正整数时从当前位置开始读取若干连续完整的行，如果已读取的字符数量超过 hint 的值就停止读取
`seek(cookie, whence=0, /)`	定位文件指针，把文件指针移动到相对于 whence 的偏移量为 cookie 个字节的位置。其中 whence 为 0 表示文件头，1 表示当前位置，2 表示文件尾。对于文本文件，whence=2 时 cookie 必须为 0；对于二进制文件，whence=2 时 cookie 可以为负数。不论以文本模式还是二进制模式打开文件，都是以字节为单位进行定位
`write(text, /)`	把 text 的内容写入文件，如果写入文本文件则 text 应该是字符串，如果写入二进制文件则 text 应该是字节串。返回写入字符串或字节串的长度
`writelines(lines, /)`	把列表 lines 中的所有字符串写入文本文件，并不在 lines 中每个字符串后面自动增加换行符。也就是说，如果确实想让 lines 中的每个字符串写入文本文件之后各占一行，应由程序员保证每个字符串都以换行符结束

9.1.3　上下文管理语句 with

在实际开发中，读写文件应优先考虑使用上下文管理语句 with。关键字 with 可以自动管理资源，不论因为什么原因跳出 with 块，总能保证文件被正确关闭。除了用于文件操作，with 关键字还可以用于数据库连接、网络连接或类似场合。用于文件内容读写时，with 语句的语法形式如下：

```
with open(filename, mode, encoding) as fp:
    # 这里写通过文件对象 fp 读写文件内容的语句
```

9.1.4　文件操作例题解析

例 9-1　编写程序，读取文本文件 data.txt（文件中每行存放一个整数）中所有整数，按升序排序后再写入文本文件 data_asc.txt 中。

解析：在本例代码中，data.sort(key=int) 是对读取到的所有数字构成的列表进行排序，内置函数 int() 可以自动忽略数字字符串两侧的空白字符。另外，在数据文件 data.txt 中，最后一行数字之后应该有一个回车，否则会影响结果，因为文件对象的 writelines() 方法不会自动插入换行符。请自行运行和测试下面的程序。

```
with open('data.txt') as fp:
```

```
    data = fp.readlines()
data.sort(key=int)
with open('data_new.txt', 'w') as fp:
    fp.writelines(data)
```

例 9-2 编写程序，遍历并输出 Python 安装目录中文本文件 news.txt 的所有行内容。

解析：以 'r'、'r+' 模式打开的文本文件对象属于可迭代对象，可以直接使用 for 循环遍历其中的元素，每次遍历一行。请自行运行和测试下面的程序。

```
with open('news.txt', encoding='utf8') as fp:
    for line in fp:
        print(line)
```

例 9-3 编写函数，接收一个文件名作为参数，读取文件头然后判断该文件是否为 GIF 文件。然后编写程序调用这个函数，对给定的文件进行测试。

解析：GIF 文件有个非常明显的特征，文件头部前 4 个字节为 b'GIF8'。根据这个特征，使用 'rb' 模式打开指定的文件，然后读取前 4 个字节，如果是 b'GIF8' 则认为是 GIF 文件，与文件扩展名无关。

```
def is_gif(fname):
    with open(fname, 'rb') as fp:
        first4 = fp.read(4)
    return first4 == b'GIF8'

print(is_gif(r'C:\Windows\System32\LaptopPlugInToastImg.gif'))
print(is_gif(r'C:\Windows\System32\ActiveHours.png'))
print(is_gif(r'C:\Python38\news.txt'))
```

运行结果为：

```
True
False
False
```

例 9-4 编写程序，读取微信公众号“Python 小屋”中一篇文章 https://mp.weixin.qq.com/s/VDgqcxAxYyiTL-3yU1anjA 中的内容，使用正则表达式提取其中一对书名号“《》”中的内容，写入本地文本文件“系列教材.txt”中，使用 UTF-8 编码格式。

解析：标准库 urllib.request 中提供了函数 urlopen() 可以打开指定 URL，成功打开之后返回的对象可以像文件对象一样使用 read() 读取其中的内容（二进制形式），使用 decode() 方法解码为字符串即为网页源代码，然后使用正则表达式提取一对书名号中的内容，使用正则表达式函数 sub() 把无关的 HTML 代码删除即可得到书名，把这些书名写入到本地文件中。请自行运行和测试代码并观察运行结果。

```
from re import findall, sub
from urllib.request import urlopen

url = r'https://mp.weixin.qq.com/s/VDgqcxAxYyiTL-3yU1anjA'
with urlopen(url) as fp:
```

例 9-4 讲解

```
    content = fp.read().decode()
bookNames = findall(r'《(.+?)》', content)
with open('系列教材.txt', 'w', encoding='utf8') as fp:
    for bookname in bookNames:
        bookname = sub(r'<.*?>', '', bookname)
        fp.write(bookname+'\n')
```

例 9-5　编写程序，读取网上图片的数据并保存为本地图片文件 20200203.jpg，实现网络图片下载的功能。已知网上图片地址为 https://mmbiz.qpic.cn/mmbiz_png/xXrickrc6JTMGnb00hQvQjmNibAPj2s2znLwP9LKsvQxNIpvC8rxWd4DciaEdicKvUcV1Dg5Mic0XulnjiaNOsroFPuA/640?wx_fmt=png&tp=webp&wxfrom=5&wx_lazy=1&wx_co=1，图片内容如图 9-1 所示。

```
from os import listdir
from os.path import join, basename
from re import findall
import pptx
from pptx.util import Inches, Pt
from pptx.enum.text import PP_PARAGRAPH_ALIGNMENT

picDir = '第7章 文件操作'
# 所有PNG图片文件名，按主文件名的数字顺序排列
picFiles = [join(picDir,fn)
            for fn in listdir(picDir)
            if fn.endswith('.jpg')]
picFiles.sort(key=lambda item:int(findall(r'Slide(\d+).jpg',
                                          item)[0]))
# 创建空白演示文档
pptFile = pptx.Presentation()
# 设置幻灯片尺寸，16: 9
pptFile.slide_width = Inches(16)
pptFile.slide_height = Inches(9)
for fn in picFiles:
    # slide_layouts[6]表示空白幻灯片
    slide = pptFile.slides.add_slide(pptFile.slide_layouts[6])
    # 添加文本框，设置文本内容，右对齐，字体和字号
    txt = slide.shapes.add_textbox(0, 0,
                                   pptFile.slide_width,
                                   Inches(1))
    p = txt.text_frame.add_paragraph()
    p.text = basename(fn)
    p.alignment = PP_PARAGRAPH_ALIGNMENT.RIGHT
    p.font.name = '微软雅黑'
    p.font.size = Pt(28)
    # 导入并为当前幻灯片添加图片
    pic = slide.shapes.add_picture(fn, Inches(0), Inches(0),
                                   Inches(16), Inches(9))
    # 图片置于文本框下方，使得文本框可见
    slide.shapes._spTree.insert(1, pic._element)

pptFile.save('test.pptx')
```


图 9-1　网络图片内容

解析：在标准库 urllib.request 中提供了函数 urlopen() 用来打开网络资源，使用该函数打开网上图片的地址，成功之后返回的对象可以像文件对象一样使用 read() 方法读取其中的内容（二进制形式），把这些内容写入以 'wb' 模式打开的本地二进制图片文件，即可实现网络图片的下载。请自行运行和测试代码并观察运行结果。

```
from urllib.request import urlopen

url = r'https://mmbiz.qpic.cn/mmbiz_png/xXrickrc6JTMGnb00hQvQjmNibAPj2s2znLwP9LKsvQxNIpvC8rxWd4DciaEdicKvUcV1Dg5Mic0XulnjiaNOsroFPuA/640?wx_fmt=png&tp=webp&wxfrom=5&wx_lazy=1&wx_co=1'
```

```
with urlopen(url) as fp:
    content = fp.read()
with open('20200203.jpg', 'wb') as fp:
    fp.write(content)
```

9.2 JSON 文件操作实战

JSON（JavaScript Object Notation）是一个轻量级的数据交换格式，Python 标准库 json 完美实现了对该格式的支持。使用标准库 json 中的 dumps() 函数把对象序列化为字符串，使用标准库 json 中的 loads() 函数把 JSON 格式字符串还原为 Python 对象，这在 7.2.3 节中已经介绍过。另外，使用标准库 json 中的 dump() 函数可以把数据序列化并直接写入文本格式的文件，使用标准库 json 中的 load() 函数可以从文本文件中读取 JSON 格式的数据并直接还原为 Python 对象。

标准库 json 中序列化函数 dump() 的完整语法为：

```
dump(obj, fp, *, skipkeys=False, ensure_ascii=True, check_circular=True, allow_nan=True, cls=None, indent=None, separators=None, default=None, sort_keys=False, **kw)
```

其中比较常用的参数及含义为：

- 参数 obj 表示 Python 对象，可以为整数、实数、复数、字符串、列表、元组、字典等；
- 参数 fp 表示以写模式打开的文件对象；
- 参数 skipkeys 设置为 True 时，如果遇到字典对象的键不是 str、int、float、bool 或 None 则直接跳过，skipkeys 为 False 时遇到这样的情况会抛出 TypeError 异常；
- 参数 ensure_ascii 设置为 True 时，对象 obj 中的所有字符都会被转换为 JSON 格式的 ASCII 字符，ensure_ascii 为 False 时不会对 obj 中的非 ASCII 字符进行转换并允许序列化结果中包含这些非 ASCII 字符；
- 参数 allow_nan=True 时会把超出实数范围的 nan、inf、-inf 分别转换为 NaN、Infinity、-Infinity，参数 allow_nan=False 时遇到这几个值会抛出 ValueError 异常；
- 参数 indent 默认值 None 表示不缩进的压缩表示形式，如果设置为非负整数则采用相应的缩进层次显示序列化之后的对象；
- 参数 separators 用来指定分隔符，默认当 indent 为 None 时使用 (', ', ': ') 作为分隔符，indent 为其他值时使用 (',', ': ') 作为分隔符；如果指定 separators 参数的话，值应该为 (item_separator, key_separator) 的形式，分别指定元素之间的分隔符和“键”后面的分隔符；
- 参数 sort_keys 设置为 True 时序列化后的结果按字典的“键”进行排序。

标准库 json 中反序列化函数 load() 的完整语法为：

```
load(fp, *, cls=None, object_hook=None, parse_float=None, parse_int=None, parse_constant=None, object_pairs_hook=None, **kw)
```

其中，参数 fp 表示以读模式打开的包含 JSON 数据的文件对象。

例 9-6　编写程序，把字典中存储的山东省部分城市不同档次小区的平均房价使用 JSON 格式序列化写入到文件中，然后再从文件中读取并反序列化和输出这些数据。

解析：在使用 dump() 函数进行序列化时，分别使用参数 indent 指定缩进层次、参数 separators 指定分隔符、参数 ensure_ascii 指定不对中文字符进行编码和转换。

```
from json import dump, load

price = {'济南':{'高档小区':35000, '中档小区':20000, '普通小区':10000},
         '烟台':{'高档小区':28000, '中档小区':18000, '普通小区':9000},
         '青岛':{'高档小区':40000, '中档小区':26000, '普通小区':14000},
         '德州':{'高档小区':28000, '中档小区':20000, '普通小区':10000},
         '淄博':{'高档小区':26000, '中档小区':17000, '普通小区':8500}}

with open('data.json', 'w', encoding='utf8') as fp:
    dump(price, fp, indent=4,
         separators=(',',':'), ensure_ascii=False)

with open('data.json', 'r', encoding='utf8') as fp:
    print(load(fp))
```

运行结果如下，生成的文件 data.json 内容如图 9-2 所示。

```
{'济南': {'高档小区': 35000, '中档小区': 20000, '普通小区': 10000}, '烟台': {'高档小区': 28000, '中档小区': 18000, '普通小区': 9000}, '青岛': {'高档小区': 40000, '中档小区': 26000, '普通小区': 14000}, '德州': {'高档小区': 28000, '中档小区': 20000, '普通小区': 10000}, '淄博': {'高档小区': 26000, '中档小区': 17000, '普通小区': 8500}}
```

```
data.json
1  {
2      "济南":{
3          "高档小区":35000,
4          "中档小区":20000,
5          "普通小区":10000
6      },
7      "烟台":{
8          "高档小区":28000,
9          "中档小区":18000,
10         "普通小区":9000
11     },
12     "青岛":{
13         "高档小区":40000,
14         "中档小区":26000,
15         "普通小区":14000
16     },
17     "德州":{
18         "高档小区":28000,
19         "中档小区":20000,
20         "普通小区":10000
21     },
22     "淄博":{
23         "高档小区":26000,
24         "中档小区":17000,
25         "普通小区":8500
26     }
27 }
```

图 9-2　文件 data.json 中的内容

例 9-7 编写程序，提取.ipynb 文件中的 Python 代码并保存为.py 文件。

解 析：Anaconda3 的 Jupyter Notebook 生成的.ipynb 文件是 JSON 格式的，建议自己创建一个.ipynb 文件，使用记事本打开，对照文件内容的组织格式理解下面的代码，请自行运行和测试并观察运行结果。

```
import json

with open('Untitled32.ipynb', encoding='utf8') as fp:
    content = json.load(fp)

with open('program.py', 'w', encoding='utf8') as fp:
    for item in content['cells']:
        fp.writelines([i.rstrip()+'\n' for i in item['source']])
```

9.3 CSV 文件操作实战

CSV 文件使用纯文本存储数据，是一种常见的数据存储格式，常用于在不同软件程序之间交换表格数据，也常用于存储海量文本数据和信息。

Python 标准库 csv 支持对该格式文件的操作，该标准库中常用的函数有 reader() 和 writer()，其中 reader 的用法为：

```
csv_reader = reader(iterable [, dialect='excel']
                    [optional keyword args])
    for row in csv_reader:
        process(row)
```

其中参数 iterable 可以是每次迭代能够返回一行字符串的任何对象，如文件对象或列表。

标准库 csv 中 writer() 函数的用法为：

```
csv_writer = csv.writer(fileobj [, dialect='excel']
                        [optional keyword args])
    for row in sequence:
        csv_writer.writerow(row)
```

或

```
csv_writer = csv.writer(fileobj [, dialect='excel']
                        [optional keyword args])
csv_writer.writerows(rows)
```

其中参数 fileobj 表示文件对象或具有类似接口的对象。

在函数 reader() 和 writer() 中，都是用参数 dialect 指定数据的格式和处理方式，默认值 'excel' 表示 delimiter=','、doublequote=True、lineterminator='\

r\n'、quotechar='"'、quoting=0、skipinitialspace=False。参数 dialect 可用的值除了 'excel' 还有 'excel-tab' 和 'unix'，'excel-tab' 表示 delimiter='\t'、doublequote=True、lineterminator='\r\n'、quotechar='"'、quoting=0、skipinitialspace=False，'unix' 表示 delimiter=','、doublequote=True、lineterminator='\n'、quotechar='"'、quoting=1、skipinitialspace=False。

例 9-8　编写程序，生成数据模拟某饭店 2020 年每天的营业额，并写入 CSV 文件。

解析：假设第一天的营业额基数为 300 元，后面每天增长 5 元，并且每天加入一个随机数表示可能的波动和干扰。

```
from csv import reader, writer
from random import randrange
from datetime import date, timedelta

fn = 'data.csv'
# 使用参数 newline='' 使得不会插入空行
with open(fn, 'w', newline='') as fp:
    # 创建 csv 文件写入对象
    wr = writer(fp)
    # 写入表头
    wr.writerow(['日期', '销量'])
    # 2020 年 1 月 1 日
    startDate = date(2020, 1, 1)
    # 生成 366 个模拟数据，可以根据需要进行调整
    for i in range(366):
        # 生成一个模拟数据，写入 csv 文件
        amount = 300 + i*5 + randrange(100)
        wr.writerow([str(startDate), amount])
        # 下一天
        startDate = startDate + timedelta(days=1)

# 读取文件，输出数据
with open(fn) as fp:
    rd = reader(fp)
    for line in rd:
        print(line)
```

9.4　Python 对象序列化与二进制文件操作

对于二进制文件，不能使用记事本或其他文本编辑软件直接进行正常读写，也不能通过 Python 的文件对象直接读取和理解二进制文件的内容。必须正确理解二进制文件结构和序列化规则，然后设计正确的反序列化规则，才能准确地理解二进制文件内容。

所谓序列化，简单地说就是把 Python 的各类对象转成二进制表示形式以便存储和传输

的过程，对象序列化后的字节串经过正确的反序列化过程必须能够准确无误地恢复为原来的对象。Python 中常用的二进制序列化模块有 pickle、struct、shelve、marshal，这几个模块使用了不同的序列化规则，互相之间并不兼容。本书重点介绍 pickle 和 struct 的用法。

9.4.1 pickle 序列化

Python 标准库 pickle 提供了 dumps()、pack() 函数用来对任意对象进行序列化并返回字节串，loads()、unpack() 函数用来对字节串进行反序列化并还原为原来的对象。下面的代码在 IDLE 中演示了这 dumps() 和 loads() 函数的用法（其中的单个下划线表示交互模式中上一次正确的输出结果），pack() 和 unpack() 函数的用法与标准库 struct 模块中的同名函数用法相同，请参考 9.4.2 节的介绍。

```
>>> import pickle
>>> pickle.dumps(123456)
b'\x80\x04\x95\x06\x00\x00\x00\x00\x00\x00\x00J@\xe2\x01\x00.'
>>> pickle.loads(_)
123456
>>> pickle.dumps(3.1415926)
b'\x80\x04\x95\n\x00\x00\x00\x00\x00\x00\x00G@\t!\xfbM\x12\xd8J.'
>>> pickle.loads(_)
3.1415926
>>> pickle.dumps(3+4j)
b'\x80\x04\x95.\x00\x00\x00\x00\x00\x00\x00\x8c\x08builtins\x94\x8c\x07complex\x94\x93\x94G@\x08\x00\x00\x00\x00\x00\x00G@\x10\x00\x00\x00\x00\x00\x00\x86\x94R\x94.'
>>> pickle.loads(_)
(3+4j)
>>> pickle.dumps([1,2,3])
b'\x80\x04\x95\x0b\x00\x00\x00\x00\x00\x00\x00]\x94(K\x01K\x02K\x03e.'
>>> pickle.loads(_)
[1, 2, 3]
>>> pickle.dumps({'a':97, 'b':98})
b'\x80\x04\x95\x11\x00\x00\x00\x00\x00\x00\x00}\x94(\x8c\x01a\x94Ka\x8c\x01b\x94Kbu.'
>>> pickle.loads(_)
{'a': 97, 'b': 98}
>>> pickle.dumps({'red', 'green', 'blue'})
b'\x80\x04\x95\x1a\x00\x00\x00\x00\x00\x00\x00\x8f\x94(\x8c\x04blue\x94\x8c\x05green\x94\x8c\x03red\x94\x90.'
>>> pickle.loads(_)
{'blue', 'green', 'red'}
```

Python 标准库 pickle 提供的 dump() 函数用于将数据序列化为字节串同时直接写入二进制文件，load() 函数用于读取二进制文件内容并进行反序列化，还原为原来的对象。

例 9-9　编写程序，把若干不同类型的 Python 对象使用 pickle 进行序列化并写入文件 data.pkl，使用再从文件中读取并反序列化。

解析：标准库 pickle 的函数 dump() 可以对任意 Python 对象进行序列化并直接写入以 'wb' 模式打开的二进制文件对象，函数 load() 从以 'rb' 模式打开的二进制文件中逐个读取并反序列还原。序列化时会在实际数据两侧自动加入边界，反序列化时能够自动识别边界并正确处理，不需要程序员额外处理这些边界。

例 9-9 讲解

```
from pickle import dump, load

# 实际要写入的数据
# 有整数、实数、字符串、列表、元组、集合、字典和自定义函数对象
i = 13000000
f = 3.1415926
s = 'Python 是一门优秀的程序设计语言。'
lst = [[1, 2, 3], [4, 5, 6], [7, 8, 9]]
tu = (-5, 10, 8)
coll = {4, 5, 6}
dic = {'r':'red', 'b':'blue', 'g':'green'}
# 自定义函数
def add(a, b):
    return a+b

# 把所有要写入的数据放入一个元组，以便编写循环代码
data = (i, f, s, lst, tu, coll, dic, add)
# wb 表示打开文件用来写入二进制数据
with open('data.pkl', 'wb') as fp:
    try:
        # 要序列化的对象个数
        dump(len(data), fp)
        for item in data:
            # 序列化每个数据并写入文件
            dump(item, fp)
    except:
        print('写文件异常')

with open('data.pkl', 'rb') as f:
    # 读出文件中的数据个数
    n = load(f)
    for i in range(n):
        # 读取并反序列化每个数据
        x = load(f)
        print(x)
```

运行结果为：

```
13000000
3.1415926
```

```
Python 是一门优秀的程序设计语言。
[[1, 2, 3], [4, 5, 6], [7, 8, 9]]
(-5, 10, 8)
{4, 5, 6}
{'r': 'red', 'b': 'blue', 'g': 'green'}
<function add at 0x00000177BF53CB88>
```

9.4.2 struct 序列化

使用 Python 标准库 struct 序列化 Python 整数、实数、字节串时，需要使用 struct 模块的 pack() 函数把对象按指定的格式进行序列化，然后使用文件对象的 write() 方法将序列化的结果字节串写入以 'wb' 或 'ab' 模式打开的二进制文件。读取时需要使用文件对象的 read() 方法从以 'rb' 模式打开的二进制文件中读取指定数量的字节串，然后再使用 struct 模块的 unpack() 函数反序列化得到原来对象。使用 struct 序列化时，不会在数据两侧自动添加任何边界或标识，反序列化时必须由程序员严格控制读取字节串的长度。如果需要，可以使用 calcsize() 函数计算指定类型序列化时所需要的字节数量。标准库 struct 中常用的函数及功能如表 9-3 所示。

表 9-3　标准库 struct 中的常用函数

函数	功能简介
calcsize(format, /)	计算并返回序列化 format 格式的数据需要的字节数量，例如，struct.calcsize('i') 的值为 4，表示序列化整数需要 4 个字节，也就是说整数的序列化有限制，不能序列化任意大的 Python 整数
pack(format, v1, v2, ...)	使用参数 format 指定的格式对 v1、v2 等若干值进行序列化，返回序列化后的字节串
unpack(format, buffer, /)	使用参数 format 指定的格式对参数 buffer 指定的字节串进行反序列化，返回包含若干值的元组

struct 模块支持多种类型的数据序列化，表 9-3 中函数参数 format 可取的值如表 9-4 所示。这些格式可以组合使用，对多个数据同时序列化，例如，struct.pack('ii', 345, 123) 表示把两个整数 345 和 123 序列化为一个字节串，结果为 b'Y\x01\x00\x00{\x00\x00\x00'。

另外，format 可以使用第一个字符来指定序列化时使用的字节顺序、长度和对齐方式，不指定时默认值为 '@'，这时会根据需要自动进行字节填充和对齐。例如，struct.pack('i?', 3, True) 的值为 b'\x03\x00\x00\x00\x01'，长度为 5 个字节，而 struct.pack('?i', True, 3) 的值为 b'\x01\x00\x00\x00\x03\x00\x00\x00'，长度为 8 个字节。可以设置 format 第一个字符为 <、> 或 =，这时不会自动进行字节填充和对齐，要注意的是 pack() 函数的 format 参数和对应的 unpack() 函数的 format 参数使用的字节顺序和对齐方式要一致。例如，struct.pack('>?i', True, 3) 的结果为 b'\x01\x00\x00\x00\x03'，struct.pack('>i?', 3, True) 的结果为 b'\x00\x00\x00\x03\x01'，二者都是 5 个字节，没有进行自动对齐。

表 9-4　struct 支持的格式

格式字符	对应的 C 语言类型	对应的 Python 类型	使用的字节数量
c	char	长度为 1 的字节串	1
b	signed char	整数	1
B	unsigned char	整数	1
?	_Bool	布尔值 True/False	1
h	short	整数	2
H	unsigned short	整数	2
i	int	整数	4
I	unsigned int	整数	4
l	long	整数	4
L	unsigned long	整数	4
q	long long	整数	8
Q	unsigned long long	整数	8
n	ssize_t	整数	8
N	size_t	整数	8
f	float	浮点数	4
d	double	浮点数	8
s	char[]	字节串	1
p	char[]	字节串	1
P	void *	整数	8

例 9-10　编写程序，对若干不同的值进行序列化并写入二进制文件，然后读取这个二进制文件中的数据进行还原。

解析：程序中的格式字符串 'if?i56si64si64s' 对应 1 个整数、1 个实数、1 个 bool 值、1 个整数（表示后面紧邻的 56 个字节中有效字节的数量）、1 个字节串（实际长度为 56 个字节，其中只有前面一部分是有效字节，后面是填充符）、1 个整数（表示后面紧邻的 64 个字节中有效字节的数量）、1 个字节串（实际长度为 64 个字节，其中只有前面一部分是有效字节，后面是填充符）、1 个整数（表示后面紧邻的 64 个字节中有效字节的数量）、1 个字节串（实际长度为 64 个字节，其中只有前面一部分是有效字节，后面是填充符）进行序列化。通过内置函数 str() 可以把任意 Python 对象转换为字符串，然后再使用 encode() 方法转换为字节串，最后使用 struct 进行序列化，在网络编程使用 socket 传输数据时经常用到 struct 序列化和反序列化。

```
from struct import pack, unpack, calcsize
```

```
i = 9999
f = 9.8
b = True
s1 = r'C:\Python38\Python.exe'
s2 = r'《Python 程序设计（第 3 版）》，董付国编著'
d = {'红色':(1,0,0), '绿色':(0,1,0), '蓝色':(0,0,1)}
# 对已有数据进行序列化，得到字节串
# 第一个字符可以为 >、<、=，不进行字节填充，
# 反序列化时必须使用同样的前缀字符
# 如果不写第一个字符，默认为 @，会根据需要进行字节填充
packed = pack('>if?i56si64si64s',
              i, f, b,
              len(s1), s1.encode('gbk'),
              len(s2.encode('gbk')), s2.encode('gbk'),
              len(str(d).encode('gbk')), str(d).encode('gbk'))
print(packed)
# 写入二进制文件
with open('data.struct', 'wb') as fp:
    fp.write(packed)

# 计算不同类型的数据所占字节数量
size_int = calcsize('i')
size_float = calcsize('f')
size_bool = calcsize('?')
with open('data.struct', 'rb') as fp:
    # 读取前 3 个数据的字节串，反序列化
    content = fp.read(size_int+size_float+size_bool)
    print(*unpack('>if?', content), sep=', ')
    # 读取第一个字符串的数据，反序列化
    content = fp.read(size_int+56)
    len_s1, ss1 = unpack('>i56s', content)
    print(ss1[:len_s1].decode('gbk'))
    # 读取第二个和第三个字符串的数据，反序列化
    content = fp.read(size_int*2+64*2)
    len_s2, ss2, len_d, dd = unpack('>i64si64s', content)
    print(ss2[:len_s2].decode('gbk'))
    print(eval(dd[:len_d].decode('gbk')))
```

运行结果为：

```
b"\x00\x00'\x0fA\x1c\xcc\xcd\x01\x00\x00\x00\x16C:\\Python38\\Python.exe\x00\x00\x00\x00\x00\x00\x00\x00\x00\x00\x00\x00\x00\x00\x00\x00\x00\x00\x00\x00\x00\x00\x00\x00\x00\x00\x00\x00\x00\x00\x00\x00\x00\x00\x00\x00'\xa1\xb6Python\xb3\xcc\xd0\xf2\xc9\xe8\xbc\xc6\xa3\xa8\xb5\xda3\xb0\xe6\xa3\xa9\xa1\xb7\xa3\xac\xb6\xad\xb8\xb6\xb9\xfa\xb1\xe0\xd6\xf8\x00\x00\x00\x00\x00\x00\x00\x00\x00\x00\x00\x00\x00\x00\x00\x00\x00\x00\x00\x00\x00\x00\x00\x00\x00\x00\x00\x009{'\xba\xec\xc9\xab': (1,
```

```
0, 0), '\xc2\xcc\xc9\xab': (0, 1, 0), '\xc0\xb6\xc9\xab': (0, 0, 1)}\x00\x00\x00\
x00\x00\x00\x00"
    9999, 9.800000190734863, True
    C:\Python38\Python.exe
    《Python 程序设计（第 3 版）》，董付国编著
    {'红色': (1, 0, 0), '绿色': (0, 1, 0), '蓝色': (0, 0, 1)}
```

9.5 文件与文件夹操作

本节主要介绍 os、os.path、shutil 这三个标准库对文件和文件夹的操作，如查看文件清单、删除文件、获取文件属性、路径连接、创建 / 删除文件夹、重命名、压缩与解压缩等。

9.5.1 os 模块

Python 标准库 os 提供了大量用于文件与文件夹操作以及系统管理与运维的函数，表 9-5 中列出了常用的一部分。

表 9-5 os 模块常用函数

函数	功能说明
chdir(path)	把 path 设为当前工作文件夹
chmod(path, mode, *, dir_fd=None, follow_symlinks=True)	修改文件的访问权限
cpu_count()	返回本机 CPU 数量
getcwd()	返回当前工作文件夹
getenv(key, default=None)	返回系统变量的值，如 os.getenv('temp')、os.getenv('path')
getlogin()	返回当前登录的用户名
getpid()	返回当前进程的 ID
getppid()	返回父进程的 ID
listdir(path=None)	返回 path 文件夹中的文件和子文件夹列表，path 默认为当前文件夹
mkdir(path, mode=511, *, dir_fd=None)	创建文件夹，在 Windows 平台上 mode 参数无效
rmdir(path, *, dir_fd=None)	删除 path 指定的文件夹，要求其中不能有文件或子文件夹
remove(path, *, dir_fd=None)	删除指定的文件，要求用户拥有删除文件的权限，并且文件没有只读或其他特殊属性

续表

函数	功能说明
rename(src, dst, *, src_dir_fd=None, dst_dir_fd=None)	重命名文件或文件夹
scandir(path=None)	返回包含给定路径 path 中每个对象的迭代器对象，每个对象对应于一个 DirEntry 对象，该对象具有 is_file()、is_dir() 等方法
startfile(filepath [, operation])	使用关联的应用程序打开指定文件或启动指定应用程序，如果参数 filepath 指定的是 URL，会自动使用默认浏览器打开这个地址
stat(path, *, dir_fd=None, follow_symlinks=True)	查看文件的属性，包括创建时间、最后访问时间、最后修改时间、大小等
times()	返回当前进程的使用时间信息
walk(top, topdown=True, onerror=None, followlinks=False)	目录树生成器，对于以参数 top 为根的整个目录树上每个目录 dirpath，生成一个元组 (dirpath, dirnames, filenames)，其中 dirnames 为 dirpath 中的所有子目录名称列表，filenames 为 dirpath 中的所有文件名列表

9.5.2 os.path 模块

os.path 其实是一个别名，在 Windows 系统中实际对应的是 ntpath 模块，在 Posix 系统中实际对应的是 posixpath 模块，这两个模块提供的接口基本上是一致的。使用 os.path 这样的方式可以自适应不同的平台，一般不直接使用 ntpath 或者 posixpath。该模块提供了大量用于路径判断、切分、连接以及获取文件属性的函数，表 9-6 列出了常用的一部分。

表 9-6　os.path 模块常用成员

方法	功能说明
abspath(path)	返回给定路径的绝对路径
basename(p)	返回指定路径的最后一个路径分隔符后面的部分
commonpath(paths)	返回多个路径的最长共同路径，如 path.commonpath([r'\vc\abcd', r'\vc\abed']) 的结果为 '\\vc'
commonprefix(m)	返回多个路径的共同前缀部分，如 path.commonprefix([r'\vc\abcd', r'\vc\abed']) 的结果为 '\\vc\\ab'
dirname(p)	返回给定路径的文件夹部分
exists(path)	判断指定的路径是否存在
getatime(filename)	返回表示文件最后访问时间的纪元秒数
getctime(filename)	返回表示文件创建时间（Windows）或元数据最后修改时间（Unix）的纪元秒数

续表

方法	功能说明
getmtime(filename)	返回表示文件最后修改时间的纪元秒数
getsize(filename)	返回文件的大小
isdir(s)	判断指定的路径是否为文件夹
isfile(path)	判断指定的路径是否为文件
join(path, *paths)	连接两个或多个 path
normcase(s)	把路径中所有字母改为小写，把所有斜线改为反斜线
split(path)	以路径中的最后一个斜线为分隔符把路径分隔成两部分，以列表形式返回
splitext(path)	从路径中分隔文件的扩展名
splitdrive(path)	从路径中分隔驱动器的名称

模块中大部分函数的用法比较容易理解，后面通过综合例题演示相关的用法。有点难度的是 getatime()、getctime()、getmtime() 这几个函数返回的是纪元秒数，不太直观，需要转换为常规的年月日时分秒，下面的代码演示了这个用法。

```
from time import localtime, strftime
from os.path import getctime

fn = r'C:\Python38\Python.exe'
ctime = getctime(fn)
print(ctime)
# %Y 表示 4 位年份，%m 表示月份，%d 表示天数
# %H 表示 24 小时制的小时数，%M 表示分钟，%S 表示秒数
# 更多格式可以查阅 Python 标准库 time 的官方帮助文档
print(strftime('%Y-%m-%d %H:%M:%S', localtime(ctime)))
```

运行结果为：

```
1576682824.0
2019-12-18 23:27:04
```

例 9-11　编写程序，使用递归法遍历并输出指定文件夹及其所有子文件夹中扩展名为.txt或.exe 的文件名。

解析： 编写函数，遍历指定文件夹中所有项目，如果是扩展名为.txt或.exe 的文件就输出，如果是子文件夹就递归调用函数。标准库 os 的函数 listdir(path) 返回包含指定路径中所有文件名和子文件夹名的字符串列表，这些文件名和子文件夹名是相对 path 的路径，这一点要特别注意。标准库 os.path 的函数 isfile() 和 isdir() 默认参数指定的路径在当前文件夹中，如果不是就需要指定完整路径。在程序中，使用标准库 os.path 的函数 join() 把每个项目 sub 和父目录 path 连接成为完整的路径，这个步骤非常重要。请自行运行和测试代码并观察运行结果。

```
from os import listdir
from os.path import join, isfile, isdir

def search_depthfirst(path):
    for sub in listdir(path):
        sub = join(path, sub)
        if isfile(sub) and sub.endswith(('.txt','.exe')):
            print(sub)
        elif isdir(sub):
            search_depthfirst(sub)

search_depthfirst(r'C:\Python38')
```

也可以使用标准库 os 中的函数 walk() 实现这个功能，参考代码如下：

```
from os import walk
from os.path import join

def search(path):
    for root, paths, files in walk(path):
        for f in files:
            if f.endswith(('.txt','.exe')):
                print(join(root,f))

search(r'C:\Python38')
```

9.5.3 shutil 模块

shutil 模块也提供了大量的函数支持文件和文件夹操作，常用方法如表 9-7 所示。

表 9-7 shutil 模块常用成员

方法	功能说明
copy(src, dst)	复制文件，新文件具有同样的文件属性，如果目标文件已存在则抛出异常
copyfile(src, dst)	复制文件，不复制文件属性，如果目标文件已存在则直接覆盖
copytree(src, dst)	递归复制文件夹
disk_usage(path)	查看磁盘使用情况
move(src, dst)	移动文件或递归移动文件夹，也可以用来给文件和文件夹重命名
rmtree(path)	递归删除文件夹
make_archive(base_name, format, root_dir=None, base_dir=None)	创建 tar 或 zip 格式的压缩文件
unpack_archive(filename, extract_dir=None, format=None)	解压缩

下面通过几个示例在 IDLE 中演示 shutil 模块的基本用法。

（1）下面的代码把 C:\dir1.txt 文件复制到 D:\dir2.txt。

```
>>> import shutil
>>> shutil.copyfile('C:\\dir1.txt', 'D:\\dir2.txt')
```

（2）下面的代码把 C:\Python38\Dlls 文件夹以及该文件夹中所有文件压缩至 D:\a.zip 文件：

```
>>> shutil.make_archive('D:\\a', 'zip', 'C:\\Python38', 'Dlls')
'D:\\a.zip'
```

（3）下面的代码把刚压缩得到的文件 D:\a.zip 解压缩至 D:\a_unpack 文件夹：

```
>>> shutil.unpack_archive('D:\\a.zip', 'D:\\a_unpack')
```

（4）下面的代码使用 shutil 模块的方法删除刚刚解压缩得到的文件夹：

```
>>> shutil.rmtree('D:\\a_unpack')
```

（5）下面的代码使用 shutil 的 copytree() 函数递归复制文件夹，忽略扩展名为 .pyc 的文件和以“新”开头的文件和子文件夹：

```
>>> from shutil import copytree, ignore_patterns
>>> copytree('C:\\python38\\test',
         'D:\\des_test',
         ignore=ignore_patterns('*.pyc', '新*'))
```

例 9-12　自动检测 U 盘插入并把 U 盘上所有文件复制到本地硬盘上。

解析：代码中用到的 psutil 是 Python 用于运维的扩展库，需要先成功安装才能使用，其中 disk_partitions() 函数用于获取本地计算机的硬盘分区信息。

```
from shutil import copytree
from time import sleep
from psutil import disk_partitions

while True:
    sleep(3)
    # 检查所有驱动器
    for item in disk_partitions():
        # 发现可移动驱动器
        if 'removable' in item.opts:
            driver = item.device
            # 输出可移动驱动器符号
            print('Found USB disk:', driver)
            break
    else:
        continue
    break
```

```
# 复制根目录
copytree(driver, r'D:\usbdriver')
print('all files copied.')
```

9.6 Office 文档操作实战

本节重点介绍 Python 扩展库 python-docx、docx2python、openpyxl、python-pptx 的使用，这几个扩展库可以使用 1.4 节介绍的 pip 工具进行安装。

9.6.1 Word 文档操作实战

扩展库 python-docx、docx2python 提供了 docx 格式 Word 文档操作的接口。扩展库 python-docx 可以使用 pip install python-docx 命令进行安装，安装之后叫 docx。扩展库 docx2python 的安装名称和使用名称是一致的。

在真正操作 docx 文件之前，需要对这种类型的文件结构有一定的了解。在 docx 文件中，有很多 sections（节）、paragraphs（段落）、tables（表格）、inline_shapes（行内元素）组成，其中每个段落又包括一个或多个 run（一段连续的具有相同格式的文本），每个表格又包含一个或多个 rows（行）和 columns（列），每行或列又包括多个 cells（单元格）。所有这些对象都具有相应的属性，通过这些属性来控制 Word 文档中的内容和格式。

例 9-13 编写程序，操作 docx 文档的段落格式和字符格式。

解析：段落是 Word 中的一个块级对象，在其所在容器的左右边界内显示文本，当文本超过右边界时自动换行。段落的边界通常是页边界，也可以是分栏排版时的栏边界，或者表格单元格中的边界。

段落格式用于控制段落在其容器（如页、栏、单元格）中的布局，例如，对齐方式、左缩进、右缩进、首行缩进、行距、段前距离、段后距离、换页方式、Tab 键字符格式等。可以通过段落的 paragraph_format 属性来访问和设置段落格式，paragraph_format 属性的 aligenment 用来访问和设置对齐方式，可用的对齐方式由 WD_ALIGN_PARAGRAPH 类提供，常用的主要有 'CENTER'（居中）、'JUSTIFY'（两端对齐）、'LEFT'（左对齐）、'RIGHT'（右对齐）。

缩进是指段落与其所在容器的左、右边界的水平距离，段落与左、右边界的距离可以分别进行设置而互不影响。每个段落的首行可以具有与本段其他行不同的缩进。如果首行比其他行缩进的多，称作首行缩进。如果首行比其他行缩进的少，称作悬挂缩进。缩进量通过段落的属性 paragraph_format 的 left_indent、right_indent、first_line_indent 来指定，可以指定为 Inches、Pt 或 Cm 这样的长度值，可以指定为负值，也可以指定为 None 表示与前面的段落相同。

tab_stops 用来设置段落文本中 Tab 键字符的渲染方式，可以指定 Tab 键字符后面的文本从哪里开始（设置为长度值）、如何对齐到那个位置以及使用什么字符填充 Tab 键字符跨越的水平空间。

段落的 paragraph_format 的 space_before 属性和 space_after 属性分别用来控制

一个段落的段前和段后距离，可设置为 Inches、Pt 或 Cm 值，两段之间的实际距离由前一个段的 space_after 和后一个段的 space_before 中的最大值决定。

行距指一个段落中相邻行基线的距离，可以指定为绝对值或行高的相对值，默认为单倍行高。行距可以通过段落 paragraph_format 属性的 line_spacing 或 line_spacing_rule 属性来指定，当 line_spacing 设置为长度值时表示绝对距离，设置为浮点数时表示行高的倍数，设置为 None 表示根据继承层次决定。

换页方式决定一个段落在一个页面结束附近如何表现，常用属性如下，每个属性的取值可以为 True、False、None：① keep_together 设置为 True 时使得整个段落出现在同一页中，如果一个段落在换页时可能会被打断就在段前换页；② keep_with_next 设置为 True 时使得本段与下一段出现在同一页中；③ page_break_before 设置为 True 时使得本段出现在新的一页的顶端，如新的一章标题必须从新的一页开始；④ window_control 设置为 True 时表示可以在必要的时候进行分页，避免本段的第一行或最后一行单独出现在一页中。

run 属于行内元素的一种，是一个块级元素的组成部分，可以看作是一段连续的具有相同格式（字体、字号、颜色、加粗、斜体、下划线、阴影等）的文本。一般来说，一个段落会包含一个或多个 run，使得同一个段落中可以包含不同格式的文本。可以通过一个 run 对象的 font 属性来获取和设置该 run 的字符格式，例如，字体名称 font.name、字体大小 font.size、是否加粗 font.bold、是否斜体 font.italic、下划线格式 font.underline（True 表示单下划线，False 表示没有下划线，或者使用 WD_UNDERLINE 中的成员设置更多下划线格式）、字体颜色 font.color.rgb（设置为 docx.shared.RGBColor 对象）。

请自行运行和测试下面的代码并观察运行结果。

```
from os import startfile
from docx import Document
from docx.shared import RGBColor
from docx.shared import Inches, Pt, Cm
from docx.enum.text import WD_ALIGN_PARAGRAPH, WD_UNDERLINE,\
    WD_TAB_ALIGNMENT, WD_TAB_LEADER
from docx.oxml.ns import qn

# 创建空白 Word 文档
doc = Document()

# 增加一段
p = doc.add_paragraph()
# 居中，段后距离 0.5 英寸，设置左右缩进距离，设置 2.5 倍行距
p.paragraph_format.alignment = WD_ALIGN_PARAGRAPH.CENTER
p.paragraph_format.space_after = Inches(0.5)
p.paragraph_format.left_indent = Inches(1)
p.paragraph_format.right_indent = Inches(0.5)
p.paragraph_format.line_spacing = 2.5
p.paragraph_format.tab_stops.add_tab_stop(
```

```
    Inches(3),                              # 后面文字开始的位置
    WD_TAB_ALIGNMENT.LEFT,                  # 对齐方式
    WD_TAB_LEADER.DOTS)                     # 填充符
# 增加一个 run，设置文本和格式
r = p.add_run('红色文字，楷\t体')
r.font.name = '楷体'
r._element.rPr.rFonts.set(qn('w:eastAsia'), r'楷体')
r.font.size = Pt(20)
r.font.color.rgb = RGBColor(255,0,0)
# 增加一个 Run，微软雅黑字体，16 磅，蓝色，带阴影 + 单删除线
r = p.add_run('蓝色文字，微软雅黑')
r.font.name = '微软雅黑'
r._element.rPr.rFonts.set(qn('w:eastAsia'), '微软雅黑')
r.font.size = Pt(16)
r.font.color.rgb = RGBColor(0,0,255)
r.font.shadow = True
r.font.strike = True
r.add_tab()
# 增加一个 Run，加粗 + 斜体 + 双删除线 + 逆序
r = p.add_run('我是斜体加粗文字')
r.font.bold = True
r.font.italic = True
r.font.double_strike = True
# 增加一个 Run，带下划线
p.add_run('我有普通下划线').font.underline = True
# 增加一个 Run，带双下划线
p.add_run('我有双下划线').font.underline = WD_UNDERLINE.DOUBLE
# 设置上标，模拟数学公式
p.add_run('153=1')
p.add_run('3').font.superscript = True
p.add_run('+5')
p.add_run('3').font.superscript = True
p.add_run('+3')
p.add_run('3').font.superscript = True

text = '董付国，《Python 程序设计（第 3 版）》'\
      +'《Python 程序设计基础（第 2 版）》'\
      +'《Python 程序设计基础与应用》'\
      +'《Python 程序设计实验指导书》'\
      +'《Python 可以这样学》（简体版、繁体版）'\
      +'《Python 程序设计开发宝典》'\
      +'《中学生可以这样学 Python》'\
      +'《Python 编程基础与案例集锦（中学版）》'\
      +'《大数据的 Python 基础》《玩转 Python 轻松过二级》'\
      +'《Python 程序设计实例教程》'\
      +'《Python 数据分析、挖掘与可视化》'
```

```
# 增加多个段，测试换页方式
for i in range(10):
    p = doc.add_paragraph(text)
    p.paragraph_format.left_indent = Inches(0)
    p.paragraph_format.keep_together = True
    p.paragraph_format.first_line_indent = Inches(0.3)

doc.save('测试文件.docx')
startfile('测试文件.docx')
```

例 9-14　编写程序，操作 docx 文档的页眉页脚属性。

解析：代码含义请参考对应的注释，自行运行和测试代码并观察运行结果。

```
from os import startfile
from docx import Document
from docx.shared import Inches
from docx.enum.text import WD_PARAGRAPH_ALIGNMENT
from docx.enum.section import WD_ORIENTATION, WD_SECTION

# 空白文档
document = Document()
# 第一节，空白文档包含一个空的节
section = document.sections[0]
# 纵向
section.orientation = WD_ORIENTATION.PORTRAIT
# 页眉
header = section.header
# header 和 footer 对象还有 add_table() 方法
header.add_paragraph('第一节页眉第一行')
header.add_paragraph('第一节页眉第二行')
# 页眉与页面上边界的距离
section.header_distance = Inches(0.2)
# 页脚，居中
footer = section.footer
t = footer.add_paragraph('第一节页脚')
t.alignment = WD_PARAGRAPH_ALIGNMENT.CENTER
# 写入文本
for i in range(50):
    document.add_paragraph('第一节内容第 {} 行'.format(i+1))

# 第二节，默认从新的一页开始
section = document.add_section()
section.page_height, section.page_width = (section.page_width,
                                           section.page_height)
# 横向，必须配合上一行代码设置高度和宽度
section.orientation = WD_ORIENTATION.LANDSCAPE
# 设置新页眉，设置为 True 表示与上一节相同
```

```
section.header.is_linked_to_previous = False
# 设置新页脚
section.footer.is_linked_to_previous = False
# 设置本节左右边距
section.left_margin = Inches(2)
section.right_margin = Inches(2)
# 奇偶页不同，对整个文档起作用
document.settings.odd_and_even_pages_header_footer = True
# 本节首页不同
section.different_first_page_header_footer = True
section.header_distance = Inches(0.6)
p = section.first_page_header.add_paragraph('第二节首页页眉')
# 右对齐
p.alignment = WD_PARAGRAPH_ALIGNMENT.RIGHT
section.first_page_footer.add_paragraph('第二节首页页脚')
section.header.add_paragraph('第二节奇数页页眉')
section.footer.add_paragraph('第二节奇数页页脚')
# 会影响其他节的偶数页页眉 / 页脚
section.even_page_header.add_paragraph('第二节偶数页页眉')
section.even_page_footer.add_paragraph('第二节偶数页页脚')
# 写入文本
for i in range(50):
    document.add_paragraph('第二节内容第{}行'.format(i+1))

# 第三节，所有属性与上一节相同
section = document.add_section()
for i in range(10):
    document.add_paragraph('第三节内容第{}行'.format(i+1))

# 第四节，从奇数页开始
section = document.add_section(WD_SECTION.ODD_PAGE)
section.header.is_linked_to_previous = False
section.footer.is_linked_to_previous = False
section.different_first_page_header_footer = False
section.header.add_paragraph('第四节奇数页页眉')
section.footer.add_paragraph('第四节奇数页页脚')
for i in range(30):
    document.add_paragraph('第四节内容第{}行'.format(i+1))

# 第五节，从偶数页开始
section = document.add_section(WD_SECTION.EVEN_PAGE)
section.header.is_linked_to_previous = False
section.footer.is_linked_to_previous = False
section.header.add_paragraph('第五节奇数页页眉')
section.footer.add_paragraph('第五节奇数页页脚')
for i in range(30):
```

```
    document.add_paragraph('第五节内容第{}行'.format(i+1))

# 保存并打开文件
document.save('页眉页脚控制.docx')
startfile('页眉页脚控制.docx')
```

例 9-15　编写程序，检查 docx 格式 Word 文档的连续重复字和词，例如，“用户的的资料”或“需要需要用户输入”之类的情况。

解析：使用扩展库 python-docx 读取 Word 文档中的所有段落文本，拼接为一个长字符串，然后检查是否有连续相同的字符（AA 形式）或隔一个字符相同的情况（A*A* 形式），把这些可能符合条件的子串放入列表 words 存储，同时考虑避免重复放入。使用时要注意的是：① 程序的输出结果中每个子串是否真的错误需要人工打开 Word 文件进行检查核对；② 程序没有考虑表格内的文字，可以结合本节其他例题介绍的技术自行补充。请自行运行和测试代码并观察运行结果。

例 9-15 讲解

```
from docx import Document

doc = Document('《Python 程序设计开发宝典》.docx')
contents = ''.join((p.text for p in doc.paragraphs))
words = []
for index, ch in enumerate(contents[:-2]):
    if ch==contents[index+1] or ch==contents[index+2]:
        word = contents[index:index+3]
        if word not in words:
            words.append(word)
            print(word)
```

例 9-16　编写程序，提取并输出 docx 文档中例题、插图和表格清单。

解析：使用扩展库 python-docx 打开 Word 文档，读取里面的每段文字，检查是否符合特定的模式，根据模式决定属于例题、插图、表格的哪一类，把该段文字放入字典中相应的元素。请自行运行和测试代码并观察运行结果。

```
import re
from docx import Document

result = {'li':[], 'fig':[], 'tab':[]}
doc = Document(r'C:\Python 可以这样学.docx')
for p in doc.paragraphs:                         # 遍历文档所有段落
    t = p.text                                   # 获取每一段的文本
    if re.match('例\d+-\d+ ', t):                # 例题
        result['li'].append(t)
    elif re.match('图\d+-\d+ ', t):              # 插图
        result['fig'].append(t)
    elif re.match('表\d+-\d+ ', t):              # 表格
        result['tab'].append(t)
```

```
for key in result.keys():                    #输出结果
    print('='*30)
    for value in result[key]:
        print(value)
```

例 9-17 编写程序，查找 docx 文档中所有具有红色或加粗格式的文字。

解析：使用扩展库 python-docx 读取 docx 文档，遍历所有段落中的所有 run 对象，检查 run 对象的格式，如果符合条件就提取 run 对象的文本放入列表。程序输出分别具有这两种格式的文本，并使用集合的交集运算查找同时具有两种格式的文本。请自行运行和测试代码并观察运行结果。

例 9-17 讲解

```
from docx import Document
from docx.shared import RGBColor

boldText = []
redText = []
doc = Document('test.docx')
for p in doc.paragraphs:
    for r in p.runs:
        # 加粗字体
        if r.bold:
            boldText.append(r.text)
        # 红色字体
        if r.font.color.rgb == RGBColor(255,0,0):
            redText.append(r.text)

result = {'red text': redText,
          'bold text': boldText,
          'both': set(redText) & set(boldText)}

#  输出结果
for title in result.keys():
    print(title.center(30, '='))
    for text in result[title]:
        print(text)
```

例 9-18 编写程序，读取并输出 docx 文档中所有表格里的文本。

解析：使用扩展库 python-docx 打开 docx 文档，使用 tables 属性获取并遍历文档中所有表格，遍历表格每一行，提取并输出该行所有单元格中的文本。请自行运行和测试代码并观察运行结果。

```
from docx import Document

doc = Document('test.docx')
for table in doc.tables:
    for row in table.rows:
        print(*map(lambda cell:cell.text, row.cells))
```

例 9-19　编写程序，提取 docx 文档中所有行内嵌入式图片和浮动图片。

解析: 首先使用命令 pip install docx2python 安装扩展库，然后再运行下面的程序，请自行运行和测试代码并观察运行结果。也可以把 docx 改名为 zip 文件，然后解压缩，在 word\media 文件夹中直接找到文档中的图片文件。

```
from docx2python import docx2python

obj = docx2python('包含嵌入式图片和浮动图片的文档.docx')
for name, imageData in obj.images.items():
    with open(name, 'wb') as fp:
        fp.write(imageData)
```

例 9-20　编写程序，提取 docx 文档所有超链接文本和对应的地址。

解析: 可以把 docx 文档扩展名改为 zip，然后解压缩，查看 Word 子文件夹中的 document.xml 文件，分析这个文件的结构来理解下面的代码。请自行运行和测试代码并观察运行结果。

```
from docx import Document

d = Document('测试.docx')
for p in d.paragraphs:
    for index, run in enumerate(p.runs):
        if run.style.name == 'Hyperlink':
            print(run.text, end=':')
            for child in p.runs[index-2].element.getchildren():
                text = child.text
                if text and text.startswith(' HYPERLINK'):
                    print(text[12:-2])
```

例 9-20 讲解

9.6.2　Excel 文件操作实战

Python 扩展库 openpyxl 提供了操作 xlsx 格式 Excel 文件的接口，可以使用 pip install openpyxl 安装这个扩展库。Anaconda3 安装包中已经集成安装了 openpyxl，不需要再次安装。

每个 Excel 文件称为一个 workbook（工作簿），由若干 worksheet（工作表）组成，每个工作表又由若干 rows（行）和 columns（列）组成，每个行和列由若干单元格组成。在单元格中可以存储整数、实数、字符串、公式、图表等对象。

例 9-21　编写程序，演示 Python 对 xlsx 格式 Excel 文件的综合操作。

解析: 代码含义请参考对应的注释，自行运行和测试代码并观察运行结果。

```
from os import startfile
from datetime import date
from random import choices, randint
from openpyxl import Workbook, load_workbook
from openpyxl.drawing.image import Image
```

```
from openpyxl.styles import Border, Side, Font,\
    Alignment, PatternFill
from openpyxl.comments import Comment
from openpyxl.utils import units
from openpyxl.formula.translate import Translator
from openpyxl.worksheet.datavalidation import DataValidation
from openpyxl.styles.fills import GradientFill
from openpyxl.worksheet.table import Table, TableStyleInfo
from openpyxl.chart import BarChart, PieChart, Reference
from openpyxl.worksheet.header_footer import _HeaderFooterPart
from openpyxl.chart.series import DataPoint

# 创建空白工作簿
# 如果设置参数 write_only=True 只写模式，可以提高速度
# 但是该参数使得空白工作簿中不含任何工作表
# 如果不设置该参数，空白工作簿中会包含一个空的工作表
wb = Workbook()
# 查看全部工作表的标题
print(wb.sheetnames)
# 可以使用序号做下标定位工作表
defaultWs = wb.worksheets[0]
# 设置工作表标题
defaultWs.title = '默认'
# 设置工作表选项卡颜色
defaultWs.sheet_properties.tabColor = '88cc88'
# 创建工作表时直接指定标题，0 表示第一个位置
ws1 = wb.create_sheet('第一个', 0)
# 默认在最后追加一个工作表
ws2 = wb.create_sheet('最后一个')
# -1 表示倒数第二个位置插入工作表
ws3 = wb.create_sheet('倒数第二个', -1)
# 获取活动工作表
ws = wb.active
ws.sheet_properties.tabColor = 'ff6666'
# 也可以使用标题作下标直接定位工作表
wb['倒数第二个'].sheet_properties.tabColor = '3333cc'

# 使用下标定位单元格，如果设置了 write_only=True，不能使用这种形式
ws['A1'] = '董付国'
ws['A1'].font = Font(name='华文行楷',          # 设置单元格字体
                     size=36,                  # 字号
                     bold=True,                # 加粗
                     italic=False,             # 不斜体
                     underline='none',         # 不加下划线
                     strike=True,              # 加删除线
                     color='FFaa8844')         # 单元格文本颜色
```

```
ws['A1'].alignment = Alignment(horizontal='center',
                               vertical='bottom',
                               text_rotation=30,
                               wrap_text=True,
                               shrink_to_fit=False,
                               indent=0)
ws['A2'] = 3.14
# 使用线性渐变色填充单元格
# 参数 stop 指定起始颜色、结束颜色
ws['A2'].fill = GradientFill(type='linear',
                             stop=('00ffff','ff0000'))
# 设置单元格边框
ws['A2'].border = Border(left=Side(style='medium',
                                   color='FF000000'),
                         right=Side(style='double',
                                    color='00FF0000'),
                         top=Side(style='thick',
                                  color='0000FF00'),
                         bottom=Side(style='thin',
                                     color='FF00FF00')
                         )
# 写入日期
ws['A3'] = date.today()
# 使用固定颜色填充单元格背景色
ws['A3'].fill = GradientFill(type='linear',
                             stop=('888888','888888'))
# 行列下标都从 1 开始
# write_only=True 的只写模式不允许使用 cell() 方法
ws.cell(row=1, column=4, value='=SUM(A1,A2)')
# 为单元格设置注释
ws['D1'].comment = Comment(text="注释内容", author="董付国")
# 设置注释宽度和高度
ws['D1'].comment.width = units.points_to_pixels(100)
ws['D1'].comment.height = units.points_to_pixels(20)

# 访问 B、C 列所有单元格，此时只有 3 行，由前面的写入操作决定的
for column in ws['B':'C']:              # 注意，这里的切片是闭区间
    for cell in column:
        cell.value = 'BC'
# 访问第 4 行所有单元格，只有 4 列，由前面的写入操作决定的
for cell in ws[4]:
    cell.value = 4
# 访问第 5 到第 8 行的所有单元格，只有 4 列，由前面的写入操作决定的
for row in ws[5:8]:                     # 注意这里的切片是闭区间
    for cell in row:
        cell.value = 58
```

```
# 在最后追加一行，write_only=True 的只写模式允许使用这种方式增加行
ws.append(range(10))
ws.append(['a', 'b', 'c', 'd', 'e'])
img = Image(r'temp.png')                            # 打开图片文件
img.height //= 3                                    # 缩小为三分之一
img.width //= 3
ws.add_image(img, 'A11')                            # 在 A11 单元格插入图片
# 为工作表中的单元格添加验证规则
dv = DataValidation(type='list', # 约束单元格内容必须在列表中选择
                    formula1='"red,green,blue"',
                    allow_blank=True)
dv.error = '内容不在清单中'
dv.errorTitle = '无效输入'
dv.prompt = '请在清单中选择'
dv.promptTitle = '请选择'
dv.add('B11:D11')                                   # 进行验证的单元格范围
ws.add_data_validation(dv)                          # 在工作表中添加验证
dv = DataValidation(type='whole',                   # 必须输入大于 100 的数字
                    operator='greaterThan',
                    formula1=100)
dv.error = '必须输入大于 100 的整数'
dv.errorTitle = '无效输入'
dv.add('E11')
ws.add_data_validation(dv)

# 必须输入介于 0 和 1 之间的实数，type 还可以是'date'、'time'等
dv = DataValidation(type='decimal',
                    operator='between',
                    formula1=0, formula2=1)
dv.error = '必须输入介于 0 和 1 之间的实数'
dv.errorTitle = '无效输入'
dv.add('E12')
ws.add_data_validation(dv)
# operator 的值还可以为 'between', 'notEqual', 'greaterThanOrEqual',
# 'lessThan', 'notBetween', 'lessThanOrEqual',
# 'equal', 'greaterThan'
dv = DataValidation(type='textLength',              # 内容长度必须小于等于 8
                    operator='lessThanOrEqual',
                    formula1=8)
dv.error = '内容长度必须小于等于 8'
dv.errorTitle = '无效输入'
dv.add('A14:ZZ14')                                  # 第 14 行的 A 到 ZZ 列都进行验证
ws.add_data_validation(dv)

ws2.merge_cells('A2:D4')                            # 合并单元格的两种方式
ws2.merge_cells(start_row=5, start_column=1,
```

```
                end_row=8, end_column=6)
ws2['A10'].value = 'A10'
ws2['A11'].value = 'A11'
ws2['B10'].value = 'B10'
ws2['B11'].value = 'B11'
ws2.insert_cols(2)                               # 在第 2 列的位置插入 1 列
ws2.insert_rows(11, 2)                           # 在第 11 行的位置插入 2 行
ws2.delete_cols(2, 2)                            # 从第 2 列开始删除连续 2 列
ws2.delete_rows(12, 2)                           # 从第 12 行开始删除连续 2 行

# 创建分组，对 C 到 H 列进行折叠
# 打开 Excel 文件时隐藏这个分组
ws3.column_dimensions.group('C', 'H', hidden=True)
# 创建分组，对第 3 到 10 行进行折叠
# 打开 Excel 文件时显示这个分组
ws3.row_dimensions.group(3, 10, hidden=False)

defaultWs.append(list(map(lambda i: '第{}列'.format(i),
                          range(1, 11)))+['求和'])
defaultWs.append(choices(range(10, 50), k=10))
defaultWs['K2'] = '=SUM(A2:J2)'
for i in range(3,7):                             # 写入 4 行数据
    defaultWs.append(choices(range(10, 50), k=10))
    pos = 'K'+str(i)
    # 转换公式，相当于在 Excel 中选中公式单元格向下拉
    defaultWs[pos] = Translator(defaultWs['K2'].value,
                                origin='K2'
                               ).translate_formula(pos)
# 创建柱状图
chart = BarChart()
# 指定工作表中用来创建柱状图的单元格区域
chart.add_data(Reference(defaultWs,
                         min_col=1, min_row=1,
                         max_col=10, max_row=6),
               # 单元格区域第一行内容用于图例中的文本标签
               titles_from_data=True)
# 修改柱状图尺寸
chart.height *= 1.2
chart.width *= 1.2
defaultWs.add_chart(chart, 'A7')

# 创建饼状图，使用第一行前 6 列作为标签，第二行前 6 列作为数据
chart = PieChart()
chart.add_data(Reference(defaultWs,
                         min_col=1, min_row=2, max_col=6),
               # 很关键，默认值为 False 时要求标签和数据是纵向的
```

```
                from_rows=True,
                titles_from_data=False)
chart.set_categories(Reference(defaultWs,
                               min_col=1,
                               min_row=1,
                               max_col=6))
defaultWs.add_chart(chart, 'L1')

# 另一组用来创建饼状图的数据
for i in range(25, 31):
    position = 'A'+str(i)
    defaultWs[position].value = position
    defaultWs['B'+str(i)] = randint(1,100)
# 创建饼状图，使用 A 列作标签，B 列作数据
chart = PieChart()
# 设置区域，与指定 min_col、min_row 等参数是等价的
labels = Reference(defaultWs, range_string='默认!A25:A30')
# 设置区域，“默认”是工作表的标题
data = Reference(defaultWs, range_string='默认!B25:B30')
chart.add_data(data, titles_from_data=False)
chart.dataLabels
chart.title = '饼状图'
chart.width //= 1.5
chart.set_categories(labels)
# 让第 1 块和第 3 块扇形裂出，远离圆心
# idx 表示饼状图中扇形的编号
chart.series[0].data_points = [DataPoint(idx=0, explosion=20),
                               DataPoint(idx=2, explosion=30)]
defaultWs.add_chart(chart, 'D25')
# 设置自动筛选
defaultWs.auto_filter.ref = 'A1:J6'
# 设置打印选项，使用 Excel 打开文件后选择这个工作表直接打印，
# 只打印区域内的单元格
# 水平居中
defaultWs.print_options.horizontalCentered = True
# 垂直不居中
defaultWs.print_options.verticalCentered = False
# 设置打印区域
defaultWs.print_area = 'A1:F5'
defaultWs.print_title_cols = 'A:F'
defaultWs.print_title_rows = '1:5'
# 设置页眉页脚
defaultWs.HeaderFooter.differentFirst = True          # 首页不同
defaultWs.HeaderFooter.differentOddEven = True        # 奇偶页不同
defaultWs.firstHeader.center = _HeaderFooterPart('首页页眉居中')
defaultWs.firstFooter.right = _HeaderFooterPart('首页页脚居右')
```

```
defaultWs.oddHeader.right = _HeaderFooterPart('奇数页页眉居右')
defaultWs.oddFooter.center = _HeaderFooterPart('奇数页页脚居中')
defaultWs.evenHeader.left = _HeaderFooterPart('偶数页页眉居左')
defaultWs.evenFooter.center = _HeaderFooterPart('偶数页页脚居中')

# 对工作表进行加密，不允许修改内容、删除列、格式化单元格等操作
# 使用 Excel 打开文件之后，在相应的工作表上单击鼠标右键
# 然后选择“Unprotect Sheet”后输入密码可以解除保护
defaultWs.protection.sheet = True
defaultWs.protection.password = '123456'
# 不禁止 autoFilter 操作
defaultWs.protection.autoFilter = False
defaultWs.protection.deleteColumns = True
defaultWs.protection.formatCells = True
# 不禁止删除行和插入行操作
defaultWs.protection.deleteRows = False
defaultWs.protection.insertRows = False
# 启用保护
defaultWs.protection.enable()

# 对工作簿进行加密，不允许对工作表进行隐藏、改名等操作
wb.security.workbookPassword = 'zhimakaimen'
wb.security.lockStructure = True
wb.security.revisionPassword = 'dongfuguo'
wb.security.lockRevision = True

# 直接保存，覆盖原文件，没有任何警告和提示
# write_only=True 只写模式创建的工作簿只能保存一次
# 保存后任何修改和保存操作都会引发下面的异常：
# openpyxl.utils.exceptions.WorkbookAlreadySaved
wb.save('Excel 文件综合操作.xlsx')

# 打开 Excel 文件
# 如果要读取公式计算结果，可以增加参数 data_only=True
# 如果读取不到计算结果，可以使用 Excel 打开文件再关闭
wb = load_workbook('Excel 文件综合操作.xlsx',
                   # 优化，大幅度提高读取速度
                   read_only=True)

# 查看每个工作表的标题
for sheet in wb:
    print(sheet.title)
ws = wb['第一个']
print('='*20)
# 遍历所有行列的单元格，输出其中的数据
for row in ws.rows:
```

```
        for cell in row:
            print(cell.value, end='\t')
        print()
    print('='*20)
    # 这里的输出结果是经过“转置”的，只读模式下没有 columns 属性，会出错
    ##for column in ws.columns:
    ##    for cell in column:
    ##        print(cell.value, end='\t')
    ##    print()
    print('='*20)
    for row in ws.values:                          # 使用 values 属性直接获取值
        for value in row:
            print(value, end='\t')
        print()
    startfile('Excel 文件综合操作.xlsx')
```

例 9-22 记事本文件 test.txt 转换成 xlsx 文件。假设 test.txt 文件中第一行为表头，从第二行开始是实际数据，并且表头和数据行中的不同字段信息都是用逗号分隔。

解析：依次读取记事本文件中的每一行，删除两端的空白字符之后使用逗号切分，把得到的字符串列表追加到 Excel 文件当前工作表有效内容尾部。在使用时，需要根据记事本文件的实际编码格式调整内置函数 open() 的 encoding 参数。

```
from openpyxl import Workbook

def convert(txtFileName):
    new_XlsxFileName = txtFileName[:-3] + 'xlsx'
    wb = Workbook()
    ws = wb.worksheets[0]
    with open(txtFileName, encoding='utf8') as fp:
        for line in fp:
            line = line.strip().split(',')
            ws.append(line)
    wb.save(new_XlsxFileName)

convert('test.txt')
```

例 9-22 讲解

例 9-23 假设某学校所有课程每学期允许多次考试，学生可随时参加考试，系统自动将每次成绩添加到 Excel 文件（包含 3 列：姓名，课程，成绩）中，要求编写程序统计所有学生每门课程的最高成绩。

解析：程序首先生成数据模拟学生成绩并写入 Excel 文件，然后读取 Excel 文件中的数据统计每个学生每门课程的最高分，把得到的统计结果写入另一个 Excel 文件。请自行运行和测试代码并观察运行结果。

```
from random import choice, randint
from openpyxl import Workbook, load_workbook
```

```
# 生成随机数据
def generateData(filename):
    workbook = Workbook()
    worksheet = workbook.worksheets[0]
    worksheet.append(['姓名','课程','成绩'])

    # 中文名字中的第一、第二、第三个字
    first = '赵钱孙李'
    middle = '伟昀琛东'
    last = '坤艳志'
    subjects = ('语文','数学','英语')
    for i in range(200):
        name = choice(first)
        # 按一定概率生成只有两个字的中文名字
        if randint(1,100)>50:
            name = name + choice(middle)
        name = name + choice(last)
        # 依次生成姓名、课程名称和成绩
        worksheet.append([name, choice(subjects), randint(0, 100)])
    # 保存数据，生成 Excel 2007 格式的文件
    workbook.save(filename)

def getResult(oldfile, newfile):
    # 用于存放结果数据的字典
    result = dict()
    # 打开原始数据
    workbook = load_workbook(oldfile)
    worksheet = workbook.worksheets[0]
    # 遍历原始数据
    for row in worksheet.rows:
        if row[0].value == '姓名':
            continue
        # 姓名，课程名称，本次成绩
        name, subject, grade = map(lambda cell:cell.value, row)
        # 获取当前姓名对应的课程名称和成绩信息
        # 如果 result 字典中不包含，则返回空字典
        t = result.get(name, {})
        # 获取当前学生当前课程的成绩，若不存在，返回 0
        f = t.get(subject, 0)
        # 只保留该学生该课程的最高成绩
        if grade > f:
            t[subject] = grade
            result[name] = t
    workbook1 = Workbook()
    worksheet1 = workbook1.worksheets[0]
    worksheet1.append(['姓名','课程','成绩'])
    # 将 result 字典中的结果数据写入 Excel 文件
```

```
        for name, t in result.items():
            print(name, t)
            for subject, grade in t.items():
                worksheet1.append([name, subject, grade])
        workbook1.save(newfile)

# 直接运行程序时执行下面的代码，作为模块导入时不执行
if __name__ == '__main__':
    oldfile = r'd:\test.xlsx'
    newfile = r'd:\result.xlsx'
    generateData(oldfile)
    getResult(oldfile, newfile)
```

例 9-24 文件“电影导演演员.xlsx”中有三列分别为电影名称、导演和演员列表（同一个电影可能会有多个演员，每个演员姓名之间使用中文逗号分隔），部分内容如图 9-3 所示。编写程序，统计参演电影数量最多的演员和关系最好的两个演员。

	A	B	C
1	电影名称	导演	演员
2	电影1	导演1	演员1，演员2，演员3，演员4
3	电影2	导演2	演员3，演员2，演员4，演员5
4	电影3	导演3	演员1，演员5，演员3，演员6
5	电影4	导演1	演员1，演员4，演员3，演员7
6	电影5	导演2	演员1，演员2，演员3，演员8
7	电影6	导演3	演员5，演员7，演员3，演员9
8	电影7	导演4	演员1，演员4，演员6，演员7
9	电影8	导演1	演员1，演员4，演员3，演员8
10	电影9	导演2	演员5，演员4，演员3，演员9
11	电影10	导演3	演员1，演员4，演员5，演员10
12	电影11	导演1	演员1，演员4，演员3，演员11
13	电影12	导演2	演员7，演员4，演员9，演员12
14	电影13	导演3	演员1，演员7，演员3，演员13
15	电影14	导演4	演员10，演员4，演员9，演员14
16	电影15	导演5	演员1，演员8，演员11，演员15
17	电影16	导演6	演员14，演员4，演员13，演员16
18	电影17	导演7	演员3，演员4，演员9
19	电影18	导演8	演员3，演员4，演员10

例 9-24 讲解

图 9-3 电影导演演员.xlsx 文件中的部分数据

解析： 程序中设计了一个字典里面嵌套集合的数据结构，使用字典元素的“键”表示每个演员，对应的“值”是该演员所有参演电影名称组成的集合。使用扩展库 openpyxl 打开并读取 xlsx 文件中第一个工作表的数据，跳过表头第一行，把演员参演电影的数据保存到字典中。然后在字典所有元素中选择“值”最长的一个作为参演电影数量最多的演员，最后遍历所有演员之间的两两组合，结合集合的交集运算使用选择法计算共同参演电影数量最多的两个演员作为关系最好的演员组合。

```
import openpyxl
from openpyxl import Workbook
```

```
def getActors(filename):
    actors = dict()
    # 打开 xlsx 文件，并获取第一个 worksheet
    wb = openpyxl.load_workbook(filename)
    ws = wb.worksheets[0]
    # 遍历 Excel 文件中的所有行
    for index, row in enumerate(ws.rows):
        # 跳过第一行的表头
        if index == 0:
            continue
        # 获取电影名称和演员列表
        filmName, actor = row[0].value, row[2].value.split('，')
        # 遍历该电影的所有演员，统计参演电影
        for a in actor:
            actors[a] = actors.get(a,set()) | {filmName}
    return actors

def relations():
    # 演员名单
    actors = tuple(data.keys())
    trueLove = [0, ()]
    # 选择法，共同参演电影数量最多的两个演员
    for index1, actor1 in enumerate(actors):
        for actor2 in actors[index1+1:]:
            common = len(data[actor1]&data[actor2])
            if common > trueLove[0]:
                trueLove = [common, (actor1, actor2)]

    return ('关系最好的两个演员是 {0[1]}，'
            'Ta 们共同主演的电影数量是 {0[0]}'.format(trueLove))

data = getActors('电影导演演员.xlsx')
print('参演电影数量最多的演员是：',
      max(data.items(), key=lambda item: len(item[1]))[0])
print(relations())
```

例 9-25　编写程序，批量修改 Excel 文件格式：表头加粗并设置为黑体，其他行字体为宋体，设置奇偶行颜色不同，并设置偶数行为从红到蓝的渐变背景色填充。

解析：程序首先生成若干 Excel 文件并写入随机数据，然后修改这些文件的格式另存为新文件。

```
from random import sample
from openpyxl import Workbook, load_workbook
from openpyxl.styles import Font, colors, fills

def generateXlsx(num):
    # 生成 num 个 Excel 文件
```

```
        for i in range(num):
            wb = Workbook()
            ws = wb.worksheets[0]
            # 添加表头
            ws.append(['字段'+str(_) for _ in range(1,6)])
            # 添加随机数据
            for _ in range(10):
                ws.append(sample(range(10000), 5))
            wb.save(str(i)+'.xlsx')

def batchFormat(num):
    for i in range(num):
        # 每次循环处理一个 Excel 文件
        fn = str(i)+'.xlsx'
        wb = load_workbook(fn)
        ws = wb.worksheets[0]
        # Excel 文件中的行号是从 1 开始的
        for irow, row in enumerate(ws.rows, start=1):
            if irow == 1:
                # 表头加粗、黑体
                font = Font('黑体', bold=True)
            elif irow%2 == 0:
                # 偶数行红色，宋体
                font = Font('宋体', color=colors.RED)
            else:
                # 奇数行浅蓝色，宋体
                font = Font('宋体', color='00CCFF')
            for cell in row:
                cell.font = font
                # 偶数行添加背景填充色，从红到蓝渐变
                if irow%2 == 0:
                    cell.fill = fills.GradientFill(stop=['FF0000','0000FF'])
        # 另存为新文件
        wb.save('new'+fn)

generateXlsx(5)
batchFormat(5)
```

例 9-26 编写程序，批量设置当前文件夹中所有 xlsx 文件的页眉页脚。

解析：如果要设置首页不同或奇偶页不同，需要首先设置工作表的 HeaderFooter 的 differentFirst 和 differentOddEven 属性值为 True。另外，如果要使页眉 / 页脚居左、中、右，需要把创建的 _HeaderFooterPart 对象赋值给页眉 / 页脚的 left、center、right 属性。请自行运行和测试代码并观察运行结果。

```
from os import listdir
import openpyxl
from openpyxl.worksheet.header_footer import _HeaderFooterPart
```

```
xlsxFiles = (fn for fn in listdir('.') if fn.endswith('.xlsx'))
for xlsxFile in xlsxFiles:
    wb = openpyxl.load_workbook(xlsxFile)
    for ws in wb.worksheets:
        ws.HeaderFooter.differentFirst = True
        ws.HeaderFooter.differentOddEven = True
        ws.firstHeader.left = _HeaderFooterPart('第一页左页眉',
                                                size=24,
                                                color='FF0000')
        ws.firstFooter.center = _HeaderFooterPart('第一页中页脚',
                                                  size=24,
                                                  color='00FF00')
        ws.oddHeader.right = _HeaderFooterPart('奇数页右页眉')
        ws.oddFooter.center = _HeaderFooterPart('奇数页中页脚')
        ws.evenHeader.left = _HeaderFooterPart('偶数页左页眉')
        ws.evenFooter.center = _HeaderFooterPart('偶数页中页脚')
    wb.save('new_'+xlsxFile)
```

例 9-27　编写程序，合并多个相同表头但有纵向单元格合并的 Excel 文件，例如，图 9-4、图 9-5、图 9-6 为原始 Excel 文件，图 9-7 为合并之后的结果文件。

学院	姓名	成绩
	张三	80
	李四	90
计算机	王五	70
	赵六	85
	马七	75

图 9-4　原始文件 1

学院	姓名	成绩
	a	88
	b	78
	c	87
数学	d	68
	e	90
	f	67
	g	80

图 9-5　原始文件 2

学院	姓名	成绩
体育	a	80
体育	b	70
体育	c	88
体育	g	79
体育	m	87

图 9-6　原始文件 3

学院	姓名	成绩
	a	80
	b	70
	c	88
	g	79
体育	m	87
	a	88
	b	78
	c	87
	d	68
	e	90
	f	67
数学	g	80
	张三	80
	李四	90
	王五	70
	赵六	85
计算机	马七	75

图 9-7　合并后的结果文件

解析：首先依次读取所有原始文件中的数据并写入结果文件，然后再处理结果文件中的数据，对指定的列进行合并单元格。

```
from os import listdir, remove
from os.path import exists
import openpyxl

# 结果文件名，如果已存在，先删除
result = 'result.xlsx'
if exists(result):
    remove(result)

# 创建空白结果文件，并添加表头
wbResult = openpyxl.Workbook()
wsResult = wbResult.worksheets[0]
wsResult.append(['学院', '姓名', '成绩'])

# 遍历当前文件夹中所有 xlsx 文件，
# 把除表头之外的内容追加到结果文件中
fns = (fn for fn in listdir() if fn.endswith('.xlsx'))
for fn in fns:
    wb = openpyxl.load_workbook(fn)
    ws = wb.worksheets[0]
    for index, row in enumerate(ws.rows):
        # 跳过表头
        if index == 0:
            continue
        temp = []
        for cell in row:
            try:
                temp.append(cell.value)
            except:
                temp.append(None)
        wsResult.append(temp)

# 结果文件中所有行，前面加一个空串，方便索引
rows = [''] + list(wsResult.rows)
index1 = 2
rowCount = len(rows)

# 处理结果文件，合并第一列中合适的单元格
while index1 < rowCount:
    value = rows[index1][0].value
    # 如果当前单元格没有内容，或者与前面的内容相同，就合并
    for index2, row2 in enumerate(rows[index1+1:], index1+1):
        if not (row2[0].value == None or row2[0].value==value):
            break
```

```
        else:
            # 已到文件尾，合并单元格
            wsResult.merge_cells('A'+str(index1)+':A'+str(index2))
            break
        # 未到文件尾，合并单元格
        wsResult.merge_cells('A'+str(index1)+':A'+str(index2-1))
        index1 = index2

# 保存结果文件
wbResult.save(result)
```

例 9-28　编写程序，把 docx 文档中的所有表格导出为一个 xlsx 文件，每个表格生成一个工作表 worksheet，数据组织形式保持原来的结构不变。

解析： 使用 openpyxl 创建空白 xlsx 文件，然后使用扩展库 python-docx 打开 docx 文档，通过 tables 属性获取所有表格，然后遍历每个表格，把其中的数据写入到 xlsx 文件中的工作表中。请自行运行和测试代码并观察运行结果。

```
from docx import Document
from openpyxl import Workbook

def docx2xlsx(fn):
    document = Document(fn)
    wb = Workbook()
    del wb['Sheet']
    for index, table in enumerate(document.tables, start=1):
        ws = wb.create_sheet(f'sheet{index}')
        for row in table.rows:
            values = list(map(lambda cell:cell.text, row.cells))
            ws.append(values)
    wb.save(fn[:-5]+'_new.xlsx')

docx2xlsx('测试文件.docx')
```

例 9-28 讲解

9.6.3　PowerPoint 文件操作实战

Python 扩展库 python-pptx 提供了 pptx 格式 PowerPoint 文件操作的接口，可以使用 pip install python-pptx 命令安装，安装之后的名字叫 pptx。

每个 PowerPoint 文件称为一个 Presentation（演示文档），每个 Presentation 对象包含一个由所有幻灯片组成的属性 slides，每个幻灯片对象的属性 shapes 包含了这一页幻灯片上的所有元素，可以是 TEXT_BOX（文本框）、PICTURE（图片）、CHART（图表）、TABLE（表格）或其他等元素，分别对应不同的 shape_type 属性值。

例 9-29　编写程序，统计指定文件夹及其所有子文件夹中 pptx 文件包含的幻灯片总数量。

解析： 每个 Presentation 对象的属性 slides 中包含了所有的幻灯片，这是一个类似于列表的类型，可以使用内置函数 len() 查看长度，也就是幻灯片数量。在下面的程序中，使用函数递归调用实现了目录树的遍历，使用全局变量 total 记录幻灯片的总数量。要注意的是，如果全局变量是在函数外定义的，需要在函数内使用 global 声明才能修改全局变量的值。

```
import os
import os.path
import pptx

total = 0
def pptCount(path):
    global total
    for subPath in os.listdir(path):
        subPath = os.path.join(path, subPath)
        if os.path.isdir(subPath):
            pptCount(subPath)
        elif subPath.endswith('.pptx'):
            presentation = pptx.Presentation(subPath)
            total += len(presentation.slides)
pptCount('F:\\ 教学课件 \\Python 程序设计实用教程')
print(total)
```

例 9-30 编写程序，创建 PowerPoint 演示文档并创建一页幻灯片，插入表格，写入单元格数据，然后再打开该演示文档并输出表格中的内容。

解析：代码使用到的 slide_layouts 是个可迭代对象，其中包含可用的幻灯片布局，下标为 6 的布局是空白幻灯片。另外，幻灯片上的每个 shape 都有一个属性 shape_type 用来表示是什么类型的元素，可以使用 dir(MSO_SHAPE_TYPE) 查看全部类型。

```
import pptx
from pptx.util import Inches
from pptx.enum.shapes import MSO_SHAPE_TYPE

# 创建空白演示文档
pptFile = pptx.Presentation()
# 插入一页空白幻灯片，插入表格
# 可以使用 [sl.name for sl in obj.slide_layouts] 查看每个布局的名称
slide = pptFile.slides.add_slide(pptFile.slide_layouts[6])
table = slide.shapes.add_table(rows=6, cols=4,
                               left=Inches(1),
                               top=Inches(2),
                               width=Inches(8),
                               height=Inches(4))
# 遍历表格单元格，写入内容
for rowIndex, row in enumerate(table.table.rows):
    for colIndex, cell in enumerate(row.cells):
        if rowIndex==0:
            cell.text_frame.text = '列'+str(colIndex)
        else:
            cell.text_frame.text = str(rowIndex*colIndex)
```

```
        cell.margin_left = Inches(0.2)
pptFile.save('test.pptx')

# 打开已有演示文档，获取第一页幻灯片中的表格对象
pptFile = pptx.Presentation('test.pptx')
for shape in pptFile.slides[0].shapes:
    if shape.shape_type==MSO_SHAPE_TYPE.TABLE:
        table = shape
        break
# 遍历并输出单元格内容
for row in table.table.rows:
    for cell in row.cells:
        print(cell.text_frame.text, end='\t')
    print()
```

运行程序后，创建的文件中表格效果如图 9-8 所示，程序输出结果为：

```
列 0	列 1	列 2	列 3
0	1	2	3
0	2	4	6
0	3	6	9
0	4	8	12
0	5	10	15
```

列0	列1	列2	列3
0	1	2	3
0	2	4	6
0	3	6	9
0	4	8	12
0	5	10	15

图 9-8　创建的表格效果

例 9-31　编写程序，批量导入 JPG 图片文件并生成 pptx 格式的 PowerPoint 文件，假设 JPG 图片文件名分别为 Slide1.jpg、Slide2.jpg、Slide3.jpg、Slide4.jpg...

解析：在代码中，首先获取指定文件夹中的 JPG 图片文件，然后按序号升序排序，创建空白演示文档，依次导入每个图片文件并创建文本框显示文件名。准备好若干图片文件，请自行运行程序并观察运行结果。

```
from os import listdir
from os.path import join, basename
from re import findall
import pptx
from pptx.util import Inches, Pt
```

例 9-31 讲解

```
from pptx.enum.text import PP_PARAGRAPH_ALIGNMENT

picDir = '第 7 章  文件操作'
# 所有 JPG 图片文件名，按主文件名的数字顺序排列
picFiles = [join(picDir,fn)
            for fn in listdir(picDir)
            if fn.endswith('.jpg')]
picFiles.sort(key=lambda item:int(findall(r'Slide(\d+).jpg',
                                          item)[0]))
# 创建空白演示文档
pptFile = pptx.Presentation()
# 设置幻灯片尺寸，16 : 9
pptFile.slide_width = Inches(16)
pptFile.slide_height = Inches(9)
for fn in picFiles:
    # slide_layouts[6] 表示空白幻灯片
    slide = pptFile.slides.add_slide(pptFile.slide_layouts[6])
    # 添加文本框，设置文本内容，右对齐，字体和字号
    txt = slide.shapes.add_textbox(0, 0,
                                   pptFile.slide_width,
                                   Inches(1))
    p = txt.text_frame.add_paragraph()
    p.text = basename(fn)
    p.alignment = PP_PARAGRAPH_ALIGNMENT.RIGHT
    p.font.name = '微软雅黑'
    p.font.size = Pt(28)
    # 导入并为当前幻灯片添加图片
    pic = slide.shapes.add_picture(fn, Inches(0), Inches(0),
                                   Inches(16), Inches(9))
    # 图片置于文本框下方，使得文本框可见
    slide.shapes._spTree.insert(1, pic._element)

pptFile.save('test.pptx')
```

9.7 PDF 文件操作实战

有很多扩展库提供了 Python 操作 PDF 文件的接口，如 pdfminer3k、pdf2image、PyPDF2、reportlab、pywin32、pymupdf 等。本节通过几个例题演示相关的用法，请自行使用 pip 命令安装所需要的扩展库。

例 9-32 编写程序，把多个 Word 文档批量转换为 PDF 文件。

解析： 运行下面的程序需要正确安装扩展库 pywin32，并且要求及其已安装 Office 或 WPS，代码实际是通过 pywin32 调用了 Word 自身提供的功能。请自行运行和测试代码并观察运行结果。

```
import os
from win32com.client import Dispatch, constants, gencache

def word2Pdf(wordFile, pdfFile):
    w = gencache.EnsureDispatch('Word.Application')
    doc = w.Documents.Open(wordFile, ReadOnly = 1)
    doc.ExportAsFixedFormat(
        pdfFile,
        constants.wdExportFormatPDF,
        Item=constants.wdExportDocumentWithMarkup,
        CreateBookmarks=constants.wdExportCreateHeadingBookmarks)
    w.Quit(constants.wdDoNotSaveChanges)

wordFiles = [fn for fn in os.listdir('.')
             if fn.endswith(('.doc', '.docx'))]
for wordFile in wordFiles:
    wordFile = os.path.abspath(wordFile)
    pdfFile = os.path.splitext(wordFile)[0] + '.pdf'
    word2Pdf(wordFile, pdfFile)
```

例 9-33　编写程序，把 PDF 文件转换为若干 JPG 图片，每页内容生成一个图片文件。

解析：运行下面的代码之前，需要做这样的准备工作：①下载 poppler 软件，把下载的 poppler 解压缩到 D:\poppler；②使用 pip 安装扩展库 pdf2image。请自行运行和测试代码并观察运行结果。

```
from os import mkdir
from os.path import isdir, split, join
from pdf2image import convert_from_path

def convert(pdfPath):
    # 路径和文件名
    dstDir, pdfFn = split(pdfPath)
    dstDir = join(dstDir, pdfFn[:-4])
    # 创建与文件名同名的文件夹
    if not isdir(dstDir):
        mkdir(dstDir)

    # 转换图片
    images = convert_from_path(pdfFn, dpi=480, fmt='JPEG',
                               thread_count=4,
                               poppler_path=r'D:\poppler\bin')

    # 保存图片
    for index, image in enumerate(images):
        image.save('{}\{}.jpg'.format(dstDir, index))

convert('新建 DOCX Document.pdf')
```

例 9-34 编写程序，把任意多个 PDF 文件合并为一个 PDF 文件。

解析： 运行下面的程序需要首先使用 pip install PyPDF2 命令安装扩展库 PyPDF2，另外就是某些加密的文件可能会无法合并，代码中跳过了加密的文件。请自行运行和测试代码并观察运行结果。

```
from PyPDF2 import PdfFileReader, PdfFileMerger

# 要合并的多个 PDF 文件
pdf_files = ('pdf130.pdf', 'pdf131.pdf', 'pdf132.pdf')

result_pdf = PdfFileMerger()
# 依次读取每个文件的内容，并进行合并
for pdf in pdf_files:
    with open(pdf, 'rb') as fp:
        pdf_reader = PdfFileReader(fp)
        if pdf_reader.isEncrypted:
            print(f'忽略加密文件：{pdf}')
            continue
        result_pdf.append(pdf_reader, import_bookmarks=True)

# 保存合并的 PDF 文件
result_pdf.write('result.pdf')
result_pdf.close()
```

例 9-35 编写程序，把给定的多个 JPG 图片文件合并为一个 PDF 文件。

解析： 代码思路为先把每个图片转换为一个 PDF 文件，然后再把这些 PDF 文件合并到一起。在实际使用时，可以根据需要对图片文件排序后再进行合并。请自行运行和测试代码并观察运行结果。

例 9-35 讲解

```
from os import remove, listdir
from os.path import join
from reportlab.lib.pagesizes import A4, landscape, portrait
from reportlab.pdfgen import canvas
from PyPDF2 import PdfFileReader, PdfFileMerger

def get_jpgs(path):
    return [join(path,fn) for fn in listdir(path)
            if fn.endswith('.jpg')]
# 要合并的若干 jpg 图片文件
jpg_files = get_jpgs(r'C:\Users\d\Pictures')
result_pdf = PdfFileMerger()
# 临时 pdf 文件，最后要删除
temp_pdf = 'temp.pdf'

# 依次把每个 jpg 文件转换为 pdf 文件
# 然后再合并成为一个 pdf 文件
```

```
for fn in jpg_files:
    # 转换为pdf，portrait表示纵向页面，landscape表示横向页面
    c = canvas.Canvas(temp_pdf, pagesize=portrait(A4))
    c.drawImage(fn, 0, 0, *portrait(A4))
    c.save()
    # 合并
    with open(temp_pdf, 'rb') as fp:
        pdf_reader = PdfFileReader(fp)
        result_pdf.append(pdf_reader)
# 保存结果文件，删除临时文件
result_pdf.write('result.pdf')
result_pdf.close()
remove(temp_pdf)
```

例 9-36　编写程序，提取给定的多个 PDF 文件中文本并保存为 TXT 格式的记事本文件。

解析： 运行下面的程序首先需要使用命令 pip install pdfminer3k 安装扩展库 pdfminer3k，程序中调用了扩展库 pdfminer3k 的文件 pdf2txt.py 提取 PDF 文件中的文本生成相应的记事本文件。

```
import os
import sys
import time

pdfs = (pdfs
    for pdfs in os.listdir('.')
    if pdfs.endswith('.pdf'))
for pdf1 in pdfs:
    pdf = pdf1.replace(' ','_').replace('-','_').replace('&','_')
    os.rename(pdf1, pdf)
    print('='*30)
    print(pdf)
    txt = pdf[:-4] + '.txt'
    exe = '"' + sys.executable + '" "'
    pdf2txt = os.path.dirname(sys.executable)
    pdf2txt = pdf2txt + '\\scripts\\pdf2txt.py" -o '
    try:
        # 调用命令行工具pdf2txt.py进行转换
        # 如果pdf加密过可以改写下面的代码
        # 在-o前面使用-P来指定密码
        cmd = exe + pdf2txt + txt + ' ' + pdf
        os.popen(cmd)
        # 转换需要一定时间，一般小文件2秒足够了
        time.sleep(2)
    except:
        pass
```

本章知识要点

（1）二进制文件无法用记事本或其他类似的文本文件编辑器正常进行显示和编辑，人类也无法直接阅读和理解，需要使用正确的软件进行解码或反序列化之后才能正确地读取、显示、修改或执行。

（2）操作文件内容一般需要三步：首先打开文件并创建文件对象，然后通过该文件对象对文件内容进行读取、写入、删除、修改等操作，最后关闭并保存文件内容。

（3）使用 read()、readline() 和 write() 方法读写文件内容时，表示当前位置的文件指针会自动向后移动，并且每次都是从当前位置开始读写。

（4）除了用于文件操作，with 关键字还可以用于数据库连接、网络连接或类似场合。

（5）使用标准库 json 中的 dump() 函数可以把数据序列化并直接写入文本格式的文件，使用标准库 json 中的 load() 函数可以从文本文件中读取 JSON 格式的数据并直接还原为 Python 对象。

（6）Python 标准库 csv 支持对该格式文件的操作，该标准库中常用的函数有 reader() 和 writer()。

（7）Python 标准库 pickle 提供了 dumps()、pack() 函数用来对任意对象进行序列化并返回字节串，loads()、unpack() 函数用来对字节串进行反序列化并还原为原来的对象。Python 标准库 pickle 还提供了 dump() 函数用于将数据序列化为字节串并写入二进制文件，load() 函数用于读取二进制文件内容并进行反序列化，还原为原来的对象。

（8）使用 struct 模块读写二进制文件时，需要使用 pack() 函数把对象按指定的格式进行序列化得到字节串，然后使用文件对象的 write() 方法将序列化的结果字节串写入二进制文件。读取时需要使用文件对象的 read() 方法读取二进制文件正确长度的字节串内容，然后再使用 unpack() 函数反序列化得到原来的信息。

（9）os.path 其实是一个别名，在 Windows 系统中实际对应的是 ntpath 模块，在 Posix 系统中实际对应的是 posixpath 模块，这两个模块提供的接口基本上是一致的，这样的导入方式是为了方便代码跨平台移植。

（10）扩展库 python-docx、docx2python 提供了 docx 格式 Word 文档操作的接口。

（11）Python 扩展库 openpyxl 提供了操作 xlsx 格式 Excel 文件的接口，可以使用 pip install openpyxl 安装这个扩展库。Anaconda3 安装包中已经集成安装了 openpyxl，不需要再次安装。

（12）Python 扩展库 python-pptx 提供了 pptx 格式 PowerPoint 文件操作的接口，可以使用 pip install python-pptx 命令安装，安装之后的名字叫 pptx。

（13）有很多扩展库提供了 Python 操作 PDF 文件的接口，如 pdfminer3k、pdf2image、PyPDF2、reportlab、pywin32、pymupdf 等。

习　　题

1. 填空题：按数据组织形式的不同，可以把文件分为________和________两大类。其中前者可以使用记事本直接打开阅读或编辑，后者一般需要使用专门的软件打开。

2. 填空题：内置函数 open() 的参数________用来指定打开模式。

3. 填空题：内置函数 open() 的参数________用来指定编码格式，只能用于文本文件。

4. 填空题：使用标准库 json 中的________函数把对象序列化为字符串，使用标准库 json 中的________函数把 JSON 格式字符串还原为 Python 对象。

5. 填空题：使用标准库 json 中的________函数可以把数据序列化并直接写入文本格式的文件，使用标准库 json 中的________函数可以从文本文件中读取 JSON 格式的数据并直接还原为 Python 对象。

6. 填空题：标准库 struct 中的________函数用来计算指定类型序列化时所需要的字节数量。

7. 填空题：在 docx 格式的文档中，一段具有相同格式和属性的连续文本称作一个________。

8. 填空题：在 Word 文档中，如果前一段文字设置段后距离为 1 行，后面紧邻的一段文字设置段前距离为 1.5 行，那么这两段之间的实际距离是________行。

9. 判断题：内置函数 open() 使用 'w' 模式打开的文件，不仅可以往文件中写入内容，也可以从文件中读取内容。（　　）

10. 判断题：读写文件时，只要程序中调用了文件对象的 close() 方法，就一定可以保证文件被正确关闭。（　　）

11. 判断题：文件对象的 seek() 方法定位的单位是字节，即使是使用 'r' 或 'w' 模块打开的文本文件也是一样的。（　　）

12. 判断题：使用扩展库 python-docx 读取 docx 文档时，inline_shapes 属性中也包括文档中的浮动图片。（　　）

13. 判断题：docx 格式的文档把扩展名改为 zip 之后，在资源管理器中就无法打开了，提示文件损坏。（　　）

14. 判断题：使用扩展库 openpyxl 的函数 Workbook() 创建新工作簿时，默认情况下是完全空白的，里面没有工作表，必须自己使用工作簿对象的 create_sheet() 方法创建工作表才能写入数据。（　　）

15. 判断题：内置函数 open() 以 'r' 模式打开的文本文件对象是可遍历的，可以使用 for 循环遍历文件中每行文本。（　　）

16. 编程题：重做例 9-15，在原来的基础上增加文档中表格内文字的检查，如果表格内有文字符合题目中描述的条件，也进行输出和提示。

17. 编程题：重做例 9-17，在原来的基础上增加文档中表格内文字的检查，如果表格内有文字符合题目中描述的条件，也进行输出。

18. 编程题：编写程序，把一个 xlsx 格式 Excel 文件中所有工作表中的数据导入到一个 docx 格式的 Word 文件中，每个工作表的数据生成一个独立的表格。

19. 编程题：编写程序，把若干 JPG 图片文件导入并生成一个 html 格式的网页文件，并且每个图片进行一定的旋转，要求每个图片旋转的角度随机设置，但都介于 -8° 和 8° 之间。

20. 编程题:编写程序,生成一个 docx 格式的 Word 文档,其中包含一个 50 行 4 列的表格,每个单元格中存放一个口算题，要求口算题中每个数字都是小于 100 的正整数，只包含加法运算和减法运算，并且保证结果大于或等于 0。

21. 编程题：已知文件“超市营业额.xlsx”中记录了某超市 2019 年 3 月 1 日至 5 日各员工在不同时段、不同柜台的销售额。部分数据如图 9-9 所示，要求编写程序，读取该文件中的数据，并统计每个员工的销售总额、每个时段的销售总额、每个柜台的销售总额。

	A	B	C	D	E	F
1	工号	姓名	日期	时段	交易额	柜台
2	1001	张三	20190301	9：00-14：00	2000	化妆品
3	1002	李四	20190301	14：00-21：00	1800	化妆品
4	1003	王五	20190301	9：00-14：00	800	食品
5	1004	赵六	20190301	14：00-21：00	1100	食品
6	1005	周七	20190301	9：00-14：00	600	日用品
7	1006	钱八	20190301	14：00-21：00	700	日用品
8	1006	钱八	20190301	9：00-14：00	850	蔬菜水果
9	1001	张三	20190301	14：00-21：00	600	蔬菜水果
10	1001	张三	20190302	9：00-14：00	1300	化妆品
11	1002	李四	20190302	14：00-21：00	1500	化妆品
12	1003	王五	20190302	9：00-14：00	1000	食品
13	1004	赵六	20190302	14：00-21：00	1050	食品
14	1005	周七	20190302	9：00-14：00	580	日用品
15	1006	钱八	20190302	14：00-21：00	720	日用品
16	1002	李四	20190302	9：00-14：00	680	蔬菜水果
17	1003	王五	20190302	14：00-21：00	830	蔬菜水果

图 9-9　超市营业额.xlsx 中的部分数据

22. 编程题：已知文件“每个人的爱好.xlsx”中保存了一些人的爱好，要求在表格最后增加 1 列，对每个人的爱好进行汇总并写入汇总结果，如图 9-10 所示，图中矩形框内是由程序汇总并写入的内容，左侧是原始数据。

	A	B	C	D	E	F	G	H	I	J	K
1	姓名	抽烟	喝酒	写代码	打扑克	打麻将	吃零食	喝茶	所有爱好		
2	张三	是		是				是	抽烟，写代码，喝茶		
3	李四	是	是		是				抽烟，喝酒，打扑克		
4	王五		是	是		是	是		喝酒，写代码，打麻将，吃零食		
5	赵六	是			是			是	抽烟，打扑克，喝茶		
6	周七		是	是		是			喝酒，写代码，打麻将		
7	吴八	是					是		抽烟，吃零食		
8											
9											
10											

图 9-10　每个人的爱好.xlsx 文件中的演示数据

23. 编程题：编写程序，统计给定 docx 格式的 Word 文档中段落、表格、图片、字符、空格的数量。

24. 编程题：查阅资料，安装扩展库 docxcompose 和 python-docx，然后编写程序，合并多个给定的 docx 文档内容成为一个 docx 文档，并保持原来多个文档内容的格式。

实验项目 5：Word 文件转图片式 PDF 文件

实验内容

给定一个 Word 文件，如果直接转换为 PDF 文件，里面的文字仍是可以复制的，重要内容存在被侵权的风险。如果转换为图片式的 PDF 文件，内容不能复制更不能编辑，可以很好地避免这个问题。

编写程序，把给定的 Word 文件转换为图片式的 PDF 文件，需要考虑 Word 文件中可能会同时有横向排版和纵向排版的节，可以只考虑 A4 页面的文件。

实验目的

（1）熟练掌握在线安装和离线安装扩展库的方法；

（2）熟练掌握扩展库对象的导入和使用；

（3）了解扩展库 pywin32、pdf2image、replortlab、PyPDF2、pillow 的用途和基本用法；

（4）熟练掌握函数的定义与使用；

（5）理解函数调用时关键参数和序列解包的用法；

（6）熟练掌握内置函数 enumerate() 在控制文件编号时的使用；

（7）理解标准库 os 中 listdir() 函数返回的文件名列表是字符串顺序；

（8）熟练掌握列表方法 sort() 中参数 key 的作用。

实验步骤

（1）下载并安装 Python 开发环境，下面的步骤在 Spyder 中完成，其他开发环境根据实际情况稍作调整。

（2）在项目“Python 程序设计实用教程”中创建程序文件“Word2PDF.py”，完成之后的效果如图 9-11 所示。

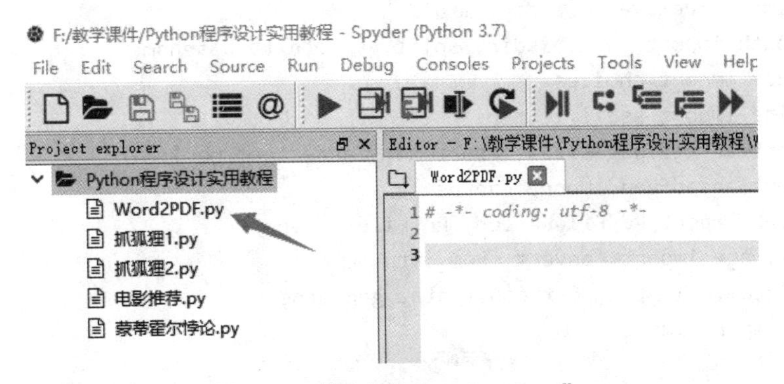

图 9-11 创建文件“Word2PDF.py”

（3）分析问题和题目要求，确定整体思路为：① 把 Word 文件转换为 PDF 文件；② 把 PDF 文件拆分成图片，每页生成一个图片文件；③ 把每一页图片转换为 PDF 文件；④ 把图片转换得到的全部 PDF 按顺序合并成一个完整的 PDF 文件。

（4）根据设计的整体思路，确定需要用到扩展库 pywin32、pillow、pdf2image、reportlab、PyPDF2，然后根据实际使用的 Python 开发环境，参考第 1 章学习的内容安装这些扩展库。以 Anaconda3 为例，单击“开始”菜单→“Anaconda3（64bit）”→“Anaconda Prompt(Anaconda3)”进入命令提示符环境，然后使用 pip 或 conda 命令安装扩展库，图 9-12 演示了安装 pdf2image、reportlab 和 PyPDF2 的命令（图中画线的部分）和执行过程，其他扩展库类似，如果已经安装也会有相应的提示。另外，pdf2image 不能直接使用，还需要下载软件 poppler 配合来完成指定功能，本书编写时有效地址为 http://blog.alivate.com.au/poppler-windows/，下载 poppler-0.68.0_x86.7z 文件，解压缩到 D:\poppler0680 文件夹。

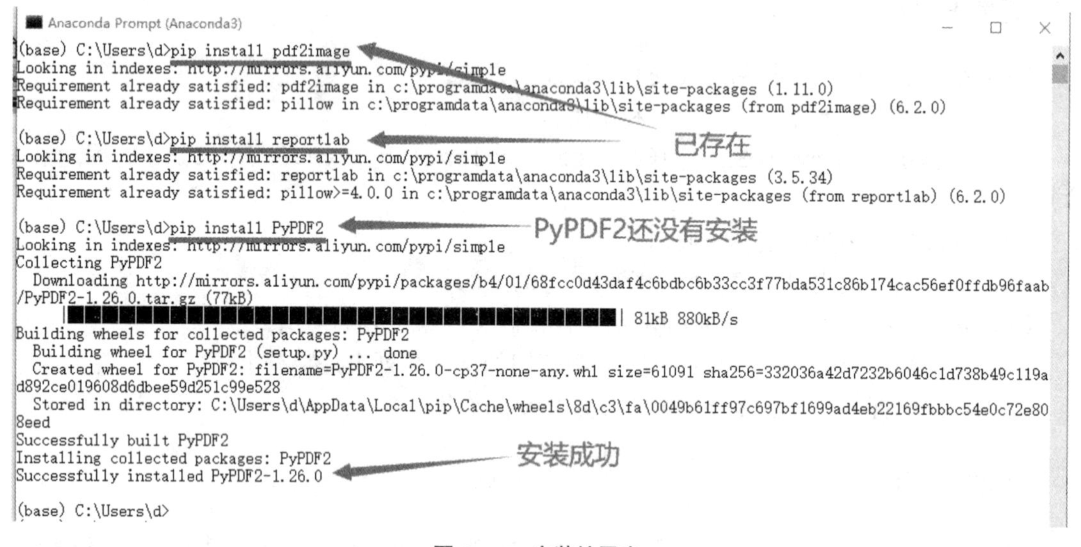

图 9-12　安装扩展库

（5）在文件“Word2PDF.py”中编写下面的代码，完成指定的任务。代码含义请参考相应的注释。

```
from os import remove, listdir, mkdir
from os.path import join, isdir, split, splitext, basename
from random import choices
from string import ascii_letters
from reportlab.lib.pagesizes import A4, landscape, portrait
from reportlab.pdfgen import canvas
from PyPDF2 import PdfFileReader, PdfFileMerger
from pdf2image import convert_from_path
from win32com.client import constants, gencache
from PIL import Image

# 把 Word 文档转换为 pdf 格式，适用于 doc 和 docx 两种格式
```

```
def docx2pdf(wordFile, pdfFile):
    word = gencache.EnsureDispatch('word.Application')
    word.Visible = False
    document = word.Documents.Open(wordFile)
    # 参数设置
    params = dict(Item=constants.wdExportDocumentWithMarkup,
                  CreateBookmarks=
                  constants.wdExportCreateHeadingBookmarks)
    document.ExportAsFixedFormat(pdfFile,
                                 constants.wdExportFormatPDF,
                                 **params)
    document.Close()
    word.Quit(constants.wdDoNotSaveChanges)

# 把 pdf 文件拆分为 jpg 图片，每页一张
def pdf2jpgs(pdfPath):
    # 路径和文件名
    dstDir, pdfFn = split(pdfPath)
    dstDir = join(dstDir, pdfFn[:-4])
    # 创建与文件名同名的文件夹
    if not isdir(dstDir):
        mkdir(dstDir)

    # 转换图片
    poppler_path = r'D:\poppler0680\bin'
    images = convert_from_path(pdfPath, dpi=480,
                               fmt='JPEG',
                               thread_count=4,
                               poppler_path=poppler_path)
    # 保存图片
    for index, image in enumerate(images):
        image.save('{}\{}.jpg'.format(dstDir, index))

# 把 jpg 图片合并为 pdf 文件
def merge_jpg2pdf(path):
    # 要合并的若干 jpg 图片文件
    jpg_files = [join(path,fn) for fn in listdir(path)
                 if fn.endswith('.jpg')]
    jpg_files.sort(key=lambda fn:
                   int(splitext(basename(fn))[0]))
    result_pdf = PdfFileMerger()

    # 依次把每个 jpg 文件转换为 pdf 文件
    # 然后再合并成为一个 pdf 文件
    for fn in jpg_files:
        # 临时 pdf 文件，最后要删除
```

```
        temp_pdf = ''.join(choices(ascii_letters, k=20))+'.pdf'
        # 转换为 pdf，portrait 表示纵向页面，landscape 表示横向页面
        w, h = Image.open(fn).size
        if w > h:
            c = canvas.Canvas(temp_pdf, pagesize=landscape(A4))
            c.drawImage(fn, 0, 0, *landscape(A4))
        else:
            c = canvas.Canvas(temp_pdf, pagesize=portrait(A4))
            c.drawImage(fn, 0, 0, *portrait(A4))
        c.save()
        # 合并
        with open(temp_pdf, 'rb') as fp:
            pdf_reader = PdfFileReader(fp)
            result_pdf.append(pdf_reader)
        # 删除临时 pdf 文件
        remove(temp_pdf)
    # 保存结果文件
    result_pdf.write(path+'.pdf')
    result_pdf.close()

# 指定绝对路径
wordFile = r'c:\Python38\PythonTiku.docx'
pdfFile = r'c:\Python38\PythonTiku.pdf'
docx2pdf(wordFile, pdfFile)
pdf2jpgs(pdfFile)
merge_jpg2pdf(splitext(pdfFile)[0])
```

（6）准备一个 Word 文件，把代码中的 wordFile 和 pdfFile 替换为自己的路径，运行程序，打开生成的 PDF 文件观察效果。

（7）尝试修改代码，对指定的多个 Word 文件进行处理，分别转换为同名的 PDF 文件。

实验项目 6：生成数据模拟身份信息并写入 Excel 文件

实验内容

在演示某些软件功能或算法时，可能需要大量人员的身份信息作为测试数据。如果使用真实数据，一是一般人或者机构很难拿到那么多数据，二是使用真实数据演示的时候很容易造成信息泄露。如果使用模拟数据的话，就不存在这两方面的问题了。

编写程序，生成数据模拟人员的身份信息，包括姓名、性别、年龄、家庭住址、电话号码、电子邮箱等信息，写入 Excel 文件，每行保存一个人的身份信息。

实验目的

（1）熟练掌握安装扩展库的方法；

（2）熟练掌握导入与使用标准库和扩展库对象的方法；
（3）熟练掌握字符串方法 join() 连接字符串的用法；
（4）熟练掌握标准库 random 中的 choices() 和 choice() 函数的用法；
（5）熟练掌握内置函数 map() 的工作原理和使用；
（6）了解标准库 string 中常用的字符串常量；
（7）了解 Excel 文件的基本结构；
（8）了解电子邮箱地址的基本结构；
（9）熟练掌握使用 openpyxl 中工作表对象方法 append() 追加数据的用法。

实验步骤

（1）下载并安装 Python 开发环境，下面的步骤在 Spyder 中完成，其他开发环境根据实际情况稍作调整。

（2）在项目“Python 程序设计实用教程”中创建程序文件“批量生成人员身份信息.py”，完成之后的效果如图 9-13 所示。

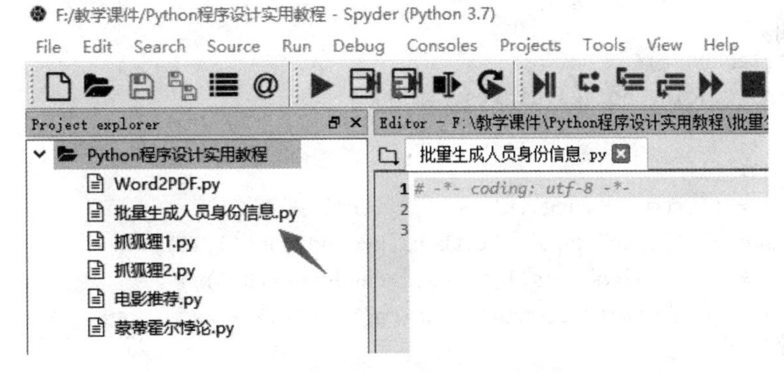

图 9-13　创建程序文件“批量生成人员身份信息.py”

（3）分析问题，确定整体思路，绘制程序流程草图。查阅资料，确定常用汉字的 Unicode 编码范围。设置随机信息的生成规则为：人名由 2~4 个随机汉字组成，身份证号由 18 位随机数字字符组成，年龄介于 18~150 岁之间随机生成，家庭住址由 10~29 个随机汉字组成，电话号码由 11 位随机数字字符组成，电子邮箱由 3~19 位字母的随机用户名、3~7 字母的随机域名和一个随机生成的域名后缀组成。

程序中分别为上述的每个功能定义一个函数，然后使用扩展库 openpyxl 创建一个空白 Excel 文件，调用定义的函数生成每项信息并写入 Excel 文件，最后保存为指定的文件名。

在 Anaconda3 中已经集成安装了扩展库 openpyxl，如果使用其他开发环境并且没有这个扩展库，需要自行安装，可以参考第 1 章的内容。

（4）在程序“批量生成人员身份信息.py”中编写下面的代码，完成要求的功能。

```
from string import digits
from string import ascii_letters as letters
from random import choices, randrange, choice
from openpyxl import Workbook
```

```
def get_name():
    rnd = randrange(2, 5)
    return ''.join(map(chr, choices(range(20000,40000),k=rnd)))

def get_id():
    return ''.join(choices(digits,k=18))

def get_sex():
    return choice('男女')

def get_age():
    return randrange(18, 151)

def get_address():
    rnd = randrange(10, 30)
    return ''.join(map(chr, choices(range(20000,40000),k=rnd)))

def get_telephone():
    return ''.join(choices(digits,k=11))

def get_email():
    suffix = ('.com', '.org', '.net', '.cn')
    username = ''.join(choices(letters,k=randrange(3,20)))
    domain = ''.join(choices(letters,k=randrange(3,8)))
    return f'{username}@{domain}.{choice(suffix)}'

def main(xlsx_path):
    wb = Workbook()
    ws = wb.active
    ws.append(['姓名','身份证号','性别','年龄',
               '家庭住址','电话号码','电子邮箱'])
    for _ in range(200):
        data = [get_name(),get_id(),get_sex(),get_age(),
                get_address(),get_telephone(),get_email()]
        ws.append(data)
    wb.save(xlsx_path)

main('人员身份信息.xlsx')
```

（5）运行程序，生成的 Excel 文件中部分数据如图 9-14 所示。

（6）修改程序，增加人数到 500，并在“家庭住址”前面增加一列“学历”（取值范围为博士、研究生、本科，任选其一），重新运行程序并观察生成的数据。

	A	B	C	D	E	F	G
1	姓名	身份证号	性别	年龄	家庭住址	电话号码	电子邮箱
2	犳蛆	812435589144812932	女	58	釓挸妳陊賓産叼抦廚恝詳櫼邻綒髻薔榌蟎沒侊夌烔槃笵障儢樱礲鑱	28087939394	ZnHBFY@UQM.com
3	軫糬骐飄	133649886328691521	男	93	瘓隙悤貼萑禖危舟腫诋阪賤愰跽僐骄梈坮砝顣傍膎箴諌郓閭虹趆	68242346240	PEPOzvUzluZLCRn@Jcc.org
4	頡蘙岫	807263290811154706	女	38	結懴颻洿瘽嗪僮繕応茶軨駩银鯳疤腾溵犨緑潒參�毆褚媠昃鈔	13396389359	NysaZZIOmcaZvVarKc@HGA.net
5	躪斦伳掾	093730491644897367	男	61	鐕鑶媢壇沕崴研艪般寔鏖姘蒲	05902608758	QRdeQQocTzSviSBZcpa@sghUz.org
6	郙庹	534672158733076019	男	69	禑先偓孙醽改摛綒醆汾棱匽啫鵨珙揂硶	85838794615	JfRQJZUdgkx@FNDNPRt.cn
7	帖偞	979799352466309672	男	21	窕朕始諜揞娓峪萍琏渭晴額幻娼滇萒鮗琮	13633086882	aLxLMIXaTGGOWtv@IYk.org
8	科鷦詈鐠	078011670428602198	男	40	荖偱厍幉鄭疐揁顬髋垺伽臻缅箕鏡寻敵栓	86194651012	ZhfUSqCZdhTBQ@MFGQM.cn
9	髦烈	904644442569674823	男	20	湩粃虙鉅眬瘨今佫醦洣熇	11609869271	qUzCVFcvEAGCf@dgtjrw.com
10	鏞剌唧	593075484927610861	女	81	袗软投酴洕驲險疕尉魮粇詐	68507723274	RePWsV@KOWYjUX.org
11	櫆杈栝觪	436239969709659950	女	20	騗酵碁椿覆鲛眮租驗萋狉妏鼜搙幆禼苕堟镘釋詬掇櫭鑕	74862995183	puisLCiWn@ykZYP.com
12	永炲	142249233629798824	男	42	瘜暰裀笠醑爥坭笠酏瑤韋	78743779722	NWHSwYsc@DqIDCZ.cn
13	抸狠缕	207874338650540136	女	82	炸餬炋榭箄禬倠唫瓌砝藹駇伭偙藎舅攕夬瘓挸偰越栊	22167525315	GhfJyve@yMXdTmR.org
14	蝢巎粆	237214542429144510	男	77	磆防敬蔯霔澮绞評猶贊踸礓咉仜忏摧旴烧敌髎佷瘦祏澫	97571176280	LyYXCE@udb.com
15	隆砥纶婻	720032825555920638	男	76	崴劦鳵跧論祷摠蟀貅潍睛钊銂壢鵝鷠鞁膠芪鈎穜棆鍪杔綈螻獻斥	73543045568	xRcPejPpZGvZDEuyL@svZwB.org
16	脏汕	086856853358811570	女	26	鶄朐僧钫订霁皆絁顏靭悖佷檨鍪炆戀淥炤柳鈇摫篓跸缥氮羊瞔欐	08117929060	ACeVjbbCLz@qwbKImW.cn
17	镝桯齼勭	982152237234799076	男	75	啬獠綻莖�森财飆悀曇陻宜粤鄉憔	28904123481	XXjvYifCBxO@WUIJWO.org
18	踵成昦	419969423162897317	女	68	址廒線芖璱盷捪鍏佳箙際蕴鶡姸萎級荠胠�穎	34292467925	eLJcWbs@EXldZ.cn
19	冢顂徘丣	704050886661285481	女	57	碩蹐鲖彭桑荞穏兩郈愳嫯焘繵坠墒哯頼蝿失锫悱乓竽镑瘀	77538759249	KIDIPWQMqXqxMKeRISw@logbd.org
20	�陭墠暄	657895154723963929	女	43	埝韃搊粘崺監赼曲恝梽腩鞞即稟擩灦	48295218664	zszActsHpBAf@XgGs.net
21	弍鈍	148441114199921207	女	29	紘匍汀驜譟枕埏牸芽硇曈袙彥憨殛瞿诤眖繇垯轓馅�傴徒筚悉适	75382667594	rRpPRhFbWmhm@TZaIGb.cn
22	淌蹶鍗	820953671692912095	女	82	粰羞頞順烙萷鲐撣瘙梱痾靯缧惽攑	42125345162	FumSNkKwsqg@QXyvJD.net

图 9-14　生成的人员身份信息模拟数据

实验项目 7：查找包含指定字符串的 Office 文档

实验内容

通过标准库 os 中的函数 listdir() 和 walk() 遍历指定文件夹及其子文件夹中的文件和文件夹名称，再通过简单的字符串操作就可以很容易地筛选或过滤包含特定字符串的路径名。但文件名可以随意命名，不一定必须和内容相关。如果要实现基于内容的搜索，必须要深入到文档内部，检查其内容中是否包含特定的字符串。

编写程序，实现基于内容的文档搜索。程序运行时，通过参数指定要搜索的字符串和文件夹，然后搜索该文件夹中所有包含这个字符串的 Word 文件（docx 格式）、Excel 文件（xlsx 格式）和 PowerPoint 文件（pptx 格式），还可以通过参数来指定是否需要搜索指定文件夹的所有子文件夹中的这三类文件。

实验目的

（1）熟练掌握标准库 os 函数 listdir() 的用法；

（2）熟练掌握标准库 os.path 函数 join()、isfile()、isdir() 的用法；

（3）理解命令行参数的概念以及在 Spyder 中运行 Python 程序提交命令行参数的方式；

（4）理解标准库 sys 中列表 argv 的含义的工作原理；

（5）熟练安装扩展库 python-docx、openpyxl、python-pptx；

（6）了解扩展库 python-docx、openpyxl、python-pptx 的基本用法；

（7）了解 docx、xlsx、pptx 格式的文件基本结构；

（8）理解广度优先遍历目录树的工作原理；

（9）熟练掌握函数的定义与使用；

（10）熟练掌握选择结构、循环结构、异常处理结构的使用。

实验步骤

（1）下载并安装 Python 开发环境，下面的步骤在 Spyder 中完成，其他开发环境根据实际情况稍作调整。

（2）在项目“Python 程序设计实用教程”中创建程序文件“搜索 Office 文档.py”，完成之后的效果如图 9-15 所示。

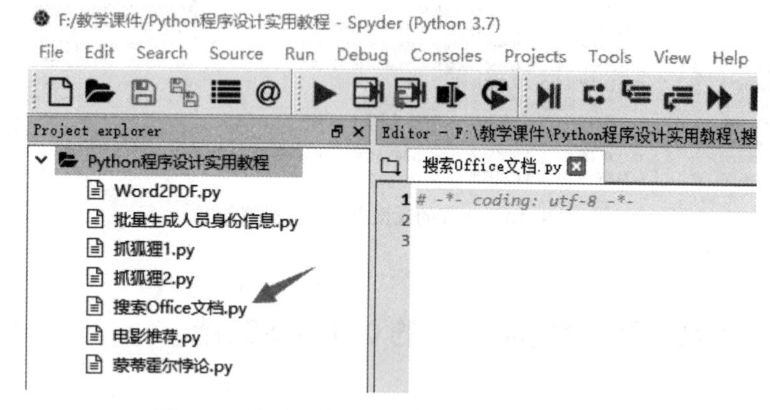

图 9-15　创建程序文件“搜索 Office 文档.py”

（3）分析问题，确定需要使用的扩展库为 python-docx、openpyxl、python-pptx。如果使用 Anaconda3，已经自带了 openpyxl，需要自己安装另外两个，图 9-16 演示了为 Anaconda3 安装 python-docx 的命令和过程，其他开发环境请参考第 1 章的介绍自行调整。

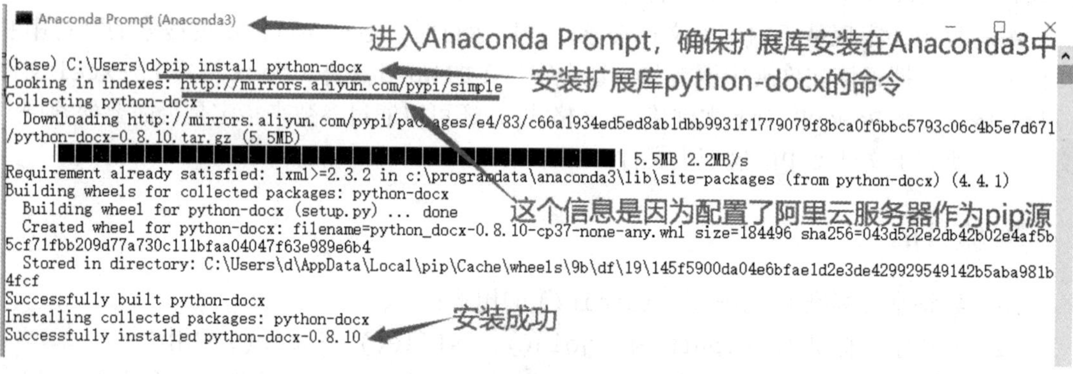

图 9-16　安装扩展库 python-docx

（4）分析问题，确定解决问题的整体思路为：分别编写用于处理 Word 文件、Excel 文件和 PowerPoint 文件的三个函数，然后使用广度优先遍历指定的目录树，根据文件类型调用相应的函数，根据文件中是否包含特定的字符串决定要不要输出这个文件名。绘制程序流程草图，方便理顺思路。

（5）在程序文件“搜索 Office 文档.py”编写下面的代码，实现要求的功能。

```
from sys import argv
from os import listdir
```

```
from os.path import join, isfile, isdir
from docx import Document
from openpyxl import load_workbook
from pptx import Presentation
from pptx.enum.shapes import MSO_SHAPE_TYPE

def checkdocx(dstStr, fn):
    # 打开 docx 文档
    document = Document(fn)
    # 遍历所有段落文本
    for p in document.paragraphs:
        if dstStr in p.text:
            return True
    # 遍历所有表格中的单元格文本
    for table in document.tables:
        for row in table.rows:
            for cell in row.cells:
                if dstStr in cell.text:
                    return True
    return False

def checkxlsx(dstStr, fn):
    # 打开 xlsx 文件
    wb = load_workbook(fn)
    # 遍历所有工作表的单元格
    for ws in wb.worksheets:
        for row in ws.rows:
            for cell in row:
                try:
                    if dstStr in cell.value:
                        return True
                except:
                    pass
    return False

def checkpptx(dstStr, fn):
    # 打开 pptx 文档
    presentation = Presentation(fn)
    # 遍历所有幻灯片
    for slide in presentation.slides:
        for shape in slide.shapes:
            # 表格中的单元格文本
            if shape.shape_type == MSO_SHAPE_TYPE.TABLE:
                for row in shape.table.rows:
                    for cell in row.cells:
                        if dstStr in cell.text_frame.text:
```

```
                                        return True
                # 文本框
                elif shape.shape_type in(14,17):
                    try:
                        if dstStr in shape.text:
                            return True
                    except:
                        pass
    return False

def main(dstStr, dstDir, flag):
    # 列表 dirs 中存储需要处理但还没处理的文件夹路径
    dirs = [dstDir]
    # 如果还有需要处理的文件夹就继续循环
    while dirs:
        # 获取第一个尚未遍历的文件夹名称
        currentDir = dirs.pop(0)
        for fn in listdir(currentDir):
            path = join(currentDir, fn)
            if isfile(path):
                if (path.endswith('.docx') and
                    checkdocx(dstStr, path)):
                    print(path)
                elif (path.endswith('.xlsx') and
                      checkxlsx(dstStr, path)):
                    print(path)
                elif (path.endswith('.pptx') and
                      checkpptx(dstStr, path)):
                    print(path)
            # 广度优先遍历目录树
            elif flag and isdir(path):
                dirs.append(path)

# sys.argv 是一个列表，用来接收命令行参数
# 其中，argv[0] 为程序文件名
# argv[1] 表示是否要检查所有子文件夹中的文件
# 后面的参数表示要搜索的字符串和搜索路径
if argv[1] != '/s':
    dstStr = argv[1]
    dstDir = argv[2]
    flag = False
else:
    dstStr = argv[2]
    dstDir = argv[3]
    flag = True

main(dstStr, dstDir, flag)
```

（6）在 spyder 界面右侧交互窗口中输入命令并提交命令行参数，运行程序，观察运行结果。如图 9-17 所示。图中画线的位置表示通过 args 提交命令行参数，多个参数之间使用空格分隔。在 Spyder 中输入文件夹路径时，注意使用斜线“/”作为分隔符，这一点和 Windows 使用反斜线“\”不一样。

```
In [18]: runfile('F:/教学课件/Python程序设计实用教程/搜索Office文档.py', args=r'董付国 F:/教学课件/Python程序设计（第二版）',
wdir='F:/教学课件/Python程序设计实用教程')
F:/教学课件/Python程序设计（第二版）\2017年署期全国高校教师“Python编程及应用”培训班通知.docx
F:/教学课件/Python程序设计（第二版）\山东省高校青年教师2017署期“Python编程及应用”培训班课程表.docx

In [19]: runfile('F:/教学课件/Python程序设计实用教程/搜索Office文档.py', args=r'/s 董付国 F:/教学课件/Python程序设计（第二版）',
wdir='F:/教学课件/Python程序设计实用教程')
F:/教学课件/Python程序设计（第二版）\2017年署期全国高校教师“Python编程及应用”培训班通知.docx
F:/教学课件/Python程序设计（第二版）\山东省高校青年教师2017署期“Python编程及应用”培训班课程表.docx
F:/教学课件/Python程序设计（第二版）\第10章 网络程序设计\第10章 网络程序设计.pptx
F:/教学课件/Python程序设计（第二版）\第12章 Windows系统编程\第12章 Windows系统编程.pptx
F:/教学课件/Python程序设计（第二版）\第13章 多线程与多进程编程\第13章 多线程与多进程编程.pptx
F:/教学课件/Python程序设计（第二版）\第14章 数据库编程\第14章 数据库编程.pptx
F:/教学课件/Python程序设计（第二版）\第15章 多媒体编程\第15章 多媒体编程.pptx
F:/教学课件/Python程序设计（第二版）\第16章 软件逆向工程应用\第16章 软件逆向工程应用.pptx
F:/教学课件/Python程序设计（第二版）\第17章 科学计算与可视化\第17章 数据分析、科学计算与可视化.pptx
F:/教学课件/Python程序设计（第二版）\第18章 密码学编程\第18章 密码学编程.pptx
F:/教学课件/Python程序设计（第二版）\第1章 基础知识\第1章 基础知识.pptx
F:/教学课件/Python程序设计（第二版）\第3章 选择与循环\第3章 选择与循环.pptx
F:/教学课件/Python程序设计（第二版）\第4章 字符串与正则表达式\第4章 字符串与正则表达式.pptx
F:/教学课件/Python程序设计（第二版）\第5章 函数的设计和使用\第5章 函数的设计和使用.pptx
F:/教学课件/Python程序设计（第二版）\第6章 面向对象程序设计\第6章 面向对象程序设计.pptx
F:/教学课件/Python程序设计（第二版）\第7章 文件操作\清华大讲堂_直播课_Office文档操作.pptx
F:/教学课件/Python程序设计（第二版）\第7章 文件操作\第7章 文件操作.pptx
F:/教学课件/Python程序设计（第二版）\第8章 异常处理结构与程序调试\第8章 异常处理结构与程序调试.pptx
F:/教学课件/Python程序设计（第二版）\第9章 GUI编程\第9章 GUI编程.pptx
F:/教学课件/Python程序设计（第二版）\第7章 文件操作\code\Excel文件综合操作.xlsx
F:/教学课件/Python程序设计（第二版）\第7章 文件操作\code\test.docx
F:/教学课件/Python程序设计（第二版）\第7章 文件操作\code\测试.docx
F:/教学课件/Python程序设计（第二版）\第7章 文件操作\code\测试文件.docx
```

图 9-17　执行带命令行参数的 Python 程序

（7）修改程序，增加文本类型（扩展名为.txt）和 Python 程序（扩展名为.py或.pyw）的检查，如果这几类文件中也包含特定的字符串，输出相应的文件名。

第 10 章

多媒体编程

本章学习目标

- 熟练安装本章使用的扩展库；
- 了解图像处理的基本原理与常用技术；
- 了解扩展库 pillow 的基本用法；
- 了解音乐采集、播放、编辑的基本原理；
- 了解扩展库 pygame、pyaudio、scipy 在音频方面的基本用法；
- 了解视频采集和编辑的基本原理；
- 了解扩展库 opencv_python、moviepy 在视频处理方面的基本用法。

10.1 图像处理

Python 扩展库 pillow 提供了强大的图像处理功能，支持所有主流的图像格式，可以使用 pip install pillow 命令安装这个扩展库，安装之后需要通过名字 PIL 导入其中的模块对象。在这个扩展库中主要提供了 Image、ImageChops、ImageColor、ImageDraw、ImagePath、ImageFile、ImageEnhance、PSDraw 以及其他一些模块来支持图像的处理，ImageGrab 模块还支持对计算机屏幕上指定区域进行截图。本节介绍扩展库 pillow 的简单使用，然后通过几个案例演示 pillow 提供的图像处理功能。

10.1.1 扩展库 pillow 简单使用

本节代码在 IDLE 环境演示了 pillow 中 Image、ImageGrab、ImageFilter 和 ImageEnhance

模块的基本用法，运行时建议每次修改之后调用 im.show() 类似的方法显示图像观察处理效果加深理解。

1）导入模块

```
>>> from PIL import Image
```

2）打开图像文件

```
>>> im = Image.open('sample.jpg')
```

3）显示图像

```
>>> im.show()
```

4）查看图像信息

```
>>> print(im.format)                        # 查看图像格式
'JPEG'
>>> print(im.size)                          # 查看图像大小，格式为（宽度，高度）
(200, 100)
>>> print(im.height)                        # 查看图像高度
100
>>> print(im.width)                         # 查看图像宽度
200
```

5）查看图像直方图

对于灰度图像，直方图是指每个灰度值（0~255 之间）的频次，也就是当前图像中灰度值为特定灰度的所有像素的数量。灰度图像的 histogram() 方法返回的是一个列表，其中有 256 个元素，每个元素的下标表示灰度值，元素的值表示有多少像素的灰度值与当前值相等。例如，假设 histogram() 返回的列表中前三项是 38、27、80，表示当前图像中有 38 个像素的灰度是 0，27 个像素的灰度是 1，80 个像素的灰度是 2。

对于包含多个通道（如红、绿、蓝）的彩色图像，histogram() 方法返回每个通道的直方图，前 256 个数值对应第一个通道（一般是像素颜色值的红色分量）的直方图，接下来的 256 个数值对应第二个通道的直方图，以此类推。

```
>>> print(im.histogram())                   # 如果图像包含多个通道，
                                            # 则返回所有通道的直方图
>>> print(im.histogram()[:256])             # 查看第一个通道的直方图
```

6）读取像素值

```
>>> im.getpixel((150,80))                   # 参数必须是元组
                                            # 两个元素分别表示 x 和 y 坐标
(255, 248, 220)                             # 彩色图像返回元组（红，绿，蓝）
                                            # 灰度图像返回表示灰度的整数
```

7）设置像素值

```
>>> im.putpixel((100,50), (128,30,120))
                                            # 第一个参数元组表示位置
```

```
                                            # 第二个参数表示颜色值（红，绿，蓝）
                                            # 灰度图片颜色值为整数
```

8）保存图像文件

```
>>> im.save('sample1.jpg')                  # 把图像保存为另一个文件
>>> im.save('sample.bmp')                   # 通过该方法可以进行格式转换
```

9）图像缩放

```
>>> im = im.resize((100,100))               # 参数表示图像的新尺寸
                                            # 返回新图像，不是原地缩放
```

10）旋转图像，rotate() 方法支持任意角度的旋转，而 transpose() 方法支持部分特殊角度的旋转，如 90°、180°、270° 旋转以及水平、垂直翻转等。这几个方法都是返回新图像，不修改原来的图像。

```
>>> im = im.rotate(90)                      # 逆时针旋转 90 度
>>> im = im.transpose(Image.ROTATE_180)     # 逆时针旋转 180 度
>>> im = im.transpose(Image.FLIP_LEFT_RIGHT) # 水平翻转
>>> im = im.transpose(Image.FLIP_TOP_BOTTOM) # 垂直翻转
```

11）图像裁剪与粘贴

```
>>> box = (120, 194, 220, 294)              # 定义裁剪区域
                                            # （左，上，右，下）
>>> region = im.crop(box)                   # 裁剪一部分
>>> region = region.transpose(Image.ROTATE_180)
>>> im.paste(region, box)                   # 粘贴回原来的位置
```

12）图像通道分离与合并

```
>>> r, g, b = im.split()                    # 将彩色图像分离为同样大小的
                                            # 红、绿、蓝三分量子图
>>> imNew = Image.merge(im.mode, (r,g,b))
                                            # 把三个子图合并为一个图像
```

13）创建缩略图

```
>>> im.thumbnail((50,20))                   # 参数为缩略图尺寸
>>> im.save('2.jpg')                        # 保存缩略图
```

14）屏幕截图

```
>>> from PIL import ImageGrab
>>> im = ImageGrab.grab((0,0,800,200))      # 截取屏幕指定区域的图像
>>> im = ImageGrab.grab()                   # 不带参数表示全屏幕截图
```

15）图像增强

```
>>> from PIL import ImageFilter
>>> im = im.filter(ImageFilter.DETAIL)          # 细节增强
>>> im = im.filter(ImageFilter.EDGE_ENHANCE)    # 边缘增强
```

```
>>> im = im.filter(ImageFilter.EDGE_ENHANCE_MORE)      # 边缘增强
```

16）图像模糊

```
>>> im = im.filter(ImageFilter.BLUR)
>>> im = im.filter(ImageFilter.GaussianBlur)           # 高斯模糊
>>> im = im.filter(ImageFilter.MedianFilter)           # 中值滤波
```

17）图像边缘提取

```
>>> im = im.filter(ImageFilter.FIND_EDGES)
>>> im.show()
```

18）图像点运算

```
>>> im = im.point(lambda i:i*1.3)                      # 整体变亮
>>> im = im.point(lambda i:i*0.7)                      # 整体变暗
>>> im = im.point(lambda i: i*1.8 if i<100 else i*0.7)
                                                       # 自定义调整图像明暗度
>>> im.show()
```

也使用图像增强模块来实现上面类似的功能，例如

```
>>> from PIL import ImageEnhance
>>> enh = ImageEnhance.Brightness(im)
>>> enh.enhance(1.3).show()
```

19）图像冷暖色调整

```
>>> r, g, b = im.split()                               # 分离图像
>>> r = r.point(lambda i:i*1.3)                        # 红色分量变为 1.3 倍
>>> g = g.point(lambda i:i*0.9)                        # 绿色分量变为原来的 0.9
>>> b = b.point(lambda i:0)                            # 把蓝色分量变为 0
>>> im = Image.merge(im.mode,(r,g,b))                  # 合并图像
>>> im.show()
```

20）图像对比度增强

```
>>> from PIL import ImageEnhance
>>> im = ImageEnhance.Contrast(im)
>>> im = im.enhance(1.3)                               # 对比度增强为 1.3 倍
```

10.1.2 图像处理实战

例 10-1 编写程序，把给定的 GIF 动图中的每帧图像提取出来保存为图像文件。

解析：使用 Image.open() 打开 GIF 动图返回的对象提供了 tell() 和 seek() 方法分别用来返回当前帧的编号和定位到指定编号的帧，还提供了 save() 方法用来把当前帧图像保存为文件。请自行准备 GIF 动图，然后运行和测试代码并观察运行结果。

```
from os import mkdir
from os.path import exists
```

```python
from PIL import Image

def split_gif(gifFileName):
    pngDir = gifFileName[:-4]
    if not exists(pngDir):
        mkdir(pngDir)
    # 打开 gif 动态图像时，默认是第一帧
    im = Image.open(gifFileName)
    while True:
        current = im.tell()
        # 保存当前帧图片
        im.save(f'{pngDir}\{current}.png')
        try:
            # 获取下一帧图片
            im.seek(current+1)
        except:
            break

split_gif('waiting.gif')
```

例 10-2 编写程序，把当前文件夹中多个尺寸相同的 PNG 图像纵向合并为一个长图。

解析： 使用 Image.open() 打开每个图像并获取图像的尺寸来计算结果图像所需要的高度，创建空白图像之后依次把每个原始图像粘贴到结果图像的相应位置。请自行运行和测试代码并观察运行结果。

```python
from os import listdir
from PIL import Image

# 获取当前文件夹中所有 PNG 图像
ims = [Image.open(fn)
       for fn in listdir()
       if fn.endswith('.png') and fn!='result.png']
# 单幅图像尺寸
width, height = ims[0].size
# 创建空白长图，和原始图像模式相同，高度为所有图像高度之和
result = Image.new(ims[0].mode,
                   (width,height*len(ims)))
# 拼接
for i, im in enumerate(ims):
    result.paste(im, box=(0,i*height))
# 保存
result.save('result.png')
```

例 10-2 讲解

例 10-3 编写程序，识别并输出图片中的文字。

解析： 首先下载并安装 tesseract-ocr 软件，将其安装路径添加到系统环境变量 Path 中，然后使用 pip install pytesseract 和 pip install pillow 安装扩展库。请自行准备带有文字的图片，然后运行和测试代码并观察运行结果。

```
import pytesseract
from PIL import Image

print(pytesseract.image_to_string(Image.open('ocrTest.jpg'),
                                  lang='chi_sim'))
```

10.2　音频处理实战

本节介绍 pygame、pyaudio、scipy 等扩展库对音频处理的支持，请按照第 1 章介绍的方法使用 pip 安装这些扩展库。

10.2.1　使用 pygame 扩展库播放音乐

在本节中通过一个例题代码演示扩展库 pygame 播放 MP3 音乐的用法。Python 扩展库 pygame 提供了开发游戏所需要的所有功能，表 10-1 列出了其中一部分。其中 mixer 模块提供了 mp3、wav、ogg 等格式音乐文件播放的功能，主要功能如表 10-2 所示。

表 10-1　pygame 主要模块

模块	说明
cursors	控制鼠标指针
display	屏幕显示
draw	画图形
event	事件处理
font	使用字体
image	图像处理
key	读取键盘按键
mask	图片遮罩
math	提供向量类
mixer	混音器有关功能
mouse	鼠标消息处理
movie	视频文件播放，需要安装 PyMedia
scrap	剪贴板支持
surface	绘制屏幕
time	时间控制
transform	修改和移动图像

表 10-2　mixer 模块主要方法

方法	说明
pygame.mixer.init()	初始化，必须最先调用
pygame.mixer.music.load(filename)	打开音乐文件
pygame.mixer.music.play(count,start)	播放音乐文件
pygame.mixer.music.stop()	停止播放
pygame.mixer.music.pause()	暂停播放
pygame.mixer.music.unpause()	继续播放
pygame.mixer.music.get_busy()	检测声卡是否正被占用

在本节的程序中使用 Python 标准库 tkinter 开发界面，使用多线程编程技术支持在播放音乐的同时还能响应用户的鼠标和键盘操作，这两个技术不是本书的内容，可以不用花太多时间理解。可以把程序想象成一个可以用来接收指令并分配任务的控制中心，自己并不需要做任何具体的工作，每当有新任务指令（如开始播放、播放下一首、暂停、恢复、停止播放）到达时，控制中心就把指令转达给负责具体工作的人（也就是程序中创建的线程）去完成和实现，控制中心则继续等待接收下一条指令。

例 10-4　编写程序，使用 tkinter 开发程序界面，使用扩展库 pygame 播放 MP3、wav、ogg 音乐文件。

解析：在程序中使用到了多线程编程技术以及相应的标准库 threading，使用其中的 Thread 类创建线程对象，再调用线程对象的 start() 方法启动这个线程。创建并启动一个新的线程后继续往下执行原来的代码，与新线程的代码并发执行，这是使得程序能够在播放音乐的同时还能响应用户鼠标和键盘操作的重要技术，是提高用户体验的重要技术。请自行准备音乐文件，然后运行和测试代码。

例 10-4 讲解

```
import os
import tkinter
import tkinter.filedialog
import random
import time
import threading
import pygame

folder = ''

def play():
    # folder 用来表示存放 MP3 音乐文件的文件夹
    global folder
    musics = [folder+'\\'+music
              for music in os.listdir(folder) \
              if music.endswith(('.mp3', '.wav', '.ogg'))]
```

```
    # 初始化混音器设备
    pygame.mixer.init()
    while playing:
        if not pygame.mixer.music.get_busy():
            # 随机播放一首歌曲
            nextMusic = random.choice(musics)
            pygame.mixer.music.load(nextMusic.encode())
            # 播放一次
            pygame.mixer.music.play(1)
            musicName.set('playing....'+nextMusic)
        else:
            time.sleep(0.3)

root = tkinter.Tk()
root.title('音乐播放器 -- 董付国')
root.geometry('300x70+400+300')
root.resizable(False, False)

# 关闭程序时执行的代码
def closeWindow():
    # 修改变量，结束线程中的循环
    global playing
    playing = False
    time.sleep(0.3)
    try:
        # 停止播放，如果已停止，
        # 再次停止时会抛出异常，所以放在异常处理结构中
        pygame.mixer.music.stop()
        pygame.mixer.quit()
    except:
        pass
    # 关闭应用程序窗口
    root.destroy()
root.protocol('WM_DELETE_WINDOW', closeWindow)

pause_resume = tkinter.StringVar(root, value='NotSet')
playing = False

# 单击播放按钮执行的函数
def buttonPlayClick():
    # 选择要播放的音乐文件夹
    global folder
    if not folder:
        folder = tkinter.filedialog.askdirectory()
    if not folder:
        return
```

```
    global playing
    playing = True
    # 创建一个线程来播放音乐，当前主线程用来接收用户操作
    t = threading.Thread(target=play)
    t.start()
    # 根据情况禁用和启用相应的按钮
    buttonPlay['state'] = 'disabled'
    buttonStop['state'] = 'normal'
    buttonPause['state'] = 'normal'
    buttonNext['state'] = 'normal'
    pause_resume.set('Pause')
# 创建播放按钮，设置按钮上的文本和对应事件处理函数
buttonPlay = tkinter.Button(root,
                            text='Play',
                            command=buttonPlayClick)
# 把按钮放置到应用程序界面上指定的位置
buttonPlay.place(x=20, y=10, width=50, height=20)

# 停止按钮
def buttonStopClick():
    global playing
    playing = False
    pygame.mixer.music.stop()
    musicName.set('暂时没有播放音乐')
    # 启用按钮
    buttonPlay['state'] = 'normal'
    # 禁用按钮
    buttonStop['state'] = 'disabled'
    buttonPause['state'] = 'disabled'
    buttonNext['state'] = 'disabled'
    global folder
    folder = ''
buttonStop = tkinter.Button(root,
                            text='Stop',
                            command=buttonStopClick)
buttonStop.place(x=80, y=10, width=50, height=20)
buttonStop['state'] = 'disabled'

# 暂停与恢复，两个功能共用一个按钮
def buttonPauseClick():
    # global playing
    if pause_resume.get() == 'Pause':
        pygame.mixer.music.pause()
        pause_resume.set('Resume')
    elif pause_resume.get() == 'Resume':
        pygame.mixer.music.unpause()
```

```
        pause_resume.set('Pause')
buttonPause = tkinter.Button(root,
                             textvariable=pause_resume,
                             command=buttonPauseClick)
buttonPause.place(x=140, y=10, width=50, height=20)
buttonPause['state'] = 'disabled'

# 下一首音乐
def buttonNextClick():
    global playing
    playing = False
    pygame.mixer.music.stop()
    pygame.mixer.quit()
    buttonPlayClick()
buttonNext = tkinter.Button(root,
                            text='Next',
                            command=buttonNextClick)
buttonNext.place(x=200, y=10, width=50, height=20)
buttonNext['state'] = 'disabled'

musicName = tkinter.StringVar(root,
                              value='暂时没有播放音乐...')
labelName = tkinter.Label(root,
                          textvariable=musicName)
labelName.place(x=0, y=40, width=270, height=20)

# 启动消息循环
root.mainloop()
```

程序运行后单击“Play”按钮，选择一个包含音乐文件的文件夹开始播放，界面如图 10-1 所示。

图 10-1　音乐播放器运行界面

10.2.2　使用标准库 wave 和扩展库 pyaudio 播放音乐

扩展库 pyaudio 提供了 PortAudio 库的访问接口，是跨平台的音频输入 / 输出流控制库。通过这个库，可以使用 Python 在不同的平台上播放和录制音频。在本节中通过一个例题演示标准库 wave 配合扩展库 pyaudio 播放波形音乐文件的用法，下一节介绍如何使用扩展库 pyaudio 录制音频。

例 10-5 编写程序，使用标准库 wave 配合扩展库 pyaudio 播放波形音乐文件。

解析：在本书编写时，扩展库 pyaudio 暂时还不支持 Python 3.8，无法使用 pip install pyaudio 命令直接安装，可以下载第三方打包好的 whl 文件然后离线安装。程序中使用标准库 wave 从波形文件中读取数据，然后由扩展库 pyaudio 输出到播放设备。请自行准备波形音乐文件，然后运行和测试代码并聆听音乐。

```
import wave
import pyaudio

buffer_size = 10240
wf = wave.open('音乐文件.wav', 'rb')
audio = pyaudio.PyAudio()
# 创建输出流
stream = audio.open(
                    format=audio.get_format_from_width(wf.getsampwidth()),
                    channels=wf.getnchannels(),
                    rate=wf.getframerate(),
                    output=True)

while True:
    # 从波形音乐文件中读取数据
    data = wf.readframes(buffer_size)
    if not data:
        break
    # 输出到音频播放设备
    stream.write(data)

stream.stop_stream()
stream.close()
audio.terminate()
```

10.2.3 使用 pyaudio 扩展库开发录音机程序

上一节介绍了如何使用标准库 wave 配合扩展库 pyaudio 播放波形音乐文件，这一节介绍如何使用这两个库开发录音机程序。程序使用标准库 tkinter 开发界面，相关知识可以查阅 Python 官方文档中 tkinter 章节的介绍，或者参考《Python 可以这样学》中更多相关案例的介绍。

例 10-6 编写程序，使用标准库 wave 配合扩展库 pyaudio 实现录音机功能。

解析：使用扩展库 puaudio 从录音设备采集音频数据，然后使用标准库 wave 写入到波形文件。

```
import wave
import threading
import tkinter
from tkinter.filedialog import asksaveasfilename
import tkinter.messagebox
```

例 10-6 讲解

```
import pyaudio

CHUNK_SIZE = 1024
CHANNELS = 2
FORMAT = pyaudio.paInt16
RATE = 44100

fileName = None
allowRecording = False

def record():
    global fileName
    p = pyaudio.PyAudio()
    # 创建输入流
    stream = p.open(format=FORMAT,
                    channels=CHANNELS,
                    rate=RATE,
                    input=True,
                    frames_per_buffer=CHUNK_SIZE)
    wf = wave.open(fileName, 'wb')
    wf.setnchannels(CHANNELS)
    wf.setsampwidth(p.get_sample_size(FORMAT))
    wf.setframerate(RATE)

    while allowRecording:
        # 从录音设备读取数据，直接写入 wav 文件
        data = stream.read(CHUNK_SIZE)
        wf.writeframes(data)
    wf.close()
    stream.stop_stream()
    stream.close()
    p.terminate()
    fileName = None

# 创建 tkinter 应用程序
root = tkinter.Tk()
root.title('录音机 -- 董付国')
root.geometry('280x80+400+300')
root.resizable(False, False)

# 开始按钮
def start():
    global allowRecording, fileName
    fileName = asksaveasfilename(filetypes=[('未压缩波形文件', '*.wav')])
    if not fileName:
```

```
        return
    if not fileName.endswith('.wav'):
        fileName = fileName+'.wav'
    allowRecording = True
    lbStatus['text'] = '正在录音...'
    threading.Thread(target=record).start()
    btnStop['state'] = 'normal'
    btnStart['state'] = 'disabled'
btnStart = tkinter.Button(root, text='开始录音', command=start)
btnStart.place(x=30, y=20, width=100, height=20)

# 结束按钮
def stop():
    global allowRecording
    allowRecording = False
    lbStatus['text'] = '准备就绪'
    btnStop['state'] = 'disabled'
    btnStart['state'] = 'normal'
btnStop = tkinter.Button(root, text='停止录音', command=stop)
btnStop.place(x=140, y=20, width=100, height=20)
btnStop['state'] = 'disabled'

lbStatus = tkinter.Label(root, text='准备就绪',
                         anchor='w', fg='green')
lbStatus.place(x=30, y=50, width=200, height=20)

# 关闭程序时检查是否正在录制
def closeWindow():
    if allowRecording:
        tkinter.messagebox.showerror('正在录制', '请先停止录制')
        return
    root.destroy()
root.protocol('WM_DELETE_WINDOW', closeWindow)

root.mainloop()
```

运行界面如图 10-2 所示。

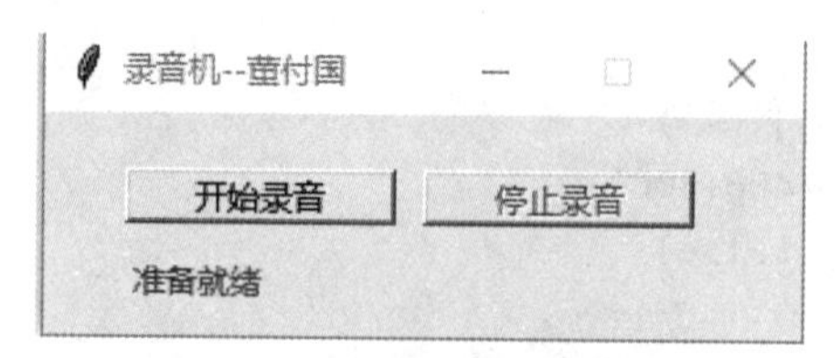

图 10-2　录音机程序运行界面

10.2.4　使用 scipy 扩展库编辑和处理音乐

扩展库 scipy 依赖扩展库 numpy，是非常重要的科学计算扩展库。除了矩阵运算、线性方程组求解、积分、优化、插值、信号处理、图像处理、统计等功能之外，还通过 scipy.io.wavfile 模块提供了未压缩波形音乐文件的处理功能，本节通过几个例题演示相关的用法。

例 10-7　编写程序，给定一个未压缩的波形音乐文件，将其中的音乐重复两次，然后生成新的音乐文件。

解析：运行本节程序时，需要安装扩展库 numpy 和 scipy。代码中读取文件中的数据，转换为列表，列表乘以 2 使得其中的数据重复两次，然后转换为 numpy 数组再写入新的音乐文件。请自行准备音乐文件，然后运行和测试代码并观察运行结果。

例 10-7 讲解

```
import numpy as np
from scipy.io import wavfile

def doubleMusic(srcMusicFile, dstMusicFile):
    # data[0] 为采样频率，data[1] 为声音数据
    data = wavfile.read(srcMusicFile)
    data12 = np.array(list(data[1])*2)
    wavfile.write(dstMusicFile, data[0], data12)

doubleMusic('音乐文件.wav', 'result.wav')
```

例 10-8　编写程序，给定一个未压缩的波形音乐文件，将其音量降低为二分之一，然后生成新的音乐文件。

解析：读取音乐文件中的数据，得到 numpy 数组，numpy 数组整除 2 得到每个元素整除 2 以后结果组成的新数组，再写入新文件。

```
from scipy.io import wavfile

def halfMusic(srcMusicFile, dstMusicFile):
    # 读取 WAV 声音文件
    # 其中 data[0] 是采样频率
    # data[1] 是 numpy.array 格式的声音数据
    data = wavfile.read(srcMusicFile)
    # 声音数据变为原来的 1/2，写入新文件
    wavfile.write(dstMusicFile, data[0], data[1]//2)

halfMusic('音乐文件.wav', 'result.wav')
```

例 10-9　编写程序，给定一个未压缩的波形音乐文件，将其按长度均分为三段并截取中间一段，然后把这一段音频的前十分之一进行淡入处理，最后十分之一进行淡出处理，把处理结果保存为新文件。

解析：在截取中间一段音频时使用了 numpy 数组的切片，与 Python 列表的切片语法和含义完全一样。请自行准备音乐文件，然后运行和测试代码并聆听处理前后的音乐。

```
import numpy as np
from scipy.io import wavfile
```

```
def fadeInOutMusic(srcMusicFile, dstMusicFile):
    # 读取 WAV 声音文件
    sampleRate, musicData = wavfile.read(srcMusicFile)
    # 截取中间三分之一
    start = len(musicData)//3
    musicData = musicData[start:-start]
    # 前十分之一淡入，后十分之一淡出，中间不变
    length = len(musicData)
    n = 10
    start = length//n
    # 通过调整 round() 函数的第二个参数，可以控制淡入淡出的速度
    # factors 是从 0 到 1 逐渐变化的数值，表示音量越来越大
    factors = tuple(map(lambda num: round(num/start, 1),
                        range(start)))
    factors = factors + (1,)*(length-start*2) + factors[::-1]
    # 使用设置好的渐变系数调整音量大小
    rule = lambda data, factor: [np.int16(data[0]*factor),
                                 np.int16(data[1]*factor)]
    musicData = np.array(tuple(map(rule, musicData, factors)))
    # 写入结果文件
    wavfile.write(dstMusicFile, sampleRate, musicData)

fadeInOutMusic('音乐文件.wav', 'result.wav')
```

例 10-10　编写程序，给定一个未压缩的立体声波形音乐文件，把其中的左、右两个声道的音频分离出来，分别保存为 left.wav 和 right.wav 两个文件。

解析：请参考代码中的注释。

例 10-10 讲解

```
import numpy as np
from scipy.io import wavfile

def splitChannel(srcMusicFile):
    # 读取 WAV 声音文件
    sampleRate, musicData = wavfile.read(srcMusicFile)
    # 提取左右声道数据
    left = []
    right = []
    for item in musicData:
        left.append(item[0])
        right.append(item[1])
    # 写入结果文件
    wavfile.write('left.wav', sampleRate, np.array(left))
    wavfile.write('right.wav', sampleRate, np.array(right))

splitChannel('音乐文件.wav')
```

10.3　视频采集与处理实战

10.3.1　使用 OpenCV 实现视频采集和处理

OpenCV 是一个强大的计算机视觉库，Python 扩展库 opencv_python 提供了调用 OpenCV 的接口，进行了友好的封装。在使用之前，需要使用 pip install opencv_python 命令进行安装，然后通过 cv2 使用其中的功能。

例 10-11　编写程序，使用 OpenCV 调用笔记本摄像头，每隔 5 s 自动拍照一次，把拍摄照片保存为以当前日期时间为名的图片文件。

解析： 请参考程序中的注释，自行运行和测试代码并观察运行结果。

```
from os import mkdir
from os.path import isdir
import datetime
from time import sleep
import cv2

while True:
    # 参数 0 表示笔记本自带摄像头
    cap = cv2.VideoCapture(0)
    # 获取当前日期时间，例如 2020-02-14 23:11:00
    now = str(datetime.datetime.now())[:19].replace(':', '_')
    if not isdir(now[:10]):
        mkdir(now[:10])
    # 捕捉当前图像，ret=True 表示成功，False 表示失败
    ret, frame = cap.read()
    if ret:
        # 保存图像，以当前日期时间为文件名
        fn = now[:10]+'\\'+now+'.jpg'
        cv2.imwrite(fn, frame)
    cap.release()
    # 每 5 秒捕捉一次图像
    sleep(5)
```

例 10-12　编写程序，使用 OpenCV 调用笔记本摄像头录制视频并保存视频文件。

解析： 通过摄像头采集连续的图片并写入视频文件中，即可实现视频录制的功能。在程序中使用到了多线程编程技术，主要目的是在录制视频的同时能够响应用户的键盘或鼠标操作。请自行运行和测试代码并观察运行结果。

```
from os import mkdir
from os.path import isdir
import datetime
```

```
from threading import Thread
import cv2

# 参数 0 表示笔记本自带摄像头
cap = cv2.VideoCapture(0)
# 获取当前日期时间，例如 2029-02-14 23:11:00
now = str(datetime.datetime.now())[:19].replace(':', '_')
dirName = now[:10]
tempAviFile = f'{dirName}\{now}.avi'
if not isdir(dirName):
    mkdir(dirName)
# 创建视频文件 ,MJPG 格式的文件比较大，可以改用 XVID 格式压缩
aviFile = cv2.VideoWriter(tempAviFile,
                          cv2.VideoWriter_fourcc(*'MJPG'),
                          25, (640,480))  # 帧速和视频宽度、高度
def write():
    while cap.isOpened():
        # 捕捉当前图像，ret=True 表示成功，False 表示失败
        ret, frame = cap.read()
        if ret:
            # 写入视频文件
            aviFile.write(frame)
    aviFile.release()
Thread(target=write).start()

input('按任意键结束.')
cap.release()
```

例 10-13 编写程序，使用 OpenCV 提取视频中的关键帧并保存为 PNG 图像文件。

解析:根据给定的视频文件创建视频捕捉对象，然后读取每一帧图像并保存为 PNG 文件，如果读取失败则表示到达文件尾，结束循环。请自行准备视频文件，然后运行和测试代码并观察运行结果。

```
import cv2


def splitFrames(videoFileName):
    cap = cv2.VideoCapture(videoFileName)
    num = 1
    while True:
        success, data = cap.read()
        if not success:
            break
        cv2.imwrite(str(num)+'.png', data)
        num = num+1
    cap.release()

splitFrames('视频文件.avi')
```

10.3.2　使用 moviepy 进行视频编辑与处理

Python 扩展库 moviepy 提供了强大的视频编辑与处理功能，在使用之前需要使用 pip install moviepy 命令安装 moviepy 及其所有依赖的扩展库。

例 10-14　编写程序，给定一个视频文件，提取其中的音频并保存为 MP3 文件。

解析：使用扩展库 moviepy.editor 中的 VideoFileClip 类打开视频文件，然后使用 audio 属性的方法 write_audiofile() 把音频数据写入 MP3 文件。请自行准备视频文件，然后运行和测试代码并观察运行结果。

```
from moviepy.editor import *

aviFileName = r'G:\录屏测试文件\LP_20190809110515.avi'
mp3FileName = r'G:\录屏测试文件\提取出的音频.mp3'
video = VideoFileClip(aviFileName)
video.audio.write_audiofile(mp3FileName)
```

例 10-15　编写程序，给定一个视频文件，删除其中的视频数据，把无声视频保存为新文件。

解析：使用扩展库 moviepy.editor 中的 VideoFileClip 类打开视频文件，然后使用方法 without_audio() 得到无声视频，再使用 write_videofile() 方法写入新文件。另外，也可以设置 write_videofile() 方法的参数 audio=False 来实现这一效果。请自行准备视频文件，然后运行和测试代码并观察运行结果。

```
from moviepy.editor import *

aviFileName = r'G:\录屏测试文件\LP_20190809110515.avi'
silenceFileName = r'G:\录屏测试文件\删除声音后的视频.mp4'
video = VideoFileClip(aviFileName)
# 删除声音
# without_audio() 返回新的视频对象，不修改原来的视频对象
video = video.without_audio()
video.write_videofile(silenceFileName)
```

例 10-16　编写程序，对给定的视频文件进行剪辑和拼接，然后使用视频合成技术添加字幕。

解析：VideoFileClip 对象的 subclip() 可以对视频进行剪辑，使用参数 t_start 和 t_end 指定要截取的时间段，值为一个整数时表示秒，两个数的元组表示 (分 , 秒)，三个数的元组表示 (时 , 分 , 秒)。VideoFileClip 对象的 cutout() 方法用于剪去指定的时间段保留剩余的视频，参数含义与 subclip() 方法一样。函数 concatenate_videoclips() 用来连接多段视频对象成为一段视频，TextClip 类根据指定的文字创建视频对象，CompositeVideoClip 类用于把多段视频叠加到一起。请自行准备视频文件，然后运行和测试代码并观察运行结果。

```
from moviepy.editor import *
```

```
aviFileName1 = r'G:\录屏测试文件\LP_20190809105619.avi'
aviFileName2 = r'G:\录屏测试文件\LP_20190809110515.avi'
aviFileNameResult = r'G:\录屏测试文件\合成并添加字幕.mp4'

# 从第 8 秒开始，剪到 6 分 51 秒
video1 = VideoFileClip(aviFileName1).subclip(t_start=8,
                                             t_end=(6,51))
# 剪掉 0 到 5 秒
video2 = VideoFileClip(aviFileName2).cutout(0, 5)
# 拼接两段视频
video3 = concatenate_videoclips([video1, video2])

# 创建并添加、合成字幕
text_clip = (TextClip('董付国老师系列课程', fontsize=50,
                      font=r'C:\Windows\fonts\STXINGKA.TTF',
                      color='black', bg_color='transparent',
                      transparent=True)
             .set_position(('right', 'top'))
             .set_duration(1200)
             .set_start(0))
video = CompositeVideoClip([video3, text_clip])
video.write_videofile(aviFileNameResult)
```

例 10-16 讲解

例 10-17 编写程序，给定一个视频文件，将其中的视频内容旋转 90°，然后保存为新的视频文件。

解析： VideoFileClip 对象的 rotate() 方法可以把视频旋转指定的角度然后返回新的视频内容，不对原来的视频对象做任何修改。请自行准备视频文件，然后运行和测试代码并观察运行结果。

```
from moviepy.editor import *

aviFileName = r'G:\录屏测试文件\LP_20190809110515.avi'
resultFileName = r'G:\录屏测试文件\旋转 90 度.mp4'
video = VideoFileClip(aviFileName)
video = video.rotate(90)
video.write_videofile(resultFileName)
```

例 10-18 编写程序，给定一个视频文件，将其中的视频内容调整为 1.5 倍速度播放，然后保存为新的视频文件。

解析： VideoFileClip 对象的方法 fl_time() 可以用来调整播放时间，注意要对调整后的视频对象调用 set_end() 方法设置结束时间。请自行准备视频文件，然后运行和测试代码并观察运行结果。

```
from moviepy.editor import *

aviFileName = r'G:\录屏测试文件\LP_20190809110515.avi'
```

```
resultFileName = r'G:\录屏测试文件\1.5 倍播放速度.mp4'
video = VideoFileClip(aviFileName)
# 同时作用于视频和音频
result = video.fl_time(lambda t: 1.5*t,
                       apply_to=['mask','video','audio']
                      ).set_end(video.end/1.5)
result.write_videofile(resultFileName)
```

例 10-19　编写程序，对给定的视频文件做淡入淡出处理，并插入转场视频作为过渡。

解析： 使用 VideoFileClip 对象的 fadein() 和 fadeout() 方法实现淡入淡出并得到处理后的视频对象，不对原来的视频内容做任何修改。请自行准备视频文件，然后运行和测试代码并观察运行结果。

```
from moviepy.editor import *

aviFileName = r'G:\录屏测试文件\LP_20190809110515.avi'
resultFileName = r'G:\录屏测试文件\淡入淡出插转场.mp4'

video = VideoFileClip(aviFileName)
# 视频中前 200 秒，淡入淡出，第一个参数为 duration，第二个参数为颜色
subVideo1 = (video.subclip(0,200)
             .fadein(3,(1,1,1))
             .fadeout(2,(1,1,1))
# 第 200 到 400 秒之间的视频
subVideo2 = (video.subclip(200,400)
             .fadein(3,(1,1,1))
             .fadeout(2,(1,1,1)))
# 第 400 秒至结束的视频
subVideo3 = (video.subclip(400)
             .fadein(3,(1,1,1))
             .fadeout(2,(0,0,0)))
# 转场视频，大小调整很重要
transition = (VideoFileClip(r'G:\录屏测试文件\转场视频.mp4')
              .resize(video.size))
resultVideo = concatenate_videoclips([subVideo1,transition,
                                      subVideo2,transition,
                                      subVideo3])
resultVideo.write_videofile(resultFileName)
```

例 10-20　编写程序，给定视频文件，将其中的音量调整为原来的 3 倍，保存为新的视频文件。

解析： VideoFileClip 对象 audio 属性的 volumex() 方法用来调整音量大小，VideoFileClip 对象的 set_audio() 方法用来替换视频中的音频数据。请自行准备视频文件，然后运行和测试代码并观察运行结果。

```
from moviepy.editor import *

aviFileName = r'G:\录屏测试文件\LP_20190809110515.avi'
resultFileName = r'G:\录屏测试文件\调整声音.mp4'
video = VideoFileClip(aviFileName)
# 声音放大 3 倍
audio = video.audio.volumex(3)
# 替换视频中的声音
video = video.without_audio()
result = video.set_audio(audio)
result.write_videofile(resultFileName)
```

例 10-21 编写程序，给定视频文件，适当提高视频中的亮度，保存为新的视频文件。

解析: VideoFileClip 对象的 fl_image() 用于调整视频中每帧图像的数据，其参数 enhance_brightness 必须为能够处理图像数据的函数。每帧图像的数据是一个三维数组，表示每个像素的颜色值。请自行准备视频文件，然后运行和测试代码并观察运行结果。

例 10-21 讲解

```
from moviepy.editor import *

def enhance_brightness(image):
    # image 是一个三维数组
    print(image.shape)
    # 红绿蓝分量都调整为 1.5 倍
    image_new = image*1.5
    # 把每个分量值都限制在 255 之内
    # 这是 numpy 数组的用法，可以查阅相关资料
    image_new[image_new>255] = 255
    return image_new

mp4_file = r'G:\测试视频\随堂实录.mp4'
video = VideoFileClip(mp4_file)
result = video.fl_image(enhance_brightness)
result.write_videofile(mp4_file[:-4]+'1.mp4')
```

例 10-22 编写程序，给定视频文件和音频文件，为视频文件增加鼓掌声、欢呼声和背景音乐。

解析: 使用 CompositeAudioClip 类把多段音频混合到一起，然后使用 VideoFileClip 对象的 set_audio() 方法替换视频中的音频数据。请自行准备视频文件，然后运行和测试代码并观察运行结果。

例 10-22 讲解

```
from moviepy.editor import concatenate_videoclips,\
    CompositeAudioClip, VideoFileClip, AudioFileClip

# 要添加鼓掌声和欢呼声的视频文件
videoFile = r'F:\Python 微课\视频文件.mp4'
video1 = VideoFileClip(videoFile)
# 两段只有声音没有画面的视频文件
```

```
audio1 = VideoFileClip('只有鼓掌声音没有画面的视频.mp4').audio
audio2 = VideoFileClip('只有欢呼声音没有画面的视频.mp4').audio
# 降低背景音乐的音量，可以根据实际音量进行调整
audio3 = AudioFileClip('有没有人告诉你.mp3').volumex(0.2)
# 把原始视频文件切分成 6 段
# 要合成音频的视频片段长度要和待合成的音频长度相等
video11 = video1.subclip(30, (7,10))
video12 = video1.subclip((7,10), (7,20))
video13 = video1.subclip((7,20), (10,20))
video14 = video1.subclip((10,20), (10,25))
video15 = video1.subclip((10,25), (16,8))
video16 = video1.subclip((16,8))
# 修改第 2 段视频，合成鼓掌声
video12 = video12.set_audio(CompositeAudioClip([video12.audio,audio1]))
# 修改第 4 段视频，合成欢呼声
video14 = video14.set_audio(CompositeAudioClip((video14.audio,audio2)))
# 修改第 5 段视频，添加背景音乐
video15 = video15.set_audio(CompositeAudioClip((video15.audio,audio3)))
# 拼接 6 段视频为一段视频
video = concatenate_videoclips([video11,video12,
                                video13,video14,
                                video15,video16])

# 输出结果文件
video.write_videofile('带鼓掌和欢呼声的视频.mp4')
```

例 10-23　编写程序，根据给定的若干图片文件和音乐文件制作带背景音乐的视频影集。假设图片文件名分别为 slide1.jpg、slide2.jpg、slide3.jpg...

解析：加载音乐文件并重复播放 3 次，计算每个图片可以显示的时间，依次加载每个图片文件创建 ImageClip 对象并设置这个片段的时长，使用 concatenate_videoclips() 函数把所有的 ImageClip 对象连接成为一段完整的视频，最后使用 set_audio() 方法为视频设置音频数据。除了下面代码演示的拼接图片成为视频的用法，还可以使用 moviepy 提供的 ImageSequenceClip 类，速度更快，可以查阅资料进行修改。请自行准备图片和音乐文件，然后运行和测试代码并观察运行结果。

```
from os import listdir
from os.path import join
from re import findall
from moviepy.editor import *

pic_dir = '包含图片的文件夹'
mp3_path = '背景音乐文件.mp3'
final_video_path = '合成的结果视频.mp4'
pic_files = [join(pic_dir,fn) for fn in listdir(pic_dir)
             if fn.endswith('.jpg')]
pic_files.sort(key=lambda fn:int(findall(r'\d+',fn)[-1]))
```

```
# 图片数量
pic_number = len(pic_files)
# 音乐较短，重复 3 次播放
mp3_clip = AudioFileClip(mp3_path)
mp3_clip = concatenate_audioclips([mp3_clip]*3)
mp3_duration = mp3_clip.duration
# 每个图片的播放时长
each_duration = round(mp3_duration/pic_number, 2)
# 连接多个图片
image_clips = []
for pic in pic_files:
    image_clips.append(ImageClip(pic, duration=each_duration))
result_video = concatenate_videoclips(image_clips)
# 设置背景音乐
result_video = result_video.set_audio(mp3_clip)
result_video.write_videofile(final_video_path, fps=24)
```

除了上面例题中介绍的用法，扩展库 moviepy 还提供了更多功能。例如，假设 video 是一个 VideoFileClip 类的对象，下面的代码演示了更多功能，建议准备一个视频文件然后运行代码进行处理并生成结果文件，仔细观察处理结果来帮助理解代码。可以查阅资料了解相关函数的语法和功能，并能够举一反三和灵活运用。

```
(video.fx(vfx.resize, width=640)
 .write_videofile('等比例缩放至宽度 640 像素.avi', codec='libx264', fps=25))

(video.fx(vfx.resize, 0.6)
 .write_videofile('等比例缩小为 0.6 倍.avi', codec='libx264', fps=25))

(video.fx(vfx.speedx, 2)
 .write_videofile('两倍速播放.avi', codec='libx264', fps=25))

(video.fx(vfx.colorx, 0.6)
 .write_videofile('光线变暗 0.6 倍.avi', codec='libx264', fps=25))

(video.fx(vfx.mirror_x)
 .write_videofile('水平镜像.avi', codec='libx264', fps=25))

(video.fx(vfx.mirror_y)
 .write_videofile('垂直镜像.avi', codec='libx264', fps=25))

(video.fx(vfx.margin, 15)
 .write_videofile('增加 15 像素边界.avi', codec='libx264', fps=25))

(clips_array([[video]*3, [video]*3], bg_color=(0.6,)*3)
 .write_videofile('6 个视频同时播放.avi', codec='libx264', fps=25))
```

```
(CompositeVideoClip([video, video.resize(0.4).set_pos('center')])
 .write_videofile('嵌套播放.avi',codec='libx264', fps=25,
                  threads=8)) # 使用 8 个线程同时写数据

# 把视频右下角宽 320 像素高 240 像素的区域冻结不动
# 其余区域正常播放
w, h = video.w, video.h
(video.fx(vfx.freeze_region, region=(w-320,h-240,w,h))
 .write_videofile('冻结区域.avi', codec='libx264', fps=25))

(video.subclip(t_start=0.5, t_end=-0.5)
 .fx(vfx.time_mirror)
 .write_videofile('倒放.avi', codec='libx264'))
```

本章知识要点

（1）Python 扩展库 pillow 提供了强大的图像处理功能，支持所有主流的图像格式，可以使用 pip install pillow 命令安装这个扩展库，安装之后需要通过名字 PIL 导入其中的模块对象。

（2）使用 Image 模块打开图像文件之后，rotate() 方法支持任意角度的旋转，而 transpose() 方法支持部分特殊角度的旋转，如 90°、180°、270° 旋转以及水平、垂直翻转等。

（3）扩展库 pillow 中的 ImageGrab 模块提供了计算机屏幕截图功能。

（4）使用 Image.open() 打开 GIF 动图返回的对象提供了 tell() 和 seek() 方法分别用来返回当前帧的编号和定位到指定编号的帧，还提供了 save() 方法用来把当前帧图像保存为文件。

（5）扩展库 pygame 的 mixer 模块提供了 mp3、wav、ogg 等格式音乐文件播放的功能。

（6）扩展库 pyaudio 提供了 PortAudio 库的访问接口，是跨平台的音频输入 / 输出流控制库。通过这个库，可以使用 Python 在不同的平台上播放和录制音频。

（7）可以使用扩展库 puaudio 从录音设备采集音频数据，然后使用标准库 wave 写入到波形文件。也可以使用标准库 wave 从波形文件中读取数据，然后由扩展库 pyaudio 输出到播放设备。

（8）扩展库 scipy 依赖扩展库 numpy，是非常重要的科学计算扩展库。除了矩阵运算、线性方程组求解、积分、优化、插值、信号处理、图像处理、统计等功能之外，还通过 scipy.io.wavfile 模块提供了未压缩波形音乐文件的处理功能。

（9）OpenCV 是一个强大的计算机视觉库，Python 扩展库 opencv_python 提供了调用 OpenCV 的接口，进行了友好的封装。在使用之前，需要使用 pip install opencv_python 命令进行安装，然后通过 cv2 使用其中的功能。

（10）Python 扩展库 moviepy 提供了强大的视频编辑与处理功能，在使用之前需要使用 pip install moviepy 命令安装 moviepy 及其所有依赖的扩展库。

习　　题

1. 判断题：扩展库 pillow 的 ImageGrab 模块只能进行全屏幕截图，不能对特定区域进行截图。（　　）

2. 判断题：已知 im = Image.open('test.jpg')，Image 模块已导入并且 test.jpg 文件足够大，那么 im.getpixel(150,80) 可以用来获取指定位置的像素颜色值。（　　）

3. 判断题：使用 pillow 扩展库中 Image.open() 打开图像文件返回的对象可以使用 split() 把红、绿、蓝通道分离出来，得到 3 个和原图尺寸一样的子图。（　　）

4. 判断题：GIF 格式的图像一定是动图。（　　）

5. 判断题：扩展库 pillow 的 Image 模块中 new() 函数可以用来创建指定模式和尺寸的空白图像。（　　）

6. 判断题：安装扩展库 pytesseract 和 pillow 就可以顺利执行本章例 10-3，不需要安装 tesseract-ocr 软件。（　　）

7. 判断题：扩展库 pyaudio 既可以用于音频采集，又可以用于音频播放。（　　）

8. 判断题：本章例 10-7 的程序中，不需要把从音乐文件中读取到的数据转换为列表乘以 2 之后再转换为数组，直接把数组 data[1] 乘以 2 就可以。（　　）

9. 判断题：使用扩展库 moviepy 编辑视频时，TextClip 对象和 VideoFileClip 对象不能使用 CompositeVideoClip 类进行叠加。（　　）

10. 判断题：使用扩展库 moviepy 编辑视频时，VideoFileClip 对象的方法 fl_time() 可以用来调整播放时间。（　　）

11. 判断题：使用扩展库 moviepy 编辑视频时，VideoFileClip 对象的 fadein() 和 fadeout() 方法可以实现淡入淡出并得到处理后的视频对象，不对原来的视频内容做任何修改。（　　）

12. 判断题：使用扩展库 moviepy 编辑视频时，VideoFileClip 对象 audio 属性的 volumex() 方法用来调整音量大小，VideoFileClip 对象的 set_audio() 方法用来替换视频中的音频数据。（　　）

13. 判断题：使用扩展库 moviepy 编辑视频时，VideoFileClip 对象的 fl_image() 用于调整视频中每帧图像的数据，其参数 enhance_brightness 必须为能够处理图像数据的函数。（　　）

14. 编程题:重做例 10-2，在结果图像中每行放置 2 个图片。例如，原来的 10 个图片，合并为 5 行 2 列的结果图片。

15. 编程题：重做例 10-3，识别指定文件夹中所有图片中的文字，每个图片中的文字保存到和图片文件同名的 txt 文件中。

16. 编程题：找一个视频文件，利用本章所学知识和代码录制一段音频，替换原视频文件中的音频，实现自己制作配音的效果。

17. 编程题:运行例 10-23 会发现，在某些情况下视频中图像和音频会有不同步的现象，分析原因并尝试修改代码改善这一问题。

实验项目 8：批量为图像添加水印

实验内容

在一定程度上，水印是用来声明版权的一种重要手段。从技术上讲，水印可以分为时域/空域水印和变换域水印两大类。其中，时域和空域的水印比较直观，但是抗攻击能力比较弱，变换域水印能够更好地保护知识产权。

编写程序，使用一个图像作为水印信息（见图 10-3），把这个图片叠加到其他图片中左上角、右下角或中间的位置作为版权的声明，并忽略水印图像的背景区域，只叠加实际的有效水印，例如图 10-3 中的名字和椭圆。添加水印之后的效果如图 10-4、图 10-5 和图 10-6 所示。

图 10-3　水印图片

图 10-4　图像添加水印之后的效果（1）

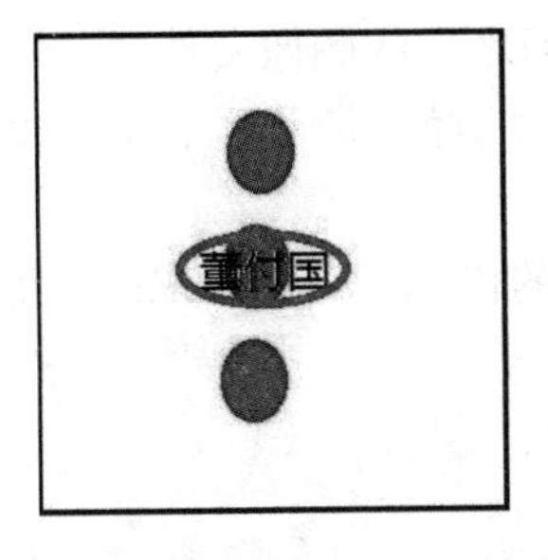

图 10-5　图像添加水印之后的效果（2）

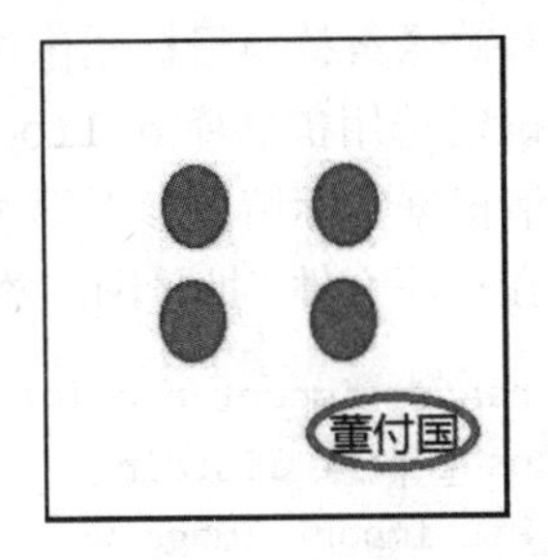

图 10-6　图像添加水印之后的效果（3）

实验目的

（1）熟练掌握标准库 random 中 randint() 函数的功能和使用；
（2）熟练掌握标准库 os 中 listdir() 函数的功能和使用；
（3）了解数字图像处理的常用操作；
（4）熟练安装扩展库 pillow；

（5）熟练掌握获取和设置图像像素颜色值的方法；

（6）理解空域数字水印的概念、功能和原理。

实验步骤

（1）下载并安装 Python 开发环境，下面的步骤在 Spyder 中完成，其他开发环境根据实际情况稍作调整。

（2）在项目“Python 程序设计实用教程”中创建程序文件“批量图片添加水印.py”，完成之后的效果如图 10-7 所示。

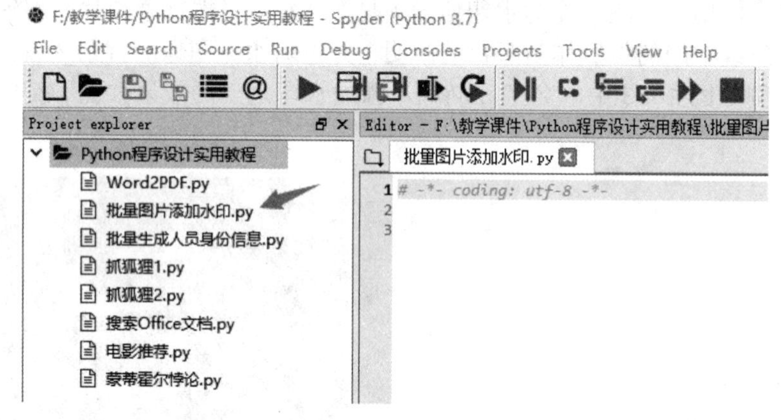

图 10-7　创建程序文件“批量图片添加水印.py”

（3）分析问题，确定使用的数据结构和整体思路：① 首先读取水印图像的有效像素并保存到字典中，字典的“键”是表示有效像素位置的元组，字典的“值”是该位置上像素的颜色值；② 遍历需要添加水印的所有图片文件，忽略尺寸比水印图像本身还小的图像，对于尺寸比水印图像大的图像随机确定要把水印添加到左上角、右下角还是中间位置，使用水印图像中的有效像素替换目标图像中的像素值，保存添加水印之后的图像文件。

（4）确定选用扩展库 pillow，如果使用 Anaconda3，已经自带了这个库，如果使用其他环境，请根据实际情况参考第 1 章内容进行安装。

（5）在程序文件“批量图片添加水印.py”中编写下面的代码，完成要求的功能。

```
from random import randint
from os import listdir
from PIL import Image

# 打开并读取其中的水印像素，也就是不是白色背景的像素
# 读到内存中，放到字典中以供快速访问
im = Image.open('watermark.png')
# 水印图像的宽度和高度
width, height = im.size
pixels = dict()
for w in range(width):
```

```
    for h in range(height):
        c = im.getpixel((w,h))[:3]
        # 忽略背景区域的像素
        if c!=(255, 255, 255):
            pixels[(w, h)] = c

def addWaterMark(srcDir):
    # 获取目标文件夹中所有图像文件列表
    picFiles = [f'{srcDir}\{fn}'
                for fn in listdir(srcDir)
                if fn.endswith(('.bmp', '.jpg', '.png'))]
    # 遍历所有文件，为每个图像添加水印
    for fn in picFiles:
        im1 = Image.open(fn)
        w, h = im1.size
        # 如果图片尺寸小于水印图片，不加水印
        if w<width or h<height:
            continue
        # 在原始图像左上角、中间或右下角添加数字水印
        # 具体位置根据 position 进行随机选择
        # 0 对应左上角，1 表示中间位置，2 表示右下角
        # 右下角时需要保证不超出目标图像的边界
        p = {0:(0,0),
             1:((w-width)//2, (h-height)//2),
             2:(w-width, h-height)}
        # 随机确定一个位置
        position = randint(0,2)
        left, top = p[position]
        # 修改像素值，添加水印
        for p, c in pixels.items():
            try:
                # 目标图像是彩色的
                im1.putpixel((p[0]+left,p[1]+top), c)
            except:
                # 目标图像是灰度的
                im1.putpixel((p[0]+left,p[1]+top),
                             sum(c)//len(c))
        # 保存加入水印之后的新图像文件
        im1.save(fn[:-4] + '_new' + fn[-4:])

# 为当前文件夹中的图像文件添加水印
addWaterMark('.')
```

（6）准备水印图像和测试图像文件，运行程序，观察效果。

实验项目 9：自己动手开发录屏软件

实验内容

编写程序，实现录屏软件的功能。要求同时录制屏幕内容和麦克风的声音并生成带声音的视频文件，并且保证音频和画面同步，视频文件播放流畅。

实验目的

（1）熟练掌握扩展库在线安装与离线安装的方式；
（2）了解音频录制的基本原理以及标准库 wave 和扩展库 pyaudio 的使用；
（3）了解屏幕截图的基本原理与扩展库 pillow 的使用；
（4）熟练掌握标准库 os、os.path、time、shutil 中常用函数的使用；
（5）了解多线程编程的基本原理与标准库 threading 的基本使用；
（6）理解线程的概念以及执行线程代码和调用函数的区别；
（7）熟练掌握函数的定义与使用；
（8）了解视频制作原理以及扩展库 moviepy 的使用。

实验步骤

（1）下载并安装 Python 开发环境，下面的步骤在 Spyder 中完成，其他开发环境根据实际情况稍作调整。

（2）在项目“Python 程序设计实用教程”中创建程序文件“录屏软件.py”，完成之后的效果如图 10-8 所示。

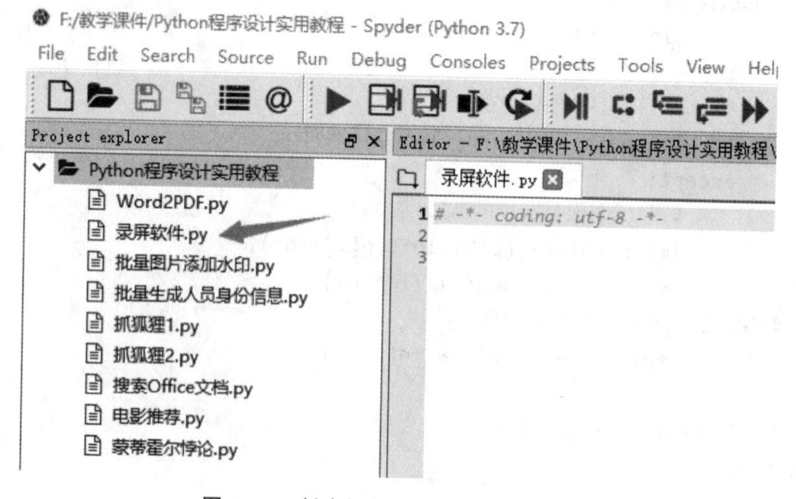

图 10-8　创建程序文件“录屏软件.py”

（3）分析问题，确定整体思路为：① 创建并同时启动两个线程，一个线程负责录制音频并生成音频文件，另一个线程负责采集屏幕截图得到若干静态图像（为了保证播放时画面流畅，1 s 截图 25 次）；② 录制结束时，同时结束两个线程；③ 把得到的全部屏幕截图静态图像文件连接成为视频，并设置采集得到的音频文件作为音频数据，得到最终的视频文件。

（4）根据整体思路，确定需要使用的扩展库。使用 pyaudio 扩展库录音，使用 pillow 扩展库进行屏幕截图，最后使用 moviepy 扩展库把图像和录音合成为视频文件。

（5）安装扩展库。在 Anaconda3 中已经自带了扩展库 pillow，不需要安装，安装时会提示已经存在。进入 Anaconda Prompt 环境之后，执行命令 pip install moviepy 可以安装 moviepy 及其依赖的扩展库。如图 10-9 所示。

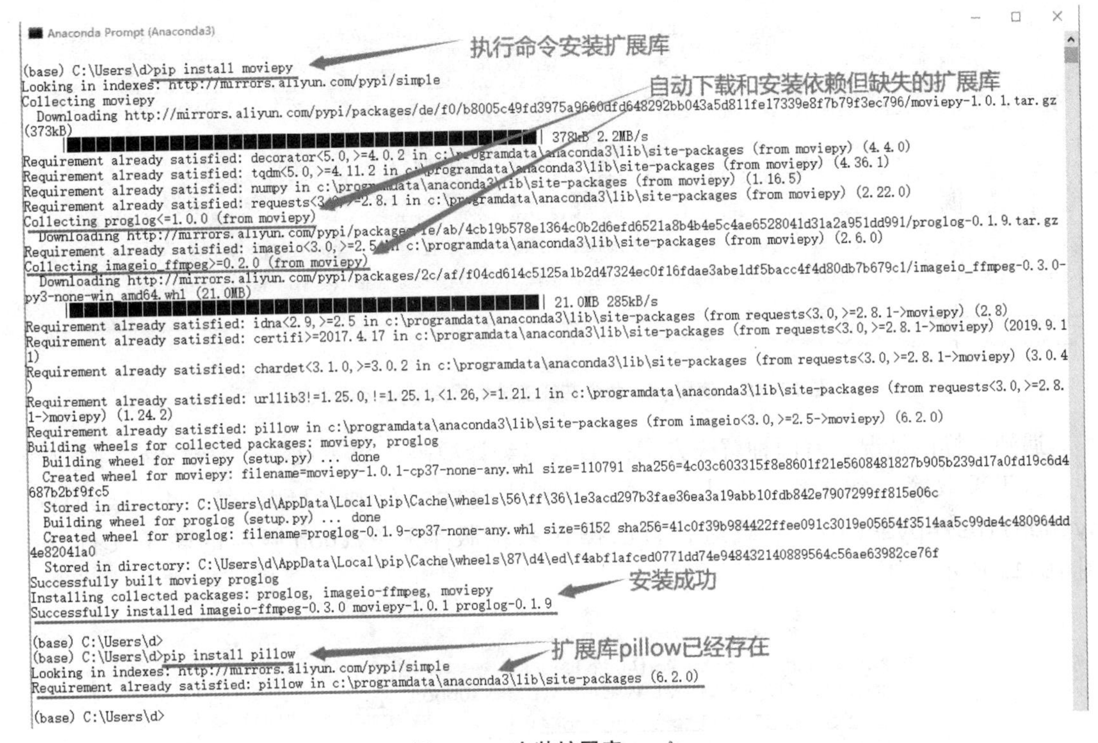

图 10-9　安装扩展库 moviepy

扩展库 pyaudio 目前不支持 Python 3.7 和 Python 3.8，无法使用 pip 命令直接在线安装，如图 10-10 所示。

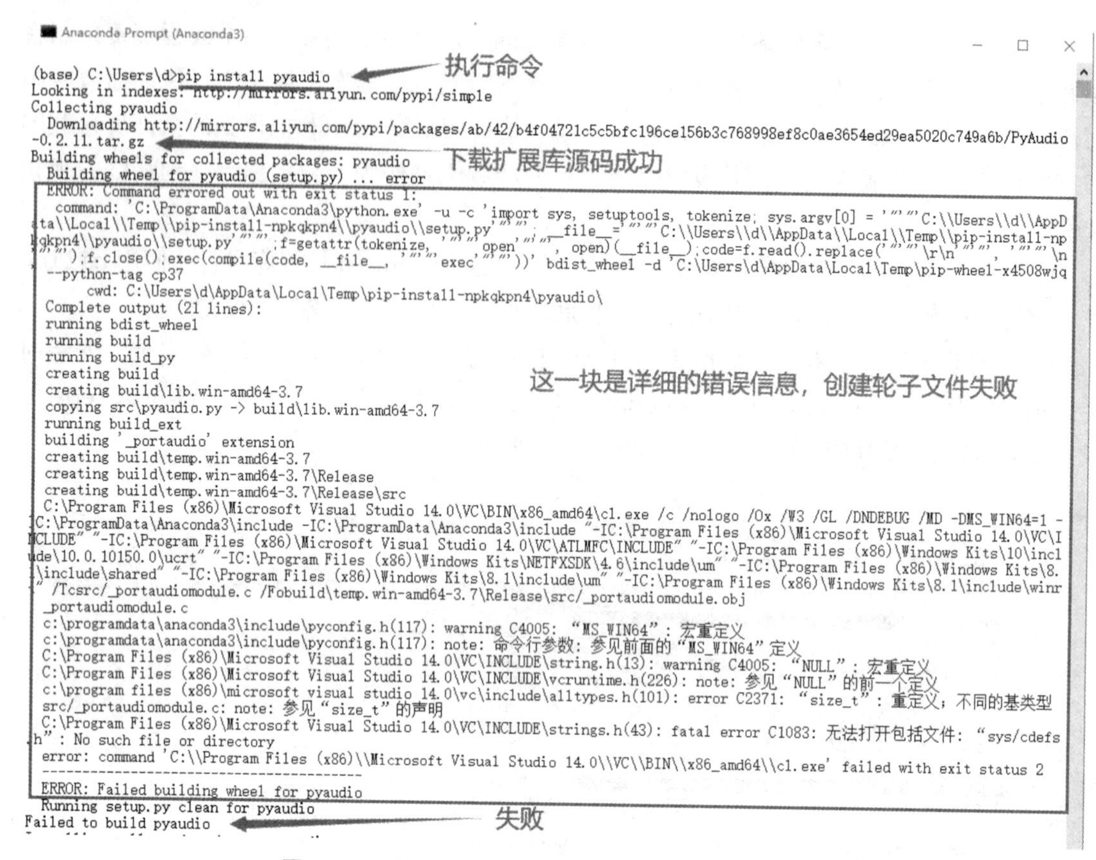

图 10-10　使用 pip 命令在线安装扩展库 pyaudio 失败

遇到这样的情况，有两种解决方案：① 自己编译源码；② 下载第三方编译好的轮子文件。这里采取第二个方案，使用浏览器打开网址 https://www.lfd.uci.edu/~gohlke/pythonlibs/#pyaudio，下载适合自己操作系统版本和 Python 版本的轮子文件，如图 10-11 所示。

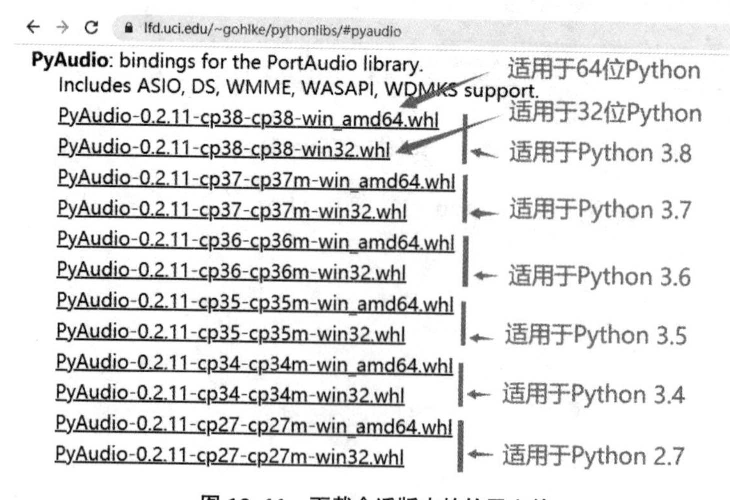

图 10-11　下载合适版本的轮子文件

假设本机安装的是支持 64 位 Python 3.7 的 Anaconda3，所以在网页上下载 PyAudio-0.2.11-cp37-cp37m-win_amd64.whl 并保存到当前用户目录中，也就是进入 Anaconda Prompt 后的默认路径中，然后执行命令 pip install PyAudio-0.2.11-cp37-cp37m-win_amd64.whl 安装这个扩展库，如图 10-12 所示。

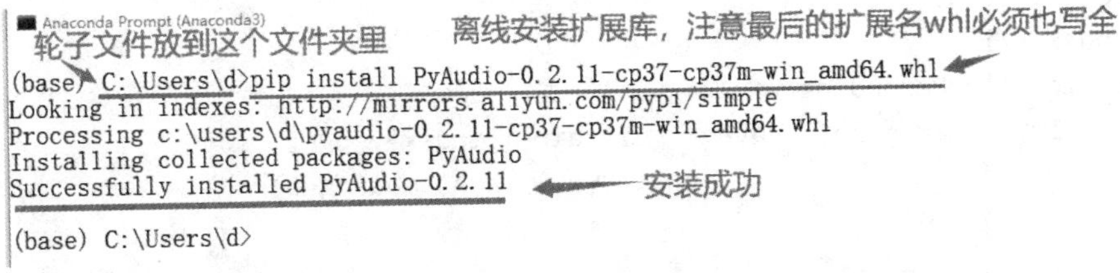

Anaconda Prompt (Anaconda3)

轮子文件放到这个文件夹里　　离线安装扩展库，注意最后的扩展名whl必须也写全

```
(base) C:\Users\d>pip install PyAudio-0.2.11-cp37-cp37m-win_amd64.whl
Looking in indexes: http://mirrors.aliyun.com/pypi/simple
Processing c:\users\d\pyaudio-0.2.11-cp37-cp37m-win_amd64.whl
Installing collected packages: PyAudio
Successfully installed PyAudio-0.2.11

(base) C:\Users\d>
```

安装成功

图 10-12　使用轮子文件离线安装扩展库 pyaudio

（6）在程序文件“录屏软件.py”中编写下面的代码，完成要求的功能。

```
import wave
import threading
from os import remove, mkdir, listdir
from os.path import exists, splitext, basename, join
from datetime import datetime
from time import sleep
from shutil import rmtree
import pyaudio
from PIL import ImageGrab
from moviepy.editor import *

CHUNK_SIZE = 1024
CHANNELS = 2
FORMAT = pyaudio.paInt16
RATE = 48000
allowRecording = True
def record_audio():
    p = pyaudio.PyAudio()
    # 创建输入流
    stream = p.open(format=FORMAT,
                    channels=CHANNELS,
                    rate=RATE,
                    input=True,
                    frames_per_buffer=CHUNK_SIZE)
    wf = wave.open(audio_filename, 'wb')
    wf.setnchannels(CHANNELS)
    wf.setsampwidth(p.get_sample_size(FORMAT))
    wf.setframerate(RATE)
    while allowRecording:
        # 从录音设备读取数据，直接写入 wav 文件
        data = stream.read(CHUNK_SIZE)
        wf.writeframes(data)
```

```
    wf.close()
    stream.stop_stream()
    stream.close()
    p.terminate()

def record_screen():
    index = 1
    while allowRecording:
        ImageGrab.grab().save(f'{pic_dir}\{index}.jpg',
                              quality=95, subsampling=0)
        sleep(0.04)
        index = index+1

audio_filename = str(datetime.now())[:19]
audio_filename = audio_filename.replace(':','_')+'.mp3'
pic_dir = 'pics'
if not exists(pic_dir):
    mkdir(pic_dir)
video_filename = audio_filename[:-3]+'avi'
# 创建两个线程，分别录音和录屏
t1 = threading.Timer(3, record_audio)
t2 = threading.Timer(3, record_screen)
t1.start()
t2.start()
print('3 秒后开始录制，按 q 键结束录制')
while True:
    ch = input()
    if ch=='q':
        break
allowRecording = False
t1.join()
t2.join()

# 把录制的音频和屏幕截图合成为视频文件
audio = AudioFileClip(audio_filename)
pic_files = [join(pic_dir,fn) for fn in listdir(pic_dir)
             if fn.endswith('.jpg')]
# 按文件名编号升序排序
pic_files.sort(key=lambda fn:int(splitext(basename(fn))[0]))
# 计算每个图片的显示时长
each_duration = round(audio.duration/len(pic_files), 4)
# 连接多个图片
image_clips = []
for pic in pic_files:
    image_clips.append(ImageClip(pic,
                                 duration=each_duration))
```

```
video = concatenate_videoclips(image_clips)
video = video.set_audio(audio)
# 视频的帧速为每秒 25 帧，与前面每隔 0.04 秒截图一次相对应
video.write_videofile(video_filename, codec='mpeg4', fps=25)
# 删除临时音频文件和截图
remove(audio_filename)
rmtree(pic_dir)
```

（7）代码编写完成之后，不要在 Spyder 中直接执行程序，需要进入 Anaconda3 Prompt 环境，执行命令运行程序开始录制，录制结束之后按 q 键退出程序并生成最终的视频文件，如图 10-13 所示。

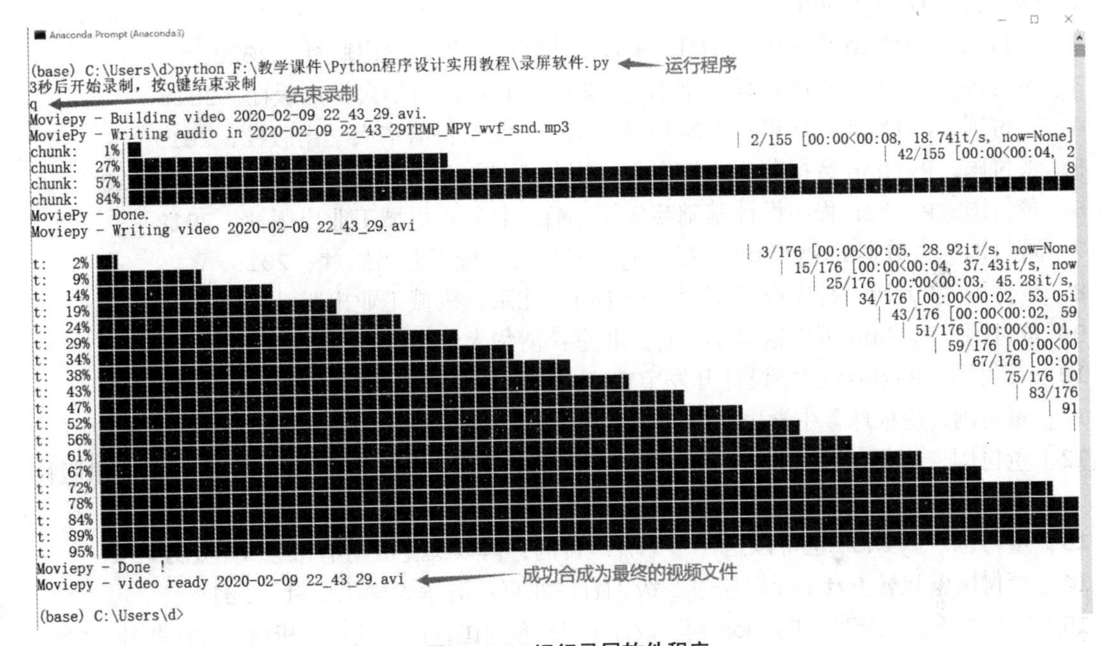

图 10-13　运行录屏软件程序

（8）打开录制的视频，会发现不是特别清晰，查阅资料，修改代码，解决这个问题。

（9）运行程序，录制的时间长一些，会发现最后在生成视频的时候占用内存非常多，如果录制时间太长甚至会导致代码崩溃，结合本章所学内容再查阅资料，修改代码，解决这个问题。

（10）结合本章所学内容，修改程序，使得能够在录制屏幕的同时还能通过摄像头录制人像，并且在最终得到的视频文件中，人像在右下角固定位置且固定宽度 320 像素和固定高度 240 像素。

参 考 文 献

[1] 微信公众号：Python 小屋.

[2] 董付国. Python 程序设计 [M]. 3 版. 北京：清华大学出版社，2020.

[3] 董付国. Python 程序设计基础 [M]. 2 版. 北京：清华大学出版社，2018.

[4] 董付国. Python 程序设计实验指导书 [M]. 北京：清华大学出版社，2019.

[5] 董付国. Python 数据分析、挖掘与可视化 [M]. 北京：人民邮电出版社，2020.

[6] 董付国. Python 程序设计基础与应用 [M]. 北京：机械工业出版社，2018.

[7] 董付国. 大数据的 Python 基础 [M]. 北京：机械工业出版社，2019.

[8] 董付国. Python 程序设计实例教程 [M]. 北京：机械工业出版社，2019.

[9] 董付国. Python 可以这样学 [M]. 北京：清华大学出版社，2017.

[10] 董付国. Python 程序设计开发宝典 [M]. 北京：清华大学出版社，2017.

[11] 董付国，应根球. 中学生可以这样学 Python[M]. 北京：清华大学出版社，2017.

[12] 董付国，应根球. Python 编程基础与案例集锦：中学版 [M]. 北京：电子工业出版社，2019.

[13] 董付国. Python 也可以这样学 [M]. 台湾：博硕文化股份有限公司，2017.

[14] 董付国. 玩转 Python 轻松过二级 [M]. 北京：清华大学出版社，2018.

[15] 霍斯特曼，尼塞斯. Python 程序设计 [M]. 董付国，译. 北京：机械工业出版社，2018.